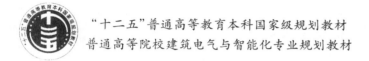

"十二五"普通高等教育本科国家级规划教材

普通高等院校建筑电气与智能化专业规划教材

建筑供配电与照明

范同顺 苏 玮 编著

U0188747

中国建材工业出版社

图书在版编目(CIP)数据

建筑供配电与照明/范同顺，苏玮编著．—北京：
中国建材工业出版社，2012.4（2020.8 重印）
建筑电气与智能化专业规划教材
ISBN 978-7-5160-0121-9

Ⅰ．①建…　Ⅱ．①范…②苏…　Ⅲ．①房屋建筑设备—
供电系统—高等学校—教材②房屋建筑设备—配电
系统—高等学校—教材③房屋建筑设备—电气照明—
高等学校—教材　Ⅳ．①TU852②TU113.8

中国版本图书馆 CIP 数据核字（2012）第 025470 号

内 容 简 介

　　建筑供配电与照明系统在现代建筑电气技术中占有重要地位。本书共分为四章二十五个小节，主要内容包括建筑供配电系统、建筑防雷系统、建筑电气接地系统和建筑照明系统，每章都配有课后练习题供读者复习思考。

　　本书在编写过程中充分参考各类新标准和设计规范，使教材的内容更加贴近现代建筑电气工程实际。全书重点突出，图文并茂，力求实用。

　　本书为"十二五"普通高等教育本科国家级规划教材，可作为高等院校建筑电气与智能化及相关专业的教材，可供从事建筑电气工程及相关专业的技术或管理人员阅读，也可以作为建筑电气技术的培训教材使用。

　　本教材有配套课件，读者可登陆我社网站免费下载。

建筑供配电与照明
范同顺　苏　玮　编著

出版发行：中国建材工业出版社
地　　址：北京市海淀区三里河路 1 号
邮　　编：100044
经　　销：全国各地新华书店
印　　刷：北京雁林吉兆印刷有限公司
开　　本：787mm×1092mm　1/16
印　　张：18.75
字　　数：460 千字
版　　次：2012 年 4 月第 1 版
印　　次：2020 年 8 月第 4 次
定　　价：**56.00 元**

本社网址：**www.jccbs.com.cn**　微信公众号：**zgjcgycbs**
本书如出现印装质量问题，由我社发行部负责调换。联系电话：（010）88386906

前　言

本书为"十二五"普通高等教育本科国家级规划教材,同时也是建筑电气与智能化专业规划教材之一,本教材在编写过程中,强调了供配电与照明技术并重、传统技术与高新技术融合、基本理论与工程实际有机结合等原则,力求满足相关专业人才培养目标的要求。

在此教材编写过程中,充分参考了《供配电系统设计规范》(GB 50052)、《建筑照明设计标准》(GB 50034)、《民用建筑电气设计规范》(JGJ 16)、《建筑物防雷设计规范》(GB 50057)等现行国家工程建设标准及其他相关资料,以期使本教材的内容更加贴近现代建筑电气工程实际。

本书由北京联合大学范同顺教授、苏玮教授编著。其中,第一章由苏玮、马东晓、卢春焕编写;第二章、第三章由施卫华、范同顺编写;第四章由范同顺、蒋蔚编写。全书由北京林业大学寿大云教授主审。

现代建筑电气技术发展迅速,学科交叉及综合性越来越强,虽然力求做到内容全面及时、通俗实用,但由于编者专业水平有限,加之时间仓促,书中难免存在缺漏和不当之处,敬请各位同行、专家和广大读者批评指正。

编者

China Building Materials Press

我们提供

图书出版、图书广告宣传、企业/个人定向出版、设计业务、企业内刊等外包、代选代购图书、团体用书、会议、培训，其他深度合作等优质高效服务。

编辑部
010-68343948

出版咨询
010-68343948

市场销售
010-68001605

门市销售
010-88386906

邮箱：jccbs-zbs@163.com　　网址：www.jccbs.com

发展出版传媒　服务经济建设

传播科技进步　满足社会需求

（版权专有，盗版必究。未经出版者预先书面许可，不得以任何方式复制或抄袭本书的任何部分。举报电话：010-68343948）

目　　录

第一章　建筑供配电系统 ·· 1

　第一节　概述 ··· 1

　　一、供电系统的组成 ··· 1

　　二、供电质量 ··· 2

　　三、供电电压 ··· 4

　第二节　负荷计算 ··· 8

　　一、负荷分级与供电要求 ······································· 9

　　二、负荷工作制的划分 ··· 13

　　三、需要系数法 ··· 13

　　四、单位面积估算法 ··· 19

　　五、单相负荷的计算 ··· 21

　　六、冲击负荷的计算 ··· 22

　　七、住宅建筑的负荷计算 ······································· 22

　　八、功率因数的提高 ··· 23

　第三节　配变电所 ··· 25

　　一、配变电所的形式与组成 ····································· 25

　　二、配电变压器的选择 ··· 26

　　三、电源 ··· 28

　　四、设备布置 ··· 29

　　五、通道与安全净距 ··· 33

　　六、高低压开关装置 ··· 36

　　七、组合式配变电所 ··· 37

　　八、对土建专业的要求 ··· 40

　　九、对暖通及给水排水专业的要求 ······························· 41

　第四节　高压供电系统主接线 ······································· 42

　　一、基本要求 ··· 42

　　二、线路—变压器组接线 ······································· 42

　　三、单母线接线 ··· 43

　　四、桥式接线 ··· 44

　　五、双母线接线 ··· 45

　第五节　配电系统接线 ··· 46

　　一、配电系统接线的设计原则 ··································· 46

　　二、放射式接线方式 ··· 47

　　三、树干式接线方式 ··· 48

四、环网式接线方式 …………………………………………………………………… 49

五、格式网络接线方式 …………………………………………………………………… 50

六、混合式接线方式 ……………………………………………………………………… 50

第六节 短路计算 ………………………………………………………………………… 50

一、故障原因与类型 ……………………………………………………………………… 50

二、电力系统的中性点运行方式 ………………………………………………………… 51

三、中性点不接地系统电容电流的计算 ………………………………………………… 52

四、无穷大功率电源的三相短路、两相短路电流的计算 ……………………………… 53

五、短路冲击电流的计算 ………………………………………………………………… 56

六、短路电流的热效应、力效应 ………………………………………………………… 57

第七节 线路导线的选择 ………………………………………………………………… 60

一、导线电缆的选择原则 ………………………………………………………………… 60

二、按允许载流量选择导线 ……………………………………………………………… 61

三、按电压损失选择导线 ………………………………………………………………… 64

四、按机械强度选择导线 ………………………………………………………………… 66

五、架空线路 ……………………………………………………………………………… 67

六、电缆线路 ……………………………………………………………………………… 68

七、插接式母线 …………………………………………………………………………… 70

八、滑触线 ………………………………………………………………………………… 70

第八节 继电保护 ………………………………………………………………………… 71

一、继电保护的任务与要求 ……………………………………………………………… 71

二、线路保护 ……………………………………………………………………………… 72

三、变压器保护 …………………………………………………………………………… 78

四、电动机保护 …………………………………………………………………………… 81

五、电容器保护 …………………………………………………………………………… 81

第九节 备用电源控制装置 ……………………………………………………………… 81

一、备用电源自动投入装置 ……………………………………………………………… 81

二、自动重合闸装置 ……………………………………………………………………… 84

练习题 ……………………………………………………………………………………… 88

第二章 建筑防雷系统 …………………………………………………………………… 89

第一节 过电压 …………………………………………………………………………… 89

一、系统内部过电压 ……………………………………………………………………… 89

二、外部过电压 …………………………………………………………………………… 90

三、雷电的形成及有关概念 ……………………………………………………………… 91

第二节 建筑物的防雷分类 ……………………………………………………………… 94

一、第一类防雷建筑物 …………………………………………………………………… 94

二、第二类防雷建筑物 …………………………………………………………………… 94

三、第三类防雷建筑物 …………………………………………………………………… 94

四、可燃性粉尘场所的分类与代号 ……………………………………………………… 95

第三节　建筑物的防雷措施 …………………………………………… 95
　　一、基本要求 …………………………………………………………… 95
　　二、第一类防雷建筑物的保护措施 …………………………………… 95
　　三、第二类防雷建筑物的保护措施 …………………………………… 96
　　四、第三类防雷建筑物的保护措施 …………………………………… 97
　　五、其他防雷措施 ……………………………………………………… 98
第四节　防雷及接地装置 ……………………………………………… 99
　　一、接闪器 ……………………………………………………………… 99
　　二、接地装置的要求 …………………………………………………… 102
　　三、避雷器 ……………………………………………………………… 103
　　四、防雷措施 …………………………………………………………… 107
第五节　防雷系统案例分析 …………………………………………… 108
　　一、基本概况 …………………………………………………………… 108
　　二、防雷方案初步设计 ………………………………………………… 109
练习题 ……………………………………………………………………… 112

第三章　建筑电气接地系统 …………………………………………… 113
第一节　低压配电系统接地方式 ……………………………………… 113
　　一、概述 ………………………………………………………………… 113
　　二、低压配电系统的接地方式 ………………………………………… 113
　　三、安全电压和人体电阻 ……………………………………………… 117
　　四、低压配电系统的防触电保护 ……………………………………… 118
第二节　接地装置与接地电阻 ………………………………………… 119
　　一、概述 ………………………………………………………………… 119
　　二、接地要求 …………………………………………………………… 119
　　三、接地装置 …………………………………………………………… 121
　　四、接地电阻的计算 …………………………………………………… 124
第三节　接地系统设计实例 …………………………………………… 127
　　一、配变电所接地装置实例 …………………………………………… 127
　　二、变压器中性点接地实例 …………………………………………… 128
　　三、建筑电气设备火灾原因分析 ……………………………………… 129
练习题 ……………………………………………………………………… 131

第四章　建筑电气照明 ………………………………………………… 132
第一节　照明基础知识 ………………………………………………… 132
　　一、光的基本概念 ……………………………………………………… 132
　　二、常用光度量 ………………………………………………………… 133
　　三、光与颜色 …………………………………………………………… 137
　　四、照明方式与种类 …………………………………………………… 141
第二节　照明标准与质量 ……………………………………………… 143
　　一、照度标准 …………………………………………………………… 143

二、照明质量 ·· 155

第三节　照明电光源的种类与选择 ·· 157

一、电光源的分类 ··· 157

二、电光源的命名方法 ··· 158

三、白炽灯 ·· 160

四、卤钨灯 ·· 164

五、荧光灯 ·· 169

六、钠灯 ··· 177

七、汞灯 ··· 184

八、金属卤化物灯 ··· 187

九、氙灯 ··· 190

十、霓虹灯 ·· 191

十一、其他照明光源 ·· 193

十二、照明光源的选择 ··· 195

第四节　灯具的特性及选择 ··· 200

一、灯具的作用 ·· 200

二、灯具的光学特性 ·· 200

三、灯具的分类 ·· 204

四、灯具的选择 ·· 214

第五节　灯具的布置与照度计算 ·· 216

一、灯具的布置 ·· 216

二、照度计算 ··· 221

第六节　建筑物内照明设计 ··· 233

一、居住建筑照明 ··· 233

二、办公室照明 ·· 237

三、学校建筑照明 ··· 241

第七节　建筑物外照明设计 ··· 245

一、道路照明 ··· 245

二、室外建筑物照明 ·· 255

三、夜景照明 ··· 260

第八节　照明电气线路 ··· 264

一、照明线路电压与负荷等级的划分 ·· 264

二、照明负荷的供电方式与照明配电系统 ·· 265

三、照明负荷计算与线路选择 ··· 270

四、照明装置的接地与保护线截面选择 ··· 282

五、照明线路的保护与电气安全 ·· 283

练习题 ·· 288

主要参考文献 ·· 289

第一章　建筑供配电系统

学习目标

通过本章学习,要求能够了解一般民用建筑供配电系统的基本概念,基本掌握低压配电系统负荷计算、开关设备以及导线截面的选择等内容。具体掌握低压供配电系统的组成、形式,供电质量、供电电压的要求,负荷的计算,常用 6～10kV 配变电所(站)布置形式,线缆选择,熟悉冲击负荷计算,功率因数的提高,变压器容量选择以及高低压供电系统接线,了解短路电流计算和继电保护的基本概念等内容。

第一节　概　述

一、供电系统的组成

1. 电力系统的组成

由发电厂的发电机、升压及降压变电设备、电力网及电能用户(用电设备)组成的系统统称为电力系统。

(1)发电厂

发电厂是生产电能的场所,在这里可以把自然界中的一次能源转换为用户可以直接使用的二次能源——电能。根据发电厂所取用的一次能源的不同,主要有火力发电厂、水利发电厂、核能发电厂等发电形式,此外还有潮汐发电、地热发电、太阳能发电、风力发电等。无论发电厂(站)采用哪种发电形式,最终将其他能源转换为电能的主要设备是发电机。

(2)电力网

电力网的主要作用是变换电压、传输电能,通常由升压、降压配变电所(站)和与之对应的电力传输线路组成,负责将发电厂生产的电能经过输电线路送到用户(用电设备)。

(3)配电系统

配电系统位于电力系统的末端,主要承担将电力系统的电能最终传输给电力用户的任务。电力用户是消耗电能的场所,将电能通过用电设备转换为满足用户需求的其他形式的能量。如电动机将电能转换为机械能,电热设备将电能转换为热能,照明设备将电能转换为光能等。

电力用户根据供电电压分为高压用户和低压用户。高压用户的额定电压在 1kV 以上,低压用户的额定电压一般以 220/380V 为主。图 1-1 是电力系统的组成示意图。

2. 配电系统的组成

配电系统一般由供电电源、配电网和用电设备组成。

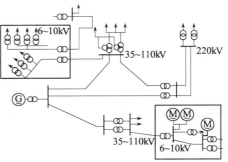

图 1-1　电力系统的组成

（1）供电电源

配电系统的电源一般取自电力系统的电力网或企业、用户的自备发电机。

（2）配电网

配电网的主要作用是接受电能、变换电压、分配电能。由企业或用户的总降压配变电所、输电线路、降压配变电所和低压配电线路组成。其功能是将电能通过输电线路,安全、可靠且经济地输送到用电设备。

（3）用电设备

用电设备是指专门消耗电能的电气设备。据统计,用电设备中约70%是电动机类设备,约20%是照明或其他用电设备。

实际上配电系统的基本结构与电力系统是极其相似的,所不同的是配电系统的电源是电力系统中的电力网,电力系统的用户实际上就是配电系统。

配电系统中的用电设备,根据额定电压分为高压用电设备和低压用电设备。高压用电设备的额定电压一般在1kV以上,低压用电设备的额定电压在400V以下。

二、供电质量

供电质量通常用电压偏差、电压波动、频率偏差以及供电可靠性等指标来表示。

1. 电压偏差

各种用电设备对电压偏差都有一定要求。如果电压偏差超过允许值,将导致电动机达不到额定输出功率,增加运行费用,甚至性能变劣、寿命降低。照明器端电压的电压偏差超过允许值时,将影响照明器的寿命与光通量。为保证用电设备的正常运行和合理的使用寿命,设计供配电系统时,应验算用电设备的电压偏差。

电压偏差指用电设备的实际端电压在较长时间内偏离其额定电压的百分数。用公式表示为:

$$U_{N}\% = \frac{U - U_{N}}{U_{N}} \times 100\% \qquad (1-1)$$

式中　U_{N}——用电设备的额定电压(kV);

　　　U——用电设备的实际端电压(kV)。

产生电压偏移的主要原因是系统滞后的无功负荷和线路损耗所引起的系统电压损失。

（1）用电单位受电端供电电压的偏差允许值

① 10kV及以下的供电电压允许偏差应为标称系统电压的±7%;

② 220V单相供电电压允许偏差应为标称系统电压的+7%、-10%;

③ 对供电电压允许偏差有特殊要求的用电单位,应与供电企业协议确定。

（2）正常运行情况下,用电设备端子处的电压偏差允许值(以标称系统电压的百分数表示)

① 对于照明,室内场所宜为±5%;对于远离配变电所的小面积一般工作场所,难以满足上述要求时,可为+5%、-10%;应急照明、景观照明、道路照明和警卫照明宜为+5%、-10%;

② 一般用途电动机宜为±5%;

③ 电梯电动机宜为±7%;

④ 其他用电设备,当无特殊规定时宜为 ±5%。

(3)减少电压偏差的措施

① 应正确选择变压器的变压比和电压分接头;

② 应降低系统阻抗;

③ 应采取无功补偿措施;

④ 宜使三相负荷平衡。

为降低三相低压配电系统的不对称度,设计低压配电系统时,220V 或 380V 单相用电设备接入 220/380V 三相系统时,宜使三相负荷平衡;由地区公共低压电网供电的 220V 照明负荷,线路电流小于或等于 40A 时,宜采用 220V 单相供电;大于 40A 时,宜采用 220/380V 三相供电。

2. 电压波动

由冲击性负荷或间歇性负荷引起的快速、剧烈的电压变化,致使电网电压偏离额定值的现象称为电压波动。例如大型可控硅整流装置、电焊机、大功率电动机的启动等都会引起电压波动。电压波动直接影响配电系统中其他电气或电子设备的正常运行。

由于电压波动是指电压在短时间内的快速变动情况,通常以电压幅度波动值和电压波动频率来衡量电压波动的程度。电压幅度波动的相对值为:

$$\Delta U\% = \frac{U_{max} - U_{min}}{U_N} \times 100\% \qquad (1\text{-}2)$$

式中　U_{max}——用电设备端电压的波动最大值(kV);

　　　U_{min}——用电设备端电压的波动最小值(kV)。

对冲击性低压负荷宜采用专线供电,与其他负荷共用配电线路时,宜降低配电线路阻抗;较大功率的冲击性负荷、冲击性负荷群,不宜与电压波动、闪变敏感的负荷接在同一变压器上。

3. 频率偏差

频率偏差是指供电的实际频率与电网的标准频率之差值。我国电网的标准频率为50Hz,通常称之为工频。当电网频率降低时,用户电动机的转速将降低,会影响到电动机的正常运行。频率变化对电力系统运行的稳定性不利。

频率偏差一般不超过 ±0.25Hz,当电网容量大于 3000MW 时,频率偏差不超过 ±0.2Hz。

4. 供电可靠性

供电可靠性指标是根据用电负荷的等级要求制定的。衡量供电可靠性的指标,用全年平均供电时间占全年时间比例的百分数表示。例如,全年时间 8760h,用户全年停电时间为87.6h,即停电时间占全年的 1%,供电可靠性为 99%。

5. 电子计算机供电电源的电能质量

电子计算机供电电源的电能质量应满足表 1-1 的要求。

6. 高次谐波的抑制

(1)高次谐波产生的原因及危害

供电系统中存在着多种引起高次谐波电流的原因。凡是电压与电流的关系是非线性的元件,都是高次谐波电流源。由于它们的存在,在供电系统中就会引起相应的谐波电压,或

表 1-1　计算机允许的电能参数变动范围

级别 项目	A 级	B 级	C 级
电压波动(%)	− 5 ~ +5	− 10 ~ +7	− 10 ~ +10
频率偏差(Hz)	− 0.05 ~ +0.05	− 0.5 ~ +0.5	− 1 ~ +1
波形失真率(%)	≤5	≤10	≤20

者称为"注入"谐波电流,引起电力系统中母线电压的畸变,畸变的电压对电网中的其他用户会产生极为有害的影响。

产生谐波电流的设备有晶闸管设备、电弧设备、气体放电灯、整流器、旋转电机、感应加热器以及电容器等。由于谐波可通过直接连接、感应或电容耦合等方式从某一电路或系统传递到另一电路或系统,所以谐波的存在不仅影响供电电压的质量,同时对该频段的通信线路、信号传递线路以及控制电路产生干扰。流过电力线路的谐波电流会减少供电设备的载流能力,同时增加电能损失。

(2)高次谐波的抑制

一般在有谐波干扰的地方,通常采用加大电力线路与通信线路之间的间距、屏蔽通信线路的方式;在有电容器组放大谐波电流的地方,应将电容器改为合适的形式,或将电容器组迁移;在有谐振情况的地方,应改变电容器组的大小规格,将谐波点转移;将各类大功率非线性用电设备变压器由短路容量较大的电网供电;选用 Dyn11 联结组别的三相变压器等办法。

如果以上措施仍不能满足要求的话,还可以采取以下措施加以解决:

① 增加整流相数,降低高次谐波分量;

② 在同一台整流变压器铁芯上,采用不同接法的两个绕组以实现 6 相整流;

③ 当两台以上整流变压器由同一母线供电时,可将两台变压器二次侧分别接成 Y 形和 △ 形得到 12 相整流;

④ 装设无源或有源滤波装置;

⑤ 在补偿电容器回路串联电抗器,消除产生谐振的可能。

三、供电电压

1. 电压选择的一般原则

用电单位的供电电压应根据用电负荷容量、设备特征、供电距离、当地公共电网现状及其发展规划等因素,经技术经济比较后确定。

当用电设备总容量在 250kW 及以上或变压器容量在 160kVA 及以上时,宜以 10kV(或 6kV)供电,当用电设备总容量在 250kW 以下或变压器容量在 160kVA 以下时,可由低压供电。

对大型公共建筑,应根据空调冷水机组的容量以及地区供电条件,合理确定机组的额定电压和用电单位的供电电压,并应考虑大容量电动机启动时对变压器的影响。

2. 电力线路合理输送功率和输送距离

线路在输送的功率和距离一定的情况下,电压愈高则电流愈小,导线截面和线路中的功率损耗愈小。同时,电压越高线路的绝缘要求越高,变压器和开关设备的价格越高,所以选择电压等级要权衡经济效益。

表1-2列出了不同电压电力线路合理的输送功率和传输距离。

表1-2　各级电压电力线路合理的输送功率和传输距离

线路电压(kV)	线路类型	输送功率(kW)	输送距离(km)
0.22	架空	≤450	≤0.15
	电缆	≤100	≤0.20
0.38	架空	≤100	≤0.25
	电缆	≤175	≤0.35
6	架空	≤2000	3～10
	电缆	≤3000	≤8
10	架空	≤3000	5～15
	电缆	≤5000	≤10
35	架空	2000～15000	20～50
63	架空	3500～30000	30～100
110	架空	10000～50000	50～150
220	架空	10000～1500000	200～300
500	架空	—	—
750	架空	—	—

3. 额定电压

额定电压就是用电设备、发电机和变压器正常工作时具有最佳技术经济指标的电压。显然,对用电设备来说,它的额定电压应和线路的额定电压一致。但是,在传输负荷电流的过程中,由于线路阻抗的影响,供配电线路中各处的电压是不同的,各点的电压是有一定变化的,即产生电压偏移。为了把线路末端的电压控制在允许的偏差范围内,往往需抬高电源输出侧的电压值。通常在供配电设计时,把线路中靠近线路中点的电压设计为线路的额定电压。在正常电压偏移范围内,保持线路平均电压仍为额定电压,此时额定电压为平均额定电压。

(1)额定电压的确定

额定电压分为电网的额定电压、用电设备的额定电压、发电机的额定电压和电力变压器的额定电压。

① 电网的额定电压

线路首末两端电压的平均值应等于电网额定电压,作为其他电力设备额定电压的依据。

② 用电设备的额定电压

用电设备的额定电压等于电网额定电压。

③ 发电机的额定电压

发电机的额定电压规定比同级电网电压高5%,这是因为电网在传输功率时有电压损失。

④ 电力变压器的额定电压

电力变压器的一次绕组的额定电压根据与电源连接情况不同分为两种:当变压器近距离直接与发电机相连时,其一次绕组的额定电压与发电机的额定电压相同,即高出同级电网额定电压5%;当变压器直接与电网相连时,其一次绕组的额定电压与电网的额定电压相同,即等于同级电网额定电压。

电力变压器的二次绕组的额定电压是指一次绕组在额定电压作用下,二次绕组的空载电压。当变压器满载时,变压器的一次、二次绕组的阻抗将引起变压器自身的电压降低(相当于电网额定电压的5%),从而使二次绕组的端电压小于空载电压。另外,为了弥补线路中的电压损失,变压器的二次绕组的额定电压应高出电网额定电压5%,因此变压器二次绕组的额定电压规定比同级电网额定电压高10%,用以补偿变压器本身和线路两方面的压降损失,使低压供电线路的中点电压(在合理的供电半径条件下)保持在额定值。若变压器靠近用户,供电半径较小时,由于线路较短,线路的电压损失可以忽略不计,这时变压器的二次绕组的额定电压只要求高出电网额定电压5%,用以补偿变压器自身的电压损失。

(2)额定电压的分类

表1-3~表1-7给出了不同系统和设备的标准电压值,详见《标准电压》(GB/T 156—2007)。供电电压的允许偏差详见《电能质量 供电电压偏差》(GB/T 12325—2008)。

1)标称电压220~1000V之间的交流系统及相关设备的标准电压(见表1-3)。

表1-3 标称电压220~1000V之间的交流系统及相关设备的标准电压 V

三相四线或三相三线系统的标称电压
220/380
380/660
1000(1140)

注:1140V仅限于某些行业内部系统使用。

表1-3中数据是三相四线或三相三线交流系统及相关设备的标称电压。同一组数据中较低的数值是相电压,较高的数值是线电压;只有一个数值者是指三相三线系统的线电压。

2)交流和直流牵引系统的标准电压(见表1-4)。

表1-4 交流和直流牵引系统的标准电压 V

	系统最低电压	系统标称电压	系统最高电压
直流系统	(400)	(600)	(720)
	500	750	900
	1000	1500	1800
	2000	3000	3600
交流单相系统	19000	25000	27500

注:1. 圆括号中给出的是非优选数值。建议在未来新建系统中不采用这些数值。
2. 表中给出的数值均得到电气牵引设备国际联合委员会(C.M.T)和IEC/TC9电气牵引设备技术委员会认可。
3. 铁道干线电力牵引交流电压的其他要求详见《轨道交通 牵引供电系统电压》(GB/T 1402—2010)。
4. 其他的交流和直流牵引系统电压参见相关专业标准。

3)标称电压1kV以上至35kV的交流三相系统及相关设备的标准电压(见表1-5)。

表 1-5　标称电压 1kV 以上至 35kV 的交流三相系统及相关设备的标准电压　　kV

设备最高电压	系统标称电压
3.6	3(3.3)
7.2	6
12	10
24	20
40.5	35

注:1. 表中数值为线电压。
　2. 圆括号中的数值为用户有要求时使用。
　3. 表中前两组数值不得用于公共配电系统。

4)交流低于 120V 或直流低于 750V 的设备额定电压(见表 1-6)。

表 1-6　交流低于 120V 或直流低于 750V 的设备额定电压　　V

直流额定电压		交流额定电压	
优选值	增补值	优选值	增补值
1.2	—	—	—
1.5	—	—	—
—	2.4	—	—
—	3	—	—
—	4	—	—
—	4.5	—	—
—	5	—	5
6	—	6	—
—	7.5	—	—
—	9	—	—
12	—	12	—
—	15	—	15
24	—	24	—
—	30	—	—
36	—	—	36
—	40	—	42
48	—	48	—
60	—	—	60
72	—	—	—
—	80	—	—
96	—	—	—
—	—	—	100
110	—	110	—
—	125	—	—
220	—	—	—

续表

直流额定电压		交流额定电压	
优选值	增补值	优选值	增补值
—	250	—	—
440	—	—	—
—	600	—	—

注:应认识到,出于技术和经济方面的理由,对某些特殊场合的应用,可能需要另外的电压。

5)发电机的额定电压(见表1-7)。

表1-7　发电机的额定电压　　　　　　　　　　　　　　　　　　　　V

交流发电机额定电压	直流发电机额定电压
115	115
230	230
400	460
690	—
3150	—
6300	—
10500	—
13800	—
15750	—
18000	—
20000	—
22000	—
24000	—
26000	—

注:1. 与发电机出线端配套的电气设备额定电压可采用发电机的额定电压,并应在产品标准中加以具体规定。
　　2. 引进国外机组的额定电压不受表中规定的限制。

(3)线路的额定电压和平均额定电压

表1-8是线路的额定电压与平均额定电压的对照表。

表1-8　线路的额定电压和平均额定电压　　　　　　　　　　　　　　kV

额定电压	0.22	0.38	3	6	10	35	60	110	154	220	330
平均额定电压	0.23	0.4	3.15	6.3	10.5	37	63	115	162	230	345

第二节　负荷计算

负荷计算可作为按发热条件选择变压器、导体及电器的依据,并用来计算电压损失和功率损耗,可作为电能消耗及无功功率补偿的计算依据;尖峰电流的计算可用以校验电压波动和选择保护电器;对于一级、二级负荷,可用以确定备用电源或应急电源及其容量;对于季节性负荷,可以确定变压器的容量和台数及经济运行方式。方案设计阶段可采用单位指标法,初步设计及施工图设计阶段,宜采用需要系数法进行负荷计算。

一、负荷分级与供电要求

1. 负荷

负荷是指发电机或配变电所供给用户的电力,即电气设备(发电机、变压器、负载等)和线路中通过的功率或电流。

当线路电压一定时,线路输送的功率与电流成正比。为应用方便起见,设备负荷通常用功率表示,而线路负荷用通过的电流值来表示。发电机、变压器等电源性质的电气设备的负荷是指其输出功率。而电动机类的用电设备的负荷是指其输入功率。

2. 负荷的分级

用电负荷分级的意义在于正确地反映电力负荷对供电可靠性要求的界限,以便根据负荷等级采取相应的供电方式,减少因事故中断供电造成的损失或影响的程度,提高投资的经济效益和社会效益。用电负荷应根据供电可靠性及中断供电所造成的损失或影响的程度,分为一级负荷、二级负荷及三级负荷。

(1)一级负荷

属下列情况之一者为一级负荷:

① 中断供电将造成人身伤亡;

② 中断供电将造成重大影响或重大损失;

③ 中断供电将破坏有重大影响的用电单位的正常工作,或造成公共场所秩序严重混乱。例如:重要通信枢纽、重要交通枢纽、重要的经济信息中心、特级或甲级体育建筑、国宾馆、承担重大国事活动的会堂、经常用于重要国际活动的大量人员集中的公共场所等的重要用电负荷。在一级负荷中,当中断供电将发生中毒、爆炸和火灾等情况的负荷,以及特别重要场所的不允许中断供电的负荷,应为特别重要的负荷。

(2)二级负荷

属下列情况之一者均为二级负荷:

① 中断供电将造成较大影响或损失;

② 中断供电将影响重要用电单位的正常工作或造成公共场所秩序混乱。

(3)三级负荷

不属于一级和二级的用电负荷被视为三级负荷。

民用建筑中各类建筑物的主要用电负荷的分级情况见表1-9。

表 1-9　民用建筑中各类建筑物的主要用电负荷的分级

序号	建筑物名称	用电负荷名称	负荷级别
1	国家级会堂、国宾馆、国家级国际会议中心	主会场、接见厅、宴会厅照明,电声、录像、计算机系统用电	一级*
		客梯、总值班室、会议室、主要办公室、档案室用电	一级
2	国家及省部级政府办公建筑	客梯、主要办公室、会议室、总值班室、档案室及主要通道照明用电	一级
3	国家及省部级计算中心	计算机系统用电	一级*

续表

序号	建筑物名称	用电负荷名称	负荷级别
4	国家及省部级防灾中心、电力调度中心、交通指挥中心	防灾、电力调度及交通指挥计算机系统用电	一级*
5	地、市级办公建筑	主要办公室、会议室、总值班室、档案室及主要通道照明用电	二级
6	地、市级及以上气象台	气象业务用计算机系统用电	一级*
		气象雷达、电报及传真收发设备、卫星云图接收机及语言广播设备、气象绘图及预报照明用电	一级
7	电信枢纽、卫星地面站	保证通信不中断的主要设备用电	一级*
8	电视台、广播电台	国家及省、市、自治区电视台、广播电台的计算机系统用电,直接播出的电视演播厅、中心机房、录像室、微波设备及发射机房用电	一级*
		语音播音室、控制室的电力和照明用电	一级
		洗印室、电视电影室、审听室、楼梯照明用电	二级
9	剧场	特、甲等剧场的调光用计算机系统用电	一级*
		特、甲等剧场的舞台照明、贵宾室、演员化妆室、舞台机械设备、电声设备、电视转播用电	一级
		甲等剧场的观众厅照明、空调机房及锅炉房电力和照明用电	二级
10	电影院	甲等电影院的照明与放映用电	二级
11	博物馆、展览馆	大型博物馆及展览馆安防系统用电;珍贵展品展室照明用电	一级*
		展览用电	二级
12	图书馆	藏书量超过100万册及重要图书馆的安防系统、图书检索用计算机系统用电	一级*
		其他用电	二级
13	体育建筑	特级体育场(馆)及游泳馆的比赛场(厅)、主席台、贵宾室、接待室、新闻发布厅、广场及主要通道照明、计时记分装置、计算机房、电话机房、广播机房、电台和电视转播及新闻摄影用电	一级*
		甲级体育场(馆)及游泳馆的比赛场(厅)、主席台、贵宾室、接待室、新闻发布厅、广场及主要通道照明、计时记分装置、计算机房、电话机房、广播机房、电台和电视转播及新闻摄影用电	一级
		特级及甲级体育场(馆)及游泳馆中非比赛用电、乙级及以下体育建筑比赛用电	二级
14	商场、超市	大型商场及超市的经营管理用计算机系统用电	一级*
		大型商场及超市营业厅的备用照明用电	一级
		大型商场及超市的自动扶梯、空调用电	二级
		中型商场及超市营业厅的备用照明用电	二级

续表

序号	建筑物名称	用电负荷名称	负荷级别
15	银行、金融中心、证交中心	重要的计算机系统和安防系统用电	一级*
		大型银行营业厅及门厅照明、安全照明用电	一级
		小型银行营业厅及门厅照明用电	二级
16	民用航空港	航空管制、导航、通信、气象、助航灯光系统设施和台站用电,边防、海关的安全检查设备用电,航班预报设备用电,三级以上油库用电	一级*
		候机楼、外航驻机场办事处、机场宾馆及旅客过夜用房、站坪照明、站坪机务用电	一级
		其他用电	二级
17	铁路旅客站	大型站和国境站的旅客站房、站台、天桥、地道用电	一级
18	水运客运站	通信、导航设施用电	一级
		港口重要作业区、一级客运站用电	二级
19	汽车客运站	一二级客运站用电	二级
20	汽车库(修车库)、停车场	Ⅰ类汽车库、机械停车设备及采用升降梯作车辆疏散出口的升降梯用电	一级
		Ⅱ、Ⅲ类汽车库和Ⅰ类修车库、机械停车设备及采用升降梯作车辆疏散出口的升降梯用电	二级
21	旅游饭店	四星级及以上旅游饭店的经营及设备管理用计算机系统用电	一级*
		四星级及以上旅游饭店的宴会厅、餐厅、厨房、康乐设施、门厅及高级客房、主要通道等场所的照明用电,厨房、排污泵、生活水泵、主要客梯用电,计算机、电话、电声和录像设备、新闻摄影用电	一级
		三星级旅游饭店的宴会厅、餐厅、厨房、康乐设施、门厅及高级客房、主要通道等场所的照明用电,厨房、排污泵、生活水泵、主要客梯用电,计算机、电话、电声和录像设备、新闻摄影用电,除上栏所述之外的四星级及以上旅游饭店的其他用电	二级
22	科研院所、高等院校	四级生物安全实验室等对供电连续性要求极高的国家重点实验室用电	一级*
		除上栏所述之外的其他重要实验室用电	一级
		主要通道照明用电	二级
23	二级以上医院	重要手术室、重症监护等涉及患者生命安全的设备(如呼吸机等)及照明用电	一级*
		急诊部、监护病房、手术部、分娩室、婴儿室、血液病房的净化室、血液透析室、病理切片分析、磁共振、介入治疗用CT及X光机扫描室、血库、高压氧仓、加速器机房、治疗室及配血室的电力照明用电,培养箱、冰箱、恒温箱用电,走道照明用电,百级洁净度手术室空调系统用电、重症呼吸道感染区的通风系统用电	一级
		除上栏所述之外的其他手术室空调系统用电,电子显微镜、一般诊断用CT及X光机用电,客梯用电,高级病房、肢体伤残康复病房照明用电	二级

序号	建筑物名称	用电负荷名称	负荷级别
24	一类高层建筑	走道照明、值班照明、警卫照明、障碍照明用电,主要业务和计算机系统用电,安防系统用电,电子信息设备机房用电,客梯用电,排污泵、生活水泵用电;消防控制室、火灾自动报警及联动控制装置、火灾应急照明及疏散指示标志、防烟及排烟设施、自动灭火系统、消防水泵、消防电梯及其排水泵、电动的防火卷帘及门窗以及阀门等消防用电。	一级
25	二类高层建筑	主要通道及楼梯间照明用电,客梯用电,排污泵、生活水泵用电;消防控制室、火灾自动报警及联动控制装置、火灾应急照明及疏散指示标志、防烟及排烟设施、自动灭火系统、消防水泵、消防电梯及其排水泵、电动的防火卷帘及门窗以及阀门等消防用电。	二级

注:1. 负荷分级表中"一级＊"为一级负荷中特别重要负荷。

2. 当序号 1~23 各类建筑物与一类或二类高层建筑的用电负荷级别不相同时,负荷级别应按其中高者确定。

3. 供电要求

(1)一级负荷的供电要求

一级负荷应由两个独立电源供电,当一个电源发生故障时,另一个电源应不致同时受到损坏,保证正常电力供应。两个电源宜同时工作,也可一用一备。

一级负荷容量较大或有高压电气设备时,应采用两路高压电源供电。如一级负荷容量不大时,应优先采用从电力系统或邻近供电系统取得第二低压电源,亦可采用应急发电机组。如一级负荷仅为照明或电话负荷时,宜采用蓄电池组作为备用电源。

一级负荷中的特别重要负荷,除上述两个电源外,还必须增设应急电源。为保证特别重要负荷的供电,严禁将其他负荷接入应急供电系统。常用的应急电源有下列几种:

① 独立于正常电源的发电机组;

② 供电网络中独立于正常电源的专门馈电线路;

③ 蓄电池。

根据允许的中断时间可分别选择下列应急电源:

① 快速自动启动的应急发电机组,适用于允许中断供电时间为 15~30s 的供电;

② 带有自动投入装置的独立于正常电源的专用馈电线路,适用于允许中断供电时间大于电源切换时间的供电;

③ 不间断电源装置(UPS),适用于要求连续供电或允许中断供电时间为毫秒级的供电;

④ 应急电源装置(EPS),适用于允许中断供电时间为毫秒级的应急照明供电。

(2)二级负荷的供电要求

二级负荷的供电系统,宜由两回线路供电。二级负荷供电应做到当发生电力变压器故障或线路常见故障时不中断供电(或中断后能迅速恢复)的双回路供电。在负荷较小或地区供电条件困难时,二级负荷可由单回路 10kV(或 6kV)及以上专用架空线供电。当采用架空线时,可为一回路架空线供电,当采用电缆线路时,应采用两根电缆组成的线路供电,其每根电缆应能承受 100% 的二级负荷。

（3）三级负荷的供电要求

三级负荷的供电无特殊要求，但是也应该尽量保证供电的可靠性。

二、负荷工作制的划分

负荷计算与电气设备的设计工作状态（即工作制）有关。一般来说，电气设备按工作制划分为三种。

1. 长期工作制

长期工作制即连续运行工作制，系指在规定的环境温度下，设备连续运行，设备的任何部分的温升均不超过允许值。

2. 短时工作制

短时工作制即短时运行工作制，系指设备的运行时间短而停歇时间长，设备在工作时间内的发热量不足以达到稳定的温升，而在停歇时间内足够冷却到环境温度。

3. 断续工作制

断续工作制也称为重复短时工作制，系指设备以断续方式反复进行工作，工作时间（t_g）与停歇时间（t_r）交替进行，断续工作制的性质用暂载率 $JC\%$ 或 $\varepsilon\%$ 表示，定义为：

$$\varepsilon\% = \frac{\text{工作时间}}{\text{工作周期}} \times 100\% = \frac{t_g}{t_g + t_r} \times 100\% \tag{1-3}$$

根据国家技术标准规定，工作周期（$t_g + t_r$）以 10min 为依据，起重专用电动机（YZ、YZR 系列）的标准暂载率为 15%、25%、40%、60% 四种，电焊设备的标准暂载率为 50%、65%、75%、100% 四种。

三、需要系数法

1. 需要系数

就一个电气工程项目来说，由于各种电气设备的额定工作条件不同，一般情况下，各种用电设备在同一时间同时工作的概率不会是 100%；再者，同时工作的设备均在满负荷情况下运行的概率也不会是 100%。同时也要考虑到电气设备和线路产生的功率损耗。所有这些因素综合起来，电气系统内实际的最大负荷与全系统用电设备总容量之间是存在差异的，前者要比后者小，两者的比值称之为需要系数，即：

$$\text{需要系数 } K_x = \frac{\text{负荷曲线的最大负荷 } P_{max}(\text{kW})}{\text{该组用电设备的设备容量的总和 } \Sigma P(\text{kW})} \tag{1-4}$$

需要系数是表示配电系统中所有用电设备同时运转（用电）的程度，或者说表示所有用电设备同时使用的程度。通常其值小于 1，只有在所有用电设备全部同时连续运转且满载时才可能为 1。

表 1-10、表 1-11 给出了各用电设备组的需要系数及功率因数。

表 1-10　建筑工地常用用电设备组的需要系数及功率因数

用电设备组名称	需要系数 K_x	功率因数 $\cos\phi$	$\tan\phi$
通风机和水泵	0.75 ~ 0.85	0.80	0.75
运输机、传达带	0.52 ~ 0.60	0.75	0.88
混凝土及砂浆搅拌机	0.65 ~ 0.70	0.65	1.77
破碎机、筛、泥泵、砾石洗涤机	0.70	0.70	1.02
起重机、掘土机、升降机	0.25	0.70	1.02
电焊机	0.45	0.45	1.98
建筑室内照明	0.80	1.0	0
工地住宅、办公室照明	0.40 ~ 0.70	1.0	0
配变电所	0.50 ~ 0.70	1.0	0
室外照明	1.0	1.0	0

表 1-11　民用建筑用电设备的需要系数及功率因数

序号	用电设备分类	需要系数 K_x	功率因数 $\cos\phi$	$\tan\phi$
1	通风和采暖用电	—	—	—
	各种风机,空调器	0.7 ~ 0.8	0.8	0.75
	恒温空调箱	0.6 ~ 0.7	0.95	0.33
	冷冻机	0.85 ~ 0.9	0.8	0.75
	集中式电热器	1.0	1.0	0
	分散式电热器(20kW 以下)	0.85 ~ 0.95	1.0	0
	分散式电热器(100W 以上)	0.75 ~ 0.85	1.0	0
	小型电热设备	0.3 ~ 0.5	0.95	0.33
2	给排水用电	—	—	—
	各种水泵(15kW 以下)	0.75 ~ 0.85	0.8	0.75
	各种水泵(17kW 以上)	0.6 ~ 0.7	0.87	0.57
3	起重运输用电	—	—	—
	客梯(1.5t 及以下)	0.35 ~ 0.5	0.5	1.73
	客梯(2t 及以上)	0.6	0.7	1.02
	货梯	0.25 ~ 0.35	0.5	1.73
	输送带	0.6 ~ 0.65	0.75	0.88
	起重机械	0.1 ~ 0.2	0.5	1.73
4	锅炉房用电	0.75 ~ 0.85	0.85	0.62
5	消防用电	0.75 ~ 0.85	0.8	0.75
6	厨房及卫生用电	—	—	—
	食品加工机械	0.5 ~ 0.7	0.8	0.75
	电饭锅、电烤箱	0.85	1	0
	电炒锅	0.7	1	0
	电冰箱	0.60 ~ 0.7	0.7	1.02
	热水器(淋浴用)	0.65 ~ 0.7	1	0
	除尘器	0.3	0.85	0.62

序号	用电设备分类	需要系数 K_x	功率因数 $\cos\phi$	$\tan\phi$
7	机修用电	—	—	—
	修理间机械设备	0.15~0.2	0.5	1.73
	电焊机	0.35	0.35	2.68
	移动式电动工具	0.2	0.5	1.73
8	打包机	0.2	0.6	1.33
	洗衣机动力	0.65~0.75	0.5	1.73
	天窗开闭机	0.1	0.5	1.73
9	通信及信号设备	—	—	—
	载波机	0.85~0.95	0.8	0.75
	收讯机	0.8~0.9	0.8	0.75
	发讯机	0.7~0.8	0.8	0.75
	电话交换台	0.75~0.85	0.8	0.75
	客房床头电气控制箱	0.15~0.25	0.6	1.33

2. 负荷曲线和计算负荷的概念

负荷曲线是表示用电负荷随时间而变动的一种图形。它绘在直角坐标上,纵坐标表示用电负荷(有功或无功),横坐标表示对应于负荷变动的时间。

负荷曲线分有功负荷曲线和无功负荷曲线两种。根据横坐标延续的时间,负荷曲线又可分为日负荷曲线和年负荷曲线。日负荷曲线表示一日 24h 内负荷变动的情况,而年负荷曲线表示一年中负荷变动的情况。

全年中负荷最大的工作班内(这工作班不是偶然出现的,而是在负荷最大的月份内至少出现 2~3 次的)消耗电能最多的半小时的平均功率,称为半小时最大负荷,记为户 P_{30}。一幢建筑物或一条供电线路负荷的大小不能简单地将所有用电设备的容量加起来,这是因为实际上并不是所有用电设备都同时运行,并且在运行中的用电设备又不是每台都达到了它的额定容量。为了比较真实地求得总负荷,通常以"计算负荷"来衡量,也就是说,计算负荷是比较接近实际的负荷,是作为供电设计计算的基本依据。这个计算负荷就是根据半小时的平均负荷所绘制的负荷曲线上的半小时最大负荷 P_{30}。也可记为 P_j。

所谓计算负荷,就是按发热条件选择供电系统中的电力变压器、开关设备及导线、电缆截面而需要计算的负荷功率或负荷电流。根据计算负荷连续运行,其发热温度不会超过允许值。可以这样理解计算负荷的物理意义:设有一根电阻为 R 的导体,在某一时间内通过一变动负荷,其最高温升达到 τ 值,如果这根导体在相同时间内通以另一不变负荷,其最高温升也达到 τ 值,那么这个不变负荷就称为变动负荷的计算负荷,即计算负荷与实际变动负荷的最高温升是相等的。

为什么规定取"半小时"的最大平均负荷呢?因为一般中小截面的导线,其发热时间常数(T)一般在 10 分钟以上。实验证明,其达到稳定温升的时间约为 $3T = 3 \times 10 = 30$ 分钟,故只有持续时间在 30 分钟以上的负荷值,才有可能构成导体的最高温升。

3. 设备容量的概念

额定功率(P_N)是电气设备铭牌中注明的功率,它是制造厂家根据电压等级要求选用适当的绝缘材料,在额定条件下允许输出的机械功率,即电气设备在此功率下,其温升均不会超过允许的温升。

设备容量又称设备功率,是指换算到统一工作制下的"额定功率",用 P_e 表示,即当电气设备上注明的暂载率不等于标准暂载率时,要对额定功率进行换算,统一到标准暂载率下。

4. 用"需要系数法"进行负荷计算

需要系数法一般适用于计算用电设备组中设备容量差别不大的情况,其特点是计算简单。进行供电负荷计算时一般按供电系统图进行逐级计算,如图 1-2 中给出了一个典型的简化电力负荷计算图。

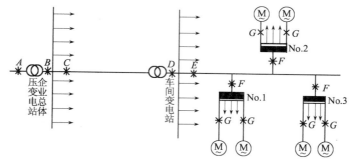

图 1-2　供电系统中具有代表性的各点的电力负荷计算图

进行负荷计算时一般按图中的 G、F、E、D、C、B、A 的顺序逐级确定各点的计算负荷。计算负荷包括有功计算负荷、无功计算负荷和视在计算负荷。

(1)单台设备供电支线(图 1-2 中的 G 点)的计算负荷

所谓负荷计算即是确定用电设备的设备容量(或称之为"计算负荷")。对不同工作制的用电设备,其设备容量应按下列方法确定。

① 长期工作制电动机的设备容量

长期工作制电动机的设备容量等于其铭牌上的额定功率(kW),即:

$$P_e = P_N$$

② 反复短时工作制电动机的设备容量

反复短时工作制电动机的设备容量系指统一换算到暂载率 $\varepsilon\% = 25\%$ 时的额定功率(kW),即:

$$P_e = \frac{\sqrt{\varepsilon}}{\sqrt{\varepsilon_{25}}} P_N = 2P_N \sqrt{\varepsilon} \tag{1-5}$$

式中　　P_e——换算到 $\varepsilon\% = 25\%$ 时电动机的设备容量(kW);

ε——铭牌暂载率,以百分值代入公式;

P_N——电动机的铭牌额定功率(kW)。

③ 电焊机及电焊设备的设备容量

电焊机及电焊设备的设备容量系指统一换算到暂载率 $\varepsilon\% = 100\%$ 时的额定功率,即:

$$P_e = \frac{\sqrt{\varepsilon}}{\sqrt{\varepsilon_{100}}} P_N = \sqrt{\varepsilon} S_N \cos\phi \qquad (1\text{-}6)$$

式中　P_e——换算到 $\varepsilon\% = 25\%$ 时电动机的设备容量(kW);

　　　ε——铭牌暂载率,以百分值代入公式;

　　　P_N——电动机的铭牌额定功率(kW);

　　$\cos\phi$——电焊设备的铭牌额定功率因数。

④ 照明设备的设备容量

白炽灯、碘钨灯的设备容量等于灯泡上标出的额定功率(kW)。带镇流器的荧光灯的设备容量为1.2倍的额定功率(kW),电子型启动的荧光灯的设备容量为荧光灯灯管的额定功率。高压水银灯、金属卤化物灯其设备容量为1.1倍的额定功率(kW)。

⑤ 不对称单相负荷的设备容量

多台单相设备应均匀地分配在三相上。在计算范围内,若单相设备的总容量小于三相用电设备总容量的15%时,可按三相平衡分配负荷考虑。如单相用电设备不对称容量不大于三相用电设备总容量的15%时,则设备容量应按三倍最大相负荷计算。

⑥ 短时工作制设备的设备容量

短时工作制设备的设备容量为零。

⑦ 无功计算负荷的确定

无功计算负荷按下式计算:

$$Q_e = P_e \tan\phi \qquad (1\text{-}7)$$

式中　$\tan\phi$——铭牌给出的对应于 $\cos\phi$ 的正切值。

　　　P_e——有功计算负荷(kW)。

(2)确定用电设备组(图1-2中的 F 点)的有功计算负荷(P_{jF})、无功计算负荷(Q_{jF})和视在计算负荷(S_{jF})

① 设备组的有功计算负荷

在计算设备组单台的设备容量(P_e)后,可以根据所提供的需要系数 K_x,得到设备组的有功计算负荷(P_{jF}):

$$P_{jF} = K_x \Sigma P_e \qquad (1\text{-}8)$$

式中　K_x——用电设备组的需要系数(如表1-7、表1-8所列);

　　　P_e——单台电气设备的设备容量(kW)。

② 设备组的无功计算负荷(Q_{jF})

$$Q_{jF} = P_{jF} \tan\phi \qquad (1\text{-}9)$$

式中　$\tan\phi$——表1-7、表1-8给出的对应于需要系数 K_x 的正切值 $\tan\phi$;

　　　P_{jF}——有功计算负荷(kW)。

③ 设备组的视在计算负荷(S_{jF})

$$S_{jF} = \sqrt{P_{jF}^2 + Q_{jF}^2} \qquad (1\text{-}10)$$

④ 设备组的计算电流(I_{jF})

$$I_{jF} = \frac{S_{jF}}{\sqrt{3}\,U_N} \tag{1-11}$$

式中　U_N——用电设备组的额定电压(kV)。

⑤ 设备组的功率因数

$$\cos\phi = \frac{P_{jF}}{S_{jF}} \tag{1-12}$$

（3）低压干线（图 1-2 中 E 点）的计算负荷

将各用电设备组计算负荷按有功功率和无功功率分别相加即可得到低压干线的计算负荷。计算公式如下：

$$P_{jE} = P_{jF1} + P_{jF2} + \cdots + P_{jFn} = \sum_{i=1}^{n} P_{jFi} \tag{1-13}$$

$$Q_{jE} = Q_{jF1} + Q_{jF2} + \cdots + Q_{jFn} = \sum_{i=1}^{n} Q_{jFi} \tag{1-14}$$

$$S_{jE} = \sqrt{P_{jE}^2 + Q_{jE}^2} \tag{1-15}$$

式中　P_{jE}——各用电设备组的有功计算负荷(kW)；

　　　Q_{jE}——各用电设备组的无功计算负荷(kvar)；

　　　S_{jE}——各用电设备组的视在计算负荷(kVA)。

（4）低压母线（图 1-2 中的 D 点）的计算负荷

考虑到各干线最大负荷不可能同时出现的因素，在确定低压母线的计算负荷时应引入一个同时工作系数。将各低压干线的有功、无功计算负荷相加，按照下面公式确定母线的计算负荷。

$$P_{jD} = k_\Sigma \sum_{i=1}^{n} P_{jEi} \tag{1-16}$$

$$Q_{jD} = k_\Sigma \sum_{i=1}^{n} Q_{jEi} \tag{1-17}$$

$$S_{jD} = \sqrt{P_{jD}^2 + Q_{jD}^2} \tag{1-18}$$

式中　P_{jE}——各用电设备组的有功计算负荷(kW)；

　　　Q_{jE}——各用电设备组的无功计算负荷(kvar)。

　　　k_Σ——同时工作系数，见表 1-12。

表 1-12　最大负荷时的同时工作系数 k_Σ

应 用 范 围	k_Σ
一、确定车间配变电所低压母线的最大负荷时，所采用的有功负荷同时工作系数：	—
1. 冷加工车间	0.70 ~ 0.80

应 用 范 围	k_Σ
2. 热加工车间	0.70 ~ 0.90
3. 动力站(包括冶金工业各种车间的电磁站)	0.80 ~ 1.00
二、确定企业配变电所母线或总降压配变电所低压母线的最大负荷时,所采用的有功负荷同时工作系数:	—
1. 计算负荷小于 5000kW	0.90 ~ 1.00
2. 计算负荷为 5000 ~ 10000kW	0.85
3. 计算负荷超过 10000kW	0.80

(5)10kV 输电线路、母线及高压进线(图 1-2 中的 C、B、A 点)计算负荷的确定

这几点的计算负荷只需要在 D 点负荷的基础上考虑相应配电变压器或降压变压器、线路的功率损耗以及同时工作系数后确定。

① C 和 A 点的计算负荷

$$P_{jC} = P_{jD} + \Delta P_b + \Delta P_1$$

$$Q_{jC} = Q_{jD} + \Delta Q_b + \Delta Q_1$$

$$S_{jC} = \sqrt{P_{jC}^2 + Q_{jC}^2}$$

$$P_{jA} = P_{jB} + \Delta P_b$$

$$Q_{jA} = Q_{jB} + \Delta Q_b$$

$$S_{jA} = \sqrt{P_{jA}^2 + Q_{jA}^2}$$

② B 点的计算负荷

$$P_{jB} = k_P \sum_{i=1}^{m} P_{jCi}$$

$$Q_{jB} = k_Q \sum_{i=1}^{m} Q_{jCi}$$

$$S_{jB} = \sqrt{P_{jB}^2 + Q_{jB}^2}$$

式中　　ΔP_1——配电线路的有功损耗(kW);

　　　　ΔQ_1——配电线路的无功损耗(kvar)。

　　ΔP_b、ΔQ_b——分别为变压器的有功和无功损耗,一般按估算值确定:

$$\Delta P_b = 0.012 S_j \tag{1-19}$$

$$\Delta Q_b = 0.006 S_j \tag{1-20}$$

式中　　　　S_j——上一计算点的视在计算负荷,如计算 C 点的 ΔP_b、ΔQ_b 应代入 D 点的 S_{jD};计算 A 点的 ΔP_b、ΔQ_b 应代入 B 点的 S_{jB}。

四、单位面积估算法

1. 单位面积估算法(负荷密度法)

单位面积估算法是已知不同类型的负荷在单位面积上的需求量,乘以建筑面积或使用

面积得到的负荷量。

$$P_j = \frac{KA}{1000} \tag{1-21}$$

式中　K——负荷密度（W/m^2 或 VA/m^2）；

　　　A——建筑面积（m^2）。

如某餐厅面积为 $200m^2$，负荷密度为 $120VA/m^2$，则此餐厅的负荷量是 24kVA。

表 1-13 是香港某公司提供的负荷密度（VA/m^2）。表 1-14 是各类建筑单位面积推荐负荷指标。

表 1-13　香港某公司提供的负荷密度 VA/m^2

项目		照明	动力	空调	共计
旅馆	前室、走廊	64.6 ~ 86.1	5.4	86.1 ~ 107.6	156.1 ~ 199.1
	客房	16.2 ~ 26.9	5.4	53.8 ~ 75.4	75.4 ~ 107.7
	娱乐室、酒吧	54	5.4	75.4 ~ 107.6	134.8 ~ 167
	咖啡室	86.1	43.1 ~ 64.6	75.4 ~ 107.6	204.6 ~ 258.3
	洗手间	21.5	5.4	75.4	102.3
	厨房	43.1	107.6 ~ 161.5	107.6 ~ 129.2	258.3 ~ 333.8
写字楼	一般办公室	21.5 ~ 54	10.8	64.6 ~ 75.4	96.9 ~ 140.2
	高级办公室	37.7 ~ 75.4	16.2	86.1 ~ 107.6	140 ~ 199.3
	私人办公室	21.5 ~ 37.7	5.4	75.4	102.4 ~ 118.5
	会议室	16.2 ~ 32.3	5.4	64.6 ~ 86.1	86.2 ~ 123.8
	制图室	75 ~ 107.6	0	75.4	150.4 ~ 183
饭店	餐厅	2.7 ~ 5.4	5.44 ~ 10.8	75.4	83.54 ~ 91.6
	快餐厅	54	5.4	86.1 ~ 107.6	145.5 ~ 167
	普通厨房	32.2	43.1 ~ 64.4	75.4	150.7 ~ 172
	电气化厨房	43.1	107.6 ~ 161.5	107.6 ~ 129.2	258.3 ~ 333.8
商店	国贸商店	29.2 ~ 107	0	75.4	104.6 ~ 182.4
	珠宝商店	129 ~ 150.7	0	75.4	204.4 ~ 226.1
	百货	43.1 ~ 64.6	0	107.6	150.7 ~ 172
	展览橱窗	54 ~ 107.6	0	107.6	161.6 ~ 215.2
	美容、美发	54 ~ 107.6	10.8	64.6 ~ 118.4	129.4 ~ 236.8
	服装店	54 ~ 75.4	5.4	54 ~ 96.9	113.4 ~ 177.7
	药店	54	5.4	54 ~ 96.9	113.4 ~ 156.3
学校	教室	37.7	0	54 ~ 75.5	91.7 ~ 113.2
	绘图	54 ~ 75.4	0	75.4 ~ 96.6	129.4 ~ 172
	阅览室	54 ~ 75.4	54	64.6 ~ 107.6	172.6 ~ 237
医院		21.5 ~ 32.3	10.8	54 ~ 75.4	86.3 ~ 118.5
舞厅		5.4 ~ 21.5	0	107.6	113 ~ 129.1
夜总会舞台		430.6	0	161.2 ~ 236.2	591.8 ~ 666.8
消防局、警察局		16.2	10.8	64.6	91.6
网球场		26.9	5.4	64.6	96.9
鞋厂		53.8 ~ 107.9	53.8 ~ 107.6	53.8 ~ 75.4	161.4 ~ 290.9
纺织厂作业区		26.9 ~ 53.8	86.1 ~ 107.6	64.6	177.6 ~ 226
检验		53.8	0	75.4	129

续表

项目	照明	动力	空调	共计
毛纺厂	32.3	75.4	53.8	161.5
糖果厂	21.5 ~ 53.8	75.4	107.5	204.4 ~ 236.7
罐头厂	21.5 ~ 107.6	64.6	75.4	161.5 ~ 247.6
陶瓷厂、水泥厂	16.2 ~ 53.8	161.5	86.1 ~ 107.6	263.8 ~ 322.9
剧院	26.9	0	75.4	102.3
洗衣厂	53.8 ~ 107.6	53.8 ~ 161.5	86.1	193.7 ~ 355.2
汽车修理	53.8	53.8	53.8 ~ 75.4	161.4 ~ 183
银行账房	64.6 ~ 86.1	21.6 ~ 32.3	75.4 ~ 107.6	161.6 ~ 226
计算机房	43.1 ~ 64.6	21.5	161.5 ~ 322.9	226.1 ~ 409
控制室	26.9	5.4	64.6	96.9

表 1-14　各类建筑单位面积推荐负荷指标　　　　　　　W/m²

省市	建筑物	推荐负荷指标	备注
广东	办公楼、招待所、商场、宾馆	80 ~ 100	该指标为建筑工程设计推荐负荷指标的最小值
宁波	多层住宅 中、高层建筑 别墅 商业 办公 学校	30 ~ 35 40 ~ 50 50 ~ 60 40 ~ 60 30 ~ 40 20 ~ 40	该指标为建筑工程规划设计推荐负荷指标

2. 单位指标法

单位指标法是已知不同类型的负荷在单位核算单位上的需求量，乘以单位核算单位得到的负荷量。

$$P_{\mathrm{j}} = \frac{KN}{1000} \tag{1-22}$$

式中　K——单位指标（W/床或 W/户）；

N——核算单位的数量。

五、单相负荷的计算

单相负荷应尽可能均匀分配在三相上。当计算范围内单相用电设备容量之和小于总设备容量的 15% 时，可按三相平衡负荷计算。

1. 单相负荷接在相电压

$$P_{\mathrm{j}} = 3P_{\phi\mathrm{max}} \tag{1-23}$$

式中　P_{j}——三相等效计算负荷（kW）；

$P_{\phi\mathrm{max}}$——三组相负荷中最大的相负荷（kW）。

2. 单相负荷接在线电压

$$P_{\mathrm{j}} = \sqrt{3} P_{\mathrm{lmax}} \tag{1-24}$$

式中 P_{j}——三相等效计算负荷(kW);

P_{lmax}——三组线负荷中最大的线负荷(kW)。

六、冲击负荷的计算

1. 短期负荷的计算

因为计入正常负荷后会使变压器的负荷率降低,增加工程费用,所以,短期性负荷一般不计入正常负荷计算。

(1)季节性负荷

季节性负荷如冬季采暖和夏季空调,虽然不是同时使用,但一旦进入使用期,则连续运行的时间较长,这种负荷应取较大值计入正常的负荷计算。

(2)临时性负荷

对于临时性负荷,如大型实验设备、事故处理设备等,此类设备投入运行的时间相对较短(一般在 0.5~2.0h),故不应计入正常的负荷计算中。但应校验当这类设备投入运行时,变压器、开关及供电线路等不得超过其短时过负荷允许值(包括变压器的短时过载能力)。

2. 冲击负荷

在配电系统中冲击负荷出现最多的是电动机的瞬时启动这一时刻。电动机启动的电流一般是其额定电流的 4~7 倍,一旦启动完成,电动机立即恢复到正常的额定电流。由于此负荷存在的时间较短,一般不计入正常的负荷计算中。但应校验此冲击负荷对变压器、线路、开关的保护设备是否能准确动作。

七、住宅建筑的负荷计算

1. 每套住宅的负荷计算

根据《住宅设计规范》(GB 50096—1999)中规定,住宅的电气负荷计算不是按照灯具、插座等电气设备的容量进行计算的,而是按照每套住宅的类型和类别进行计算的。表 1-15 是每套住宅的电力负荷和电度表的规格。

在负荷计算中有时会根据各个地区推荐的用电负荷规定进行计算。

2. 配电干线的计算

配电干线的负荷计算按照图 1-2 中 E 点或 B 点的负荷计算进行。公式中的一些系数按表 1-16 取值。

表 1-15 《住宅设计规范》每套住宅的用电负荷标准及电能表的规格

套型	居住空间数(个)	使用面积(m²)	用电负荷标准(kW)	单相电能表的规格(A)
一类	2	34	2.5	5 (20)
二类	3	45	2.5	5 (20)
三类	3	56	4.0	10 (40)
四类	4	68	4.0	10 (40)

注:表中括号内的数字表示电表允许长期运行的电流值。

表 1-16　部分省市的住宅电气负荷计算的需要系数

类　型	户　数	需要系数 K_x	功率因数 $\cos\phi$	同期系数 k_P
多层住宅	1 ~ 10 10 ~ 20 21 ~ 100 100 ~ 200 200 以上	1.00 ~ 0.80 0.70 ~ 0.63 0.60 ~ 0.54 0.54 ~ 0.46 0.46 ~ 0.42	0.60 ~ 0.65	0.92 ~ 0.97
高层建筑	1 ~ 10 10 ~ 20 2 ~ 100 100 ~ 200 200 以上	1.00 ~ 0.80 0.75 ~ 0.65 0.63 ~ 0.55 0.55 ~ 0.45 0.45 ~ 0.43		
全电气化住宅	1 ~ 10 10 ~ 20 21 ~ 100 100 ~ 200 200 以上	1.00 ~ 0.93 0.93 ~ 0.91 0.85 ~ 0.45 0.38 ~ 0.32 0.32 ~ 0.30	0.70 ~ 0.75	

八、功率因数的提高

在民用建筑中通常包含大量的电力变压器、异步电动机、照明灯具等用电设备。这些用电设备所需的无功功率在电网中的滞后无功负荷中所占比重很大,使电能的使用效率大大降低。所以,提高供电系统的功率因数,以便降低系统的无功负荷的比重,对增加能源的利用率、低碳环保等都具有重要意义。另外,在电气工程实施中正确选用变压器等设备的容量,不仅可以提高负荷率,而且对提高自然功率因数也具有实际意义。

1. **功率因数的定义**

在交流供电线路中,功率因数定义为有功功率与视在功率之比,即:

$$\cos\phi = P/S \tag{1-25}$$

式中　ϕ——功率因数角,表示相电压与相电流之间的相位差角。

(1)平均功率因数

平均功率因数有月平均功率因数和年平均功率因数两种。月平均功率因数是指在一个月内功率因数的平均值,它是电力部门每月征收电费时,作为调整收费标准的依据。其值可由有功电能表(kW·h)及无功电能表(kvar·h)的月积累数字经计算求得:

$$\cos\phi_{av} = \frac{W_P}{\sqrt{W_P^2 + W_Q^2}} = \frac{1}{\sqrt{1 + \left(\dfrac{W_Q}{W_P}\right)^2}} \tag{1-26}$$

式中　W_P——有功电能表月积累数(kW·h);

　　　W_Q——无功电能表月积累数(kvar·h)。

(2)最大功率因数

最大功率因数是根据最大计算负荷 P_{jmax} 与最大计算容量 S_{jmax} 的比值确定的,即:

$$\cos\phi = \frac{P_{jmax}}{S_{jmax}} \tag{1-27}$$

2. 有关功率因数的规定

应合理选择变压器容量、线缆及敷设方式等措施,减少线路感抗以提高用户的自然功率因数。当采用提高自然功率因数措施后仍达不到要求时,应进行无功补偿。

10kV(或6kV)及以下无功补偿宜在配电变压器低压侧集中补偿,且功率因数不宜低于0.9。

补偿基本无功功率的电容器组,宜在配变电所内集中补偿。容量较大、负荷平稳且经常使用的用电设备的无功功率宜单独就地补偿。

民用及一般工业建筑的功率因数指标应达到下列规定:

(1)100kVA及以上10kV,供电的电力用户在用户高峰负荷时变压器高压侧功率因数不宜低于0.95;其他电力用户,功率因数不宜低于0.90。

(2)由35kV以上高压受电且用电设备容量在500kW(或500kVA)以上的企业,功率因数为0.90以上。

(3)对新建的工业企业用户,功率因数标准均规定按0.95设计。

3. 提高自然功率因数的方法

提高用电设备的功率因数,一般采用如下措施:

(1)合理选择电动机的容量,使其接近满载运转。

(2)对实际负载不超过额定容量40%的电动机,应更换为小容量的电动机。

(3)合理安排和调整工艺流程,改善用电设备的运转方式,限制感应电动机空载运行。

(4)正确选择变压器容量,提高变压器的负载率(一般为75%~80%比较合适)。对于负载率低于30%的变压器,应予以调整或更换。

(5)对于负荷率在0.6~0.9的绕线转子电动机,必要时可以使其同步化,这时电动机可以向电力系统输送出无功功率。

4. 人工补偿改善功率因数

当采用提高自然功率因数的方法,仍不能满足电力部门所要求的数值时,应采用人工补偿方法,利用专门的补偿设备来提高功率因数。通常采用的方法有:

(1)采用同步电动机补偿,使用同步电动机在过励磁方式呈现容性时运转,其功率因数超前0.8~0.9时,向供电系统输出无功功率,用来补偿感性用电设备所需要的无功功率,因而提高了用户的功率因数。

(2)利用同步调相机作为无功功率电源(无功发电机),用来补偿用户运行所需要的无功功率。同步调相机是轴上不带机械负载的同步电动机。调节同步调相机的励磁电流的大小,可以改变其输出无功功率的大小,从而提高功率因数。

以上两种补偿方式,因同步电动机构造复杂,价格较贵,控制维护较麻烦,只适用于大型工厂,一般企业不宜采用。

(3)采用静电电容器补偿,当将电容器 C 与感性负载(用电设备)并联后,如图1-3所示,电感性负载的功率因数 $\cos\phi$ 仍然不变,但 $\dot{I} = (\dot{I}_{RL} + \dot{I}_C)$ 和 $\dot{U}$ 的相位差减小,补偿后的功率因数比补偿前的功率因数提高。

　静电电容器进行无功功率补偿改善的是包括
电容器在内的整个线路的功率因数。

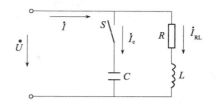

图1-3　采用静电电容器补偿的电路原理图

　采用静电电容器作无功补偿装置时,可以采
用就地补偿和集中补偿的补偿方式。就地补偿是
低压部分的无功负荷由低压电容器补偿,高压部
分由高压电容器补偿。容量较大、负荷集中且经
常使用的用电设备的无功负荷宜单独就地补偿。
集中补偿的电容器组宜在配变电所内集中补偿。居住区的无功负荷宜在小区配变电所低压
侧集中补偿。

　(4)补偿容量的计算:求静电电容器的补偿容量(Q_C)

$$Q_C = P_j(\tan\phi_1 - \tan\phi_2) = P_j q_c$$

$$q_c = \tan\phi_1 - \tan\phi_2 \tag{1-28}$$

式中　P_j——有功计算负荷(kW);

　$\tan\phi_1$——补偿前计算负荷的功率因数角的正切值;

　$\tan\phi_2$——补偿后功率因数角的正切值;

　q_c——无功功率补偿率。

　补偿后无功计算负荷和计算容量会发生变化,补偿后

$$Q_j' = Q_j - Q_C \tag{1-29}$$

$$S_j' = \sqrt{P_j^2 + Q_j^2} \tag{1-30}$$

第三节　配变电所

一、配变电所的形式与组成

　配变电所根据变压器的功能分为升压配变电所和降压配变电所。根据配变电所在系统
中所处的地位分为枢纽配变电所、中间配变电所、终端配变电所。根据配变电所所在电力网
的位置分为区域配变电所、地方配变电所。

　1. 配变电所的类型

　配变电所的类型,主要可分为户内式、户外式和组合式等三种基本类型。

　常见配变电所有以下几种形式:独立式配变电所、附设式配变电所、露天式配变电所、户
内式配变电所、地下式配变电所、预装式配变电所、杆上式或高台式配变电所。高层建筑或
大型民用建筑宜设室内配变电所;多层住宅小区宜设户外预装式配变电所,有条件时也可设
置室内或外附式配变电所。

　2. 所址选择

　配变电所所址应选择在接近负荷中心;进出线方便;接近电源侧;设备吊装、运输方
便;不应设在有剧烈振动的场所;不宜设在多尘、水雾(如大型冷却塔)或有腐蚀性气体的
场所,当无法远离时,不应设在污源的下风侧;不应设在厕所、浴室、厨房或其他经常积水

场所的正下方或贴邻;不应设在有爆炸危险场所以内和不宜设在有火灾危险场所的正上方或正下方,如布置在与爆炸危险场所范围以内和布置在与火灾危险场所的建筑物毗邻时,应符合现行国家标准《爆炸和火灾危险环境电力装置设计规范》(GB 50058—1992)的规定。

民用建筑宜集中设置配变电所,当供电负荷较大,供电半径较长时,也可分散设置;高层建筑可分设在避难层、设备层及屋顶层等处。配变电所为独立建筑物时,不宜设在地势低洼和可能积水的场所;高层建筑地下层配变电所的位置,宜选择在通风、散热条件较好的场所。配变电所位于高层建筑(或其他地下建筑)的地下室时,不宜设在最底层。当地下仅有一层时,应采取适当抬高该所地面等防水措施。并应避免洪水或积水从其他渠道淹渍配变电所的可能性。装有可燃性油浸电力变压器的配变电所,不应设在耐火等级为三四级的建筑中。在无特殊防火要求的多层建筑中,装有可燃油的电气设备的配变电所,可设置在底层靠外墙部位,但不应设在人员密集场所的上方、下方、贴邻或疏散出口两旁。高层建筑的配变电所,宜设置在地下层或首层;当建筑物高度超过100m时,也可在高层区的避难层内设置配变电所。一类高、低层主体建筑内,严禁设置装有可燃性油的电气设备的配变电所。二类高、低主体建筑内不宜设置装有可燃性油的电气设备的配变电所。如受条件限制亦可采用难燃性油的变压器,并应设在首层靠外墙部位或地下室,且不应设在人员密集场所的上下方、贴邻或出口的两旁;并应采取相应的防火措施。大、中城市除居住小区的杆上配变电所外,民用建筑中不宜采用露天或半露天的配变电所,如确需要设置时,宜选用带防护外壳的户外成套配变电所。

3. 配变电所组成

配变电所主要由高压配电室、低压配电室、变压器室、电容器室、值班室等组成的。

(1)高压配电室的核心设备是各种功能的高压开关柜(进线柜、出线柜、联络柜、计量柜、电容器柜等)。高压开关柜的主要作用是对高压电源进行控制、计量和保护。高压开关柜一般由断路器、隔离开关、接地开关、重合器、分断器、负荷开关、接触器、熔断器以及上述元件组合而成的负荷开关－熔断器组合电器、接触器－熔断器(F-C)组合电器、隔离负荷开关、熔断器式开关、敞开式组合电器、避雷器以及电压互感器、电流互感器或各种智能变送器等二次仪表构成。

(2)低压配电室的核心设备是低压开关柜(进线柜、馈电柜、计量柜、联络柜等)。低压开关柜的主要作用是对电能进行分配、计量和保护。

(3)电容器室的核心设备是电容器柜。电容的主要作用是用以调节供配电系统的功率因数,最大限度地提高供配电系统运行的经济效益。

(4)变压器室的核心设备是电力变压器,从电能的使用安全角度考虑,需要把电力传输的高压降为低压使用。民用建筑工程中以10kV(或6kV)/0.4kV变压器应用最为普遍,大型民用建筑也可采用初级额定电压为35kV的变压器。

二、配电变压器的选择

1. 配电变压器选择原则

(1)配电变压器选择应根据建筑物的性质和负荷情况、环境条件确定,并应选用节能型变压器。

（2）配电变压器的长期工作负载率不宜大于85%。

（3）当符合下列条件之一时,可设专用变压器:

① 电力和照明采用共用变压器将严重影响照明质量及光源寿命时,可设照明专用变压器;

② 季节性负荷容量较大或冲击性负荷严重影响电能质量时,可设专用变压器;

③ 单相负荷容量较大,由于不平衡负荷引起中性导体电流超过变压器低压绕组额定电流的25%时,或只有单相负荷其容量不是很大时,可设置单相变压器;

④ 出于功能需要的某些特殊设备,可设专用变压器;

⑤ 在电源系统不接地或经高阻抗接地、电气装置外露、可导电部分就地接地的低压系统中(IT系统),照明系统应设专用变压器。

供电系统中,配电变压器宜选用Dynll接线组别的变压器。

（4）设置在民用建筑中的变压器,应选择干式、气体绝缘或非可燃性液体绝缘的变压器。当单台变压器油量为100kg及以上时,应设置单独的变压器室。

（5）变压器低压侧电压为0.4kV时,单台变压器容量不宜大于1250kVA。预装式配变电所变压器,单台容量不宜大于800kVA。

2. 配电变压器数量的确定

（1）当符合下列条件之一时,宜装设两台及以上变压器。

① 有大量的一级及虽为二级负荷但从保安角度考虑需设置时(如消防等);

② 季节性负荷变化较大;

③ 集中负荷较大。

（2）在一般情况下,动力和照明宜共用变压器。当属下列情况之一时,可设专用变压器。

① 当照明负荷较大或动力和照明采用共用变压器而严重影响照明质量及灯泡寿命时,可设照明专用变压器;

② 单台单相负荷较大时,宜设单相变压器;

③ 冲击性负荷较大,严重影响电能质量时,可设冲击负荷专用变压器;

④ 在电源系统不接地或经阻抗接地(IT系统)的低压电网中,照明负荷应设专用变压器。

3. 配电变压器容量的确定

（1）满足设计规范的要求

① 装有两台及以上变压器的配变电所,当其中任意一台变压器断开时,其余变压器的容量应满足一级负荷及二级负荷的用电;

② 配变电所中单台变压器(低压为0.4kV)的容量不宜大于1000kVA。当用电设备容量较大、负荷集中且运行合理时,可选较大容量的变压器;

③ 设置在二层以上的三相变压器,应考虑垂直与水平运输对通道及楼板载荷的影响,如采用干式变压器时,其容量不宜大于630kVA;

④ 居住小区配变电所内单台变压器容量不宜大于630kVA;

⑤ 车间变压器一般尽量选择一台变压器,其容量不大于1000kVA,最大不允许超过1800kVA。

（2）满足负荷计算的要求

选择变压器的容量应以计算负荷为基础，即 $S_N \geq S_j$。根据总降压配变电所变压器的数量不同，变压器的运行方式有两种。

① 明备用。明备用即两台变压器正常运行时，一台工作，另一台作为备用；工作变压器故障或检修时，备用变压器投入运行，并要求带全部负荷。

每台变压器的容量按 100% 的计算负荷确定，即：

$$S_N = 100\% S_j \tag{1-31}$$

② 暗备用。变压器的暗备用方式是指正常运行时，两台变压器同时工作，每台变压器各承担一半的负荷量，每台变压器的负荷率小于 80%；当变压器故障或检修时，由另一台变压器尽量带全部负荷，此时变压器会出现过负荷现象，国产变压器的短时过载运行数据见表1-17。

表 1-17 变压器短时过载运行数据

油漫式变压器（自冷）		干式变压器（空气自冷）	
过电流（%）	允许运行时间（min）	过电流（%）	允许运行时间（min）
30	120	20	60
45	80	30	45
60	45	40	32
75	20	50	18
100	10	60	5

暗备用运行方式的变压器每台容量按 70% 的总计算负荷选择，即：

$$S_N = 70\% S_j \tag{1-32}$$

三、电源

1. 配变电所所用电源

（1）配变电所所用电源宜引自就近的配电变压器 220/380V 侧。当配变电所规模较大或距配变电所较远时，可另设所用变压器，其容量不宜超过 30kVA。当有两回路所用电源时，宜装设备用电源自动投入装置。

（2）采用交流操作，供操作、控制、保护、信号等所用电源，可引自电压互感器。

（3）采用电磁操动机构而且仅有一路所用电源时，应专设所用变压器作为所用电源，并接在电源进线开关的前面。

（4）用硅整流合闸时，宜设两回路所用电源，其中一路应引自接在电源进线断路器前面的所用变压器。

2. 操作电源

（1）重要配变电所当装有电磁操动机构的断路器时，应采用 220V 或 110V 镉镍电池组作为合、分闸直流操作电源；当装有弹簧储能操动机构的断路器时，宜采用小容量镉镍电池作为合、分闸操作电源。

（2）大、中型配变电所当装有电磁操动机构的断路器时，合闸电源宜采用硅整流，分闸电源可采用小容量镉镍电池装置。当装有弹簧储能操动机构的断路器时，宜采用小容量镉镍镍电池组作为分闸操作电源。

采用硅整流作为电磁操动机构合闸电源时,应校核该整流合闸电源能否保证断路器在事故情况下可靠合闸。

（3）小型配变电所宜采用弹簧储能操动机构合闸和去分流分闸的全交流操作。

（4）当采用小容量镉镍电池组跳闸而外电源又不可靠时,直流部分信号灯的电源,不应接在镉镍电池组的放电回路上。

3. 备用电源

（1）自备柴油发电机

发电机的额定电压为 230/400V,装机容量在 800kW 以下。

① 设置自备发电机的条件

为保证一级负荷中特别重要的负荷用电。有一级负荷,但从市电取得第二电源有困难或不经济、不合理时;大、中型商业性大厦,当市电中断供电将会造成经济效益重大损失时。

② 机组应靠近一级负荷或配变电所,也可以在地下。

③ 当市电停电时,应立即启动,在 15s 内投入正常带负荷状态。机组与电力系统有联锁,不得与其并联运行。当市电恢复时,机组应自动退出工作并延时停机。

④ 发电机的容量在 500kW 以上应设控制室。

（2）自备应急燃气轮发电机组

机组额定电压为 230/400V,装机容量在 1250kW 以下。机组应靠近一级负荷或配变电所。

4. 不间断电源系统

不间断电源系统是主要以电力变流器构成的保证供电连续性的静止型交流不间断电源装置。

（1）设置条件

当用电负荷不允许中断供电时;当用电负荷允许中断供电时间在 1.5s 以内时;重要场所的应急备用电源。

（2）输出功率

① 对电子计算机供电,输出功率应大于计算机各设备额定功率总和的 1.5 倍;对其他设备供电时,为最大计算负荷的 1.3 倍。

② 负荷最大冲击电流不应大于不间断电源设备的额定电流的 150%。

（3）蓄电池的放电时间

① 蓄电池的额定放电时间可按停机所需最长时间来确定,一般可取 8～15min。

② 当有备用电源并等待备用电源投入时,其蓄电池额定放电时间一般为 10～30min。

四、设备布置

不带可燃油的 10kV（或 6kV）配电装置、低压配电装置和干式变压器等可设置在同一房间内;具有符合 IP3X 防护等级外壳的不带可燃油的 10kV（或 6kV）配电装置、低压配电装置和干式变压器,可相互靠近布置;电压为 10kV（或 6kV）可燃性油浸电力电容器应设置在单独房间内。

1. 高压配电室的布置

高压配电室布置是在高压供电系统图（即主接线图）确定之后,根据高压开关柜的形式和台数、外形尺寸及维护操作通道宽度等来决定高压配电室布置形式和尺寸。

高压配电室布置时应注意以下几点：

（1）高压开关柜宜装设在单独的高压配电室内。当高压开关柜和低压配电屏为单列布置时，两者的净距不应小于2m。

（2）布置高压开关柜位置时，避免各高压出线互相交叉。对于经常需要操作、维护、监视或故障概率较大的回路的高压开关柜，最好布置在靠近值班桌的位置。

（3）高压配电室的长度由高压开关柜的台数和宽度而定。台数较少时一般采用单列布置，台数较多时可采用双列布置。

（4）高压配电室的宽度由高压开关柜的深度加操作通道和维护通道的宽度而定。

（5）高压开关柜靠墙安装时，柜后距墙净距不小于25mm（一般为50mm）。两头端柜与侧墙净距不小于0.2m。

（6）架空进、出时，进出线套管至室外地面距离不低于4m，进、出线悬挂点对地距离一般不低于4.5m。高压配电室的高度应根据室内外地面高差及满足上述距离而定。对于固定式高压开关柜净空高度一般为4.2～4.5m，手车式开关柜净高可以减低至3.5m。

（7）高压配电室内应留有适当数量开关柜的备用位置。备用位置一般预留在配电装置的一端或两端。

（8）室内电力电缆沟底应有坡度和集水坑，以便排水，沟盖宜采用花纹钢板，相邻开关柜下面的检修坑之间应用砖墙隔开，电缆沟深一般为1m。

（9）高压配电室内，不应有与配电装置无关的管道通过。

（10）长度大于8m的配电装置室，应有两个出口，并宜布置在配电装置室的两端。长度大于60m时，宜增添一个出口；当配电装置室有楼层时，一个出口可设在通往屋外楼梯的平台处。

（11）配电装置室一般设不能开启的采光窗，如设可开启的采光窗时，应采取防止雨雪、小动物、风沙及污秽尘埃进入的措施。

（12）高压配电室的耐火等级不应低于二级。

2. 低压配电室的布置

低压配电室的布置是在低压供电系统图确定之后，根据低压配电屏的形式和台数、外形尺寸及维护操作通道宽度等来决定低压配电室布置形式和尺寸。

低压配电室布置时应注意下列几点：

（1）成排布置的配电屏，长度大于6m时，屏后通道应有两个出口，两个出口间距不宜大于15m，当超过15m时，其间还应增加出口。

（2）低压配电室的长度由低压配电屏的宽度和台数而定，双面维护时边屏一端距离0.8m，另一端要考虑人行通道的宽度。低压配电室的宽度由低压配电屏的深度、维护、操作通道宽度和布置形式而定，并考虑预留适当数量配电屏的位置。

（3）低压配电室兼作值班室时，配电屏的正面距离不宜小于3m。

（4）低压配电室应尽量靠近负荷中心。并尽量设在导电灰尘少、腐蚀介质少，干燥、无振动或振动轻微的地方。

（5）低压配电屏的布置应考虑出线方便，尤其当有架空出线时，应避免架空出线的交叉。

（6）当低压静电电容器屏与低压配电屏并列安装时,其位置最好安装于低压配电屏的一端或两端。

（7）低压配电屏下或屏后的电缆沟深度一般为600mm。当有户外电缆出线时,要注意电缆出口处的电缆沟深度要与室外电缆沟深度相衔接,并采取防水措施。

（8）低压配电室内不应通过与配电装置无关的管道。室内如采暖,则暖气管道上不应有阀门和中间接头,管道与散热器的连接应采用焊接。

（9）炎热地区的低压配电室的布置应避免太阳西晒。

（10）低压配电室的高度应和变压器室综合考虑,一般可参考下列尺寸:

① 与抬高地坪的变压器室相邻时,高度为 4～4.5m;

② 与不抬高地坪的变压器室相邻时,高度为 3.5～4m;

③ 低压配电室为电缆进线时,高度可降至 3m。

（11）当低压配电室长度为 8m 以上时,应设两个出口,并应尽量布置在两端。当低压配电室只设一个出口时,此出口不应通向高压配电室。当楼上、楼下均为配电室时,位于楼上的配电室至少设一个通向走廊或楼梯间的出口。门应向外开,并装有弹簧锁。相邻配电室之间如有门时,则应能向两个方向开启。搬运设备的门宽最少为 1m。

（12）低压配电室可设能开启的采光窗,但应有防止雨雪和小动物进入屋内的措施。窗户下边距离室外地面的高度应在 1m 以上。

（13）配电室内电缆沟盖板,一般采用花纹钢板盖板或钢筋混凝土盖板。

（14）有人值班的低压配电室的休息间,宜设有上、下水设施,并应设有纱窗。

（15）低压配电室的耐火等级不应低于三级。

3. 变压器室的布置

（1）宽面推进的变压器,低压侧宜向外;窄面推进的变压器,油枕宜向外,便于油表泊位的观察。

（2）变压器室内可安装与变压器有关的负荷开关、隔离开关、熔断器和避雷器。在考虑变压器室的布置及高低压进出线位置时,应尽量使其操动机构安装于近门处。

（3）每台油量为 100kg 及以上的变压器应安装在单独的变压器室内。

下列场所的变压器室,应设置能容纳 100% 油量的挡油设施或设置能将油排到安全处所的设施:

① 位于容易沉积可燃粉尘、可燃纤维的场所;

② 附近有易燃物大量堆积的露天场所;

③ 变压器下面有地下室。

若油浸式变压器位于建筑物的二层或更高层时,应设置能将油排到安全处所的设施。在高层民用主体建筑中,设置在底层的变压器不宜选用油浸变压器,设置在其他层的变压器严禁用油浸变压器。

（4）变压器外廓(防护外壳)与变压器室墙壁和门的净距不小于表 1-18 的规定。

表 1-18　变压器外廓(防护外壳)与变压器室墙壁和门的最小净距　　　　m

项　目	100～1000(kVA)	1250～2500(kVA)
油浸变压器外廓与后壁、侧壁净距	0.6	0.8

续表

项 目	100 ~ 1000(kVA)	1250 ~ 2500(kVA)
油浸变压器外廓与门净距	0.8	1.0
干式变压器带有 IP2X 及以上防护等级金属外壳与后壁、侧壁净距	0.6	0.8
干式变压器带有 IP2X 及以上防护等级金属外壳与门净距	0.8	1.0

注:表中各值不适用于制造厂的成套产品。

（5）多台干式变压器布置在同一房间内时,变压器防护外壳间的净距不应小于表1-19及图1-4和图1-5的规定。

表 1-19　变压器防护外壳间的最小净距　　　　　　　　　　　m

项 目	100 ~ 1000(kVA)	1250 ~ 2500(kVA)
变压器侧面具有 IP2X 防护等级及以上的金属外壳 A	0.6	0.8
变压器侧面具有 IP3X 防护等级及以上的金属外壳 A	可贴邻布置	可贴邻布置
考虑变压器外壳之间有一台变压器拉出防护外壳 B	变压器宽度 6 + 0.6①	变压器宽度 6 + 0.8
不考虑变压器外壳之间有一台变压器拉出防护外壳 B	1.0	1.2

① 当变压器外壳的门为不可拆卸式时,其 B 值应是门扇的宽度 c 加变压器宽度 b 之和再加 0.3m。

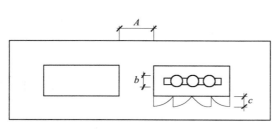

图 1-4　多台干式变压器之间 A 值

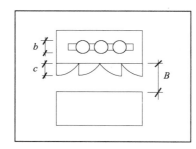

图 1-5　多台干式变压器之间 B 值

4. 电容器室的布置

设置在民用建筑中的低压电容器应采用非可燃性油浸式电容器或干式电容器。高压电容器组一般装设在电容器室内,当容量较小时可装设在高压配电室内,但与高压配电装置的距离应不小于 1.5m,如采用有防火及防爆措施的电容器也可与高压配电装置并列。低压电容器组一般装设在低压配电室内或车间内,当电容器容量较大时,宜装设在电容器室内。电容器室布置的具体要求如下:

（1）高压电容器室应有良好的自然通风条件。如自然通风不能保证室内温度小于 +40℃ 时,应增设机械通风装置。为利于通风,高压电容器室地坪一般抬高 0.8m。

（2）进、出风处应设有网孔不大于 10mm × 10mm 的铁丝网,以防小动物进入室内。

（3）自行设计安装室内装配式高压电容器组时,电容器可分层安装,一般不超过三层,层间不应加隔板,层间距离不应小于 1m,下层电容器的底部高出地面 0.2m 以上,上层电容器的底部距离地面不宜大于 2.5m。对于低压电容器只需满足上、下层电容器底部距地的规定,对层数没有要求。

（4）电容器外壳之间（宽面）的净距不宜小于 0.1m。

（5）成套电容器柜单列布置时，柜正面与墙面距离不应小于 1.5m；当双列布置时，柜面之间距离不应小于 2m。

（6）电容器室尽可能避免朝西。

（7）电容器室（指室内装设可燃性介质电容器）：与高低压配电室相毗邻时，中间应有防火隔墙隔开，如分开时，电容器室与建筑物的防火净距不应小于 10m。高压电容器室建筑物的耐火等级不应低于二级。低压电容器室的耐火等级不应低于三级。

（8）室内长度超过 8m 应开两个门，并宜布置在两端。门应向外开启。

5. 常用 10kV 室内配变电所的布置形式

表 1-20 是常用 10kV 配变电所高压配电室、低压配电室、变压器室的基本布置形式。

表 1-20　常用 10kV 室内配变电所的形式

类型		有值班室	无值班室
独立式	一台变压室	a c	b d
	两台变压室	e g	f h
独立式	高压配电室	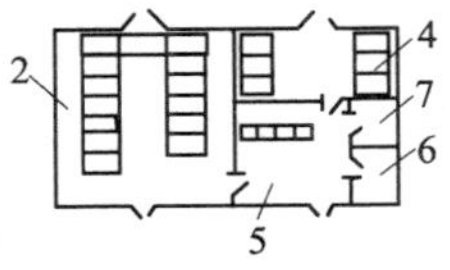 i k	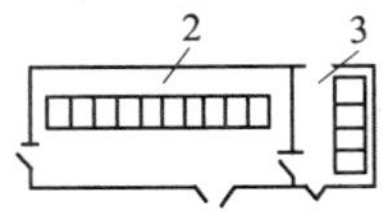 j l

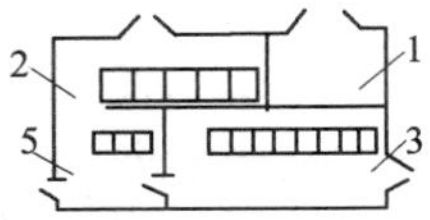

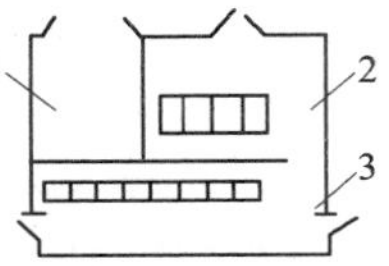

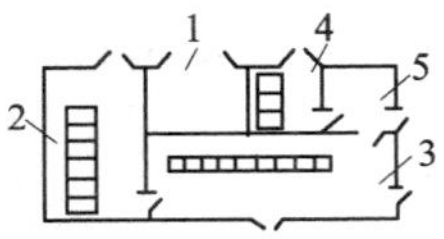

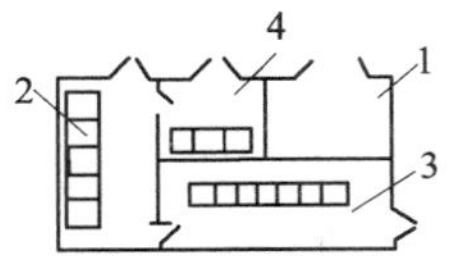

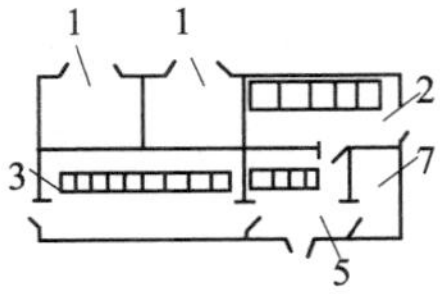

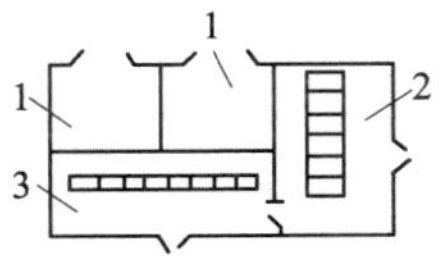

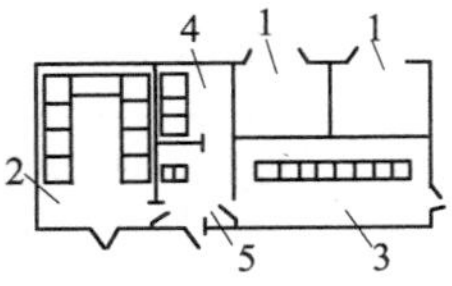

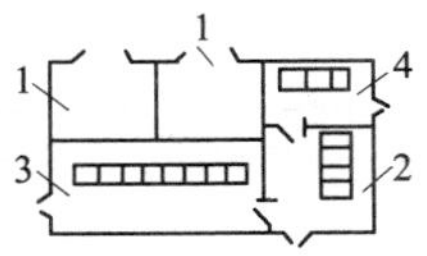

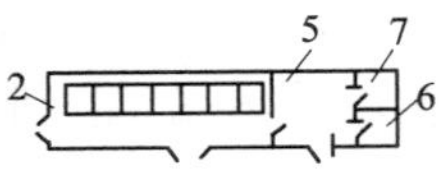

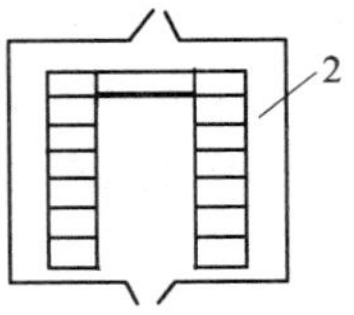

类型		有值班室	无值班室
附设式	内附式	m	n
		o	p
	外附式	q	r
		s	t
	外附露天式	u	v
		w	x

注:1—变压室;2—高压配电室;3—低压配电室;4—电容器室;5—控制或值班室;6—辅助房间。

五、通道与安全净距

1. 高压配电室

(1)安全净距

屋内高压配电装置的安全净距是指带电部分至接地部分在空间所允许的最小距离,或不同相带电部分在空间所允许的最小距离。

屋内配电装置的各项安全净距不应小于表 1-21 所列数值。

① 电气设备的套管和绝缘与最低绝缘部位距地(楼)面小于 2.3m 时,应装设固定围栏。

② 围栏向上延伸距地(楼)面 2.3m 处与围栏上方带电部分的净距,不应小于表 1-21 中的值。

③ 位于地(楼)面上面的裸导电部分,遮栏下通行部分的高不应小于 1.9m。

表 1-21　室内、外配电装置的最小安全净距　　　　　　　mm

适　用　范　围	场所	额　定　电　压（kV）				
		<0.5	3	6	10	35
距地 2300（2500）mm 处与遮栏上方带电部分之间和无遮、裸带电部分至地面之间	室内	屏前 2500 屏后 2300	2500	2500	2500	2600
	室外	2500	2700	2700	2700	2900
有 IP2X 防护等级遮栏的通道净高	室内	1900	1900	1900	1900	1900
裸带电部分至接地部分和不同相的裸带电部分之间、遮栏向上延伸线	室内	20	75	100	125	300
	室外	75	200	200	200	400
距地（楼）面 2500mm 以下裸带电部分遮栏防护等级为 IP2X 时，裸带电部分与遮护物间水平净距	室内	100	175	200	225	400
	室外	175	300	300	300	500
不同时停电检修的无遮栏裸导体之间的水平距离	室内	1875	1875	1900	1925	2100
	室外	2000	2200	2200	2200	2400
裸带电部分至无孔固定遮栏	室内	50	105	130	155	330
栅状遮栏至带电部分之间、交叉的不同时停电检修的无遮栏带电部分之间、裸带电部分至用钥匙或工具才能打开或拆卸的栅栏	室内	800	825	850	875	1050
	室外	825	950	950	950	1150
低压母排引出线或高压引出线的套管至屋外人行通道地面	室外	3650	4000	4000	4000	4000

（2）通道

配电装置的布置应考虑设备的操作、搬运、检修和试验的方便。10kV 配电装置室内各种通道的最小宽度（净距）不应小于表 1-22 所列数值。

表 1-22　高压配电室内各种通道最小宽度　　　　　　　mm

开关柜布置方式	柜后维护通道	柜前操作通道	
		固　定　式	手　车　式
单排布置	800	1500	单车长度 +1200
双排面对面布置	800	2000	双车长度 +900
双排背对背布置	1000	1500	单车长度 +1200

注：1. 固定式开关柜为靠墙布置时，柜后与墙距大于 50mm，侧面与墙净距应大于 200mm。
　　2. 通道宽度在建筑物的墙面遇有柱类局部凸出时，凸出部位的通道宽度可减少 200mm。

当电源从柜（屏）后进线且需在柜（屏）正背后墙上另设隔离开关及其手动操作机构时，柜（屏）后通道净宽不应小于 1.5m，当柜（屏）背面的防护等级为 IP2X 时，可减为 1.3m。

2. 低压配电室

（1）安全净距

屋内低压配电装置的安全净距按规定不应小于表 1-21 所列数值。安装在生产车间或公共场所的配电装置，宜采用保护式配电装置。

当配电装置为开启式，屏前未遮护裸导电部分的高度低于 2.5m，屏后高度在 2.3m 以内时，则应设置围栏（围栏系指栅栏、网状遮栏或板状遮栏）。遮护后两者通道高度不应低于 2.2m 和 1.9m。

（2）通道

低压配电室内的配电装置的布置应考虑设备的操作、搬运、检修的方便。低压配电室内的通道宽度按规定不应小于表 1-23 所列数值。场地布置有困难时，可采用最小极限数值。

表 1-23　配电屏前、后的通道最小宽度　　　　　　　　　　mm

型　式	布置方式	屏前通道	屏后通道
固定式	单排布置	1500	1000
	双排面对面布置	2000	1000
	双排背对背布置	1500	1500
抽屉式	单排布置	1800	1000
	双排面对面布置	2300	1000
	双排背对背布置	1800	1500

注：当建筑物的墙面遇有柱类局部凸出时，凸出部位的通道宽度可减少 200mm。

3. 变压器室

安全净距应满足下列要求：

（1）露天或半露天配变电所的变压器四周应设不低于 1.7m 高的固定围栏（墙）。变压器外廓与围栏（墙）的净距不应小于 0.8m，变压器底部距地面不应小于 0.3m，相邻变压器外廓之间的净距不应小于 1.5m。

（2）当露天或半露天变压器供给一级负荷用电时，相邻的可燃油油浸变压器的防火净距不应小于 5m，若小于 5m 时，应设置防火墙。防火墙应高出油枕顶部，且墙两端应大于挡油设施各 0.5m。

（3）变压器室的最小尺寸应根据变压器的外廓与变压器室墙壁和门的最小允许净距来决定。对于设置于屋内的干式变压器，其外廓与四周墙壁的净距不应小于 0.6m，干式变压器之间的距离不应小于 1.0m，并应满足巡视维修的要求。

（4）设置于配变电所内的非封闭式干式变压器，应装设高度不低于 1.7m 的固定遮栏，遮栏网孔不应大于 40mm×40mm。变压器的外廓与遮栏的净距不宜小于 0.6m，变压器之间的净距不应小于 1.0m。

4. 电容器室

电容器室内通道最小宽度见表 1-24。

表 1-24　电容器室内通道最小宽度　　　　　　　　　　mm

布置方式 \ 通道分类	维　护　通　道	
	单列布置	双列布置
装配式电容器组	1300	1500
成套高压电容器柜	1500	2000

六、高低压开关装置

1. 高压开关柜

高压开关柜是由制造厂按一定的接线方案要求将开关电器、母线、测量仪表、保护继电器及辅助装置等组装在封闭金属柜中的成套式配电装置。这种装置结构紧凑,便于操作,有利于控制和保护变压器、高压线路及高压用电设备。高压开关柜按结构分类分为固定式、手车式和金属铠装移开式三大类型。

（1）固定式

固定式高压开关柜多为金属封闭式开关柜,现场安装,工作量较大,检修不便。但其制造工艺简单,节省钢材,价格便宜。因而一般工厂和大型建筑设施多采用。固定式开关柜的主要开关设备一般可选用 SN 系列的少油断路器或 ZN 系列的真空断路器。

（2）手车式

手车式高压开关柜由手车室、主母线室、小母线室、仪表继电器室、电流互感器室组成。其特点是断路器及操动机构均装于车上,检修时将小车拉出柜外,推入同类型的备用小车,使维修和供电两不误,不但维修安全,又减少了停电时间。手车式开关柜的主要开关设备一般可选用 ZN 系列的真空断路器。

（3）金属铠装移开式

金属铠装移开式高压开关柜结构上分为柜体和可移开部件（小车）两部分。柜体是由薄钢板构件组成的装配式结构,柜内由接地薄钢板分隔为主母线室、小车室、电缆（电流互感器）室、继电器室。小车是悬挂式、中置式结构,小车的滚轮、导向装置、接地装置等均设置在小车的两侧。根据小车所配置的主回路电器的不同,小车可分为断路器小车、电压互感器小车、隔离小车和计量小车。

2. 低压开关柜

低压开关柜也是按一定的接线方案要求将有关的设备组装而成的成套装置。一般作为动力和照明等用电设备之配电线路的配电设备。

低压开关柜又称低压配电柜,户内型按结构分类分为固定式和抽屉式两大类型。

（1）固定式

固定式低压开关柜是最简单的配电装置。其正面板上部为测量仪表,中部为操作手柄（面板后有刀开关）,下部为向外双开启的门,内有互感器、继电器等。母线应布置在屏的最上部,依次为刀开关、熔断器、低压断路器。互感器和电度表等都装于屏后,这样便于屏前后双面维护,检修方便,价格便宜,多为配变电所用作低压配电装置。

（2）抽屉式

抽屉式低压配电屏,将主要设备均装在抽屉内,其封闭性好,可靠性高。故障或检修时将抽屉抽出,随即换上同类型抽屉,以便迅速供电,既提高了供电可靠性又便于设备检修。但是,它与固定式相比设备费用高,结构复杂,钢材用量多。

低压配电屏为垂直形整体设备,而桌形配电用装置多为控制台,其桌面上多为控制按钮,台屏上多为控制指示灯或仪表等。控制台均与高压开关柜或低压开关柜配合使用,使监视和操作都很方便。

七、组合式配变电所

组合式配变电所又称成套配变电所或箱式配变电所。组合式配变电所是将高压开关柜、电力变压器、低压开关柜等组合为一个整体的接线方式。

组合式配变电所运行安全可靠,占地面积比较小,便于维修,安装速度快,可以直接深入到建筑的负荷中心,缩短了配电线路的供电半径,从而可以减小供电电压损失,提高供电电压质量,便于形成环网式供电。

组合式配变电所一般适用于电源为 6～10kV 的单母线接线、双回路接线或环网式的供电系统。变压器容量可以在 30～2000kVA。低压侧可以采用放射式、树干式供电。如果组合式配变电所的电气设备选用非可燃材料,如高压开关选用新型的真空断路器(ZN 系列),变压器选用六氟化硫气体绝缘的变压器,低压开关选用低压真空接触器等,可满足城市供电网的无油化供电的要求,同时还可以满足防火、防爆的要求,因此组合式配变电所特别适用于安全区域的供电。

1. 组合式配变电所的结构与型号

(1)型号

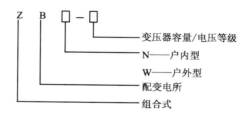

(2)类型

① ZB 系列组合式配变电所按安装地点分为户内型和户外型两种。

户内型组合式配变电所的变压器为柜式,高、低压开关柜均为封闭式结构,适用于高层建筑、民用楼房建筑群、地下建筑设施、宾馆及一些公共娱乐场所的供电。

户外型组合式配变电所适用于工矿企业、油田、道路交通、公共建筑、机场、港口、车站、集中住宅小区等场所的供电。

② ZB 系列组合式配变电所的箱体结构按实际需要和运输方便分为整体式和分体组合式两种。

2. 组合式配变电所的组成

组合式配变电所可以由高压开关柜(如手车式)、变压器柜(如干式变压器)、低压配电屏(如抽屉式)组成。三部分组装于由金属构件及钢板焊接的壳体内,其中间夹层为闭孔阻燃型聚苯乙烯隔热材料,内壁采用镀锌铁板,衬玻璃丝布装饰。

3. 技术参数

以某厂生产的 ZB 系列组合式配变电所为例,ZB 组合式配变电所的技术参数见表1-25。

4. 高压开关设备

高压组合单元一次接线有许多方案,内装真空负荷开关 FN4-10 型、少油高压断路器 SN10-10 型、电磁式空气断路器 CN2-10 型等,在电源进线单元内做计量及电压监视。各种高压开关的技术数据可参照表1-25。

高压开关设备按不同的用途等级分为三级:

(1)环网负荷开关柜

环网负荷开关柜的主开关设备为真空负荷开关 FN4-10 系列(配用电磁操动机构)和 FN5-10 系列负荷开关,同时还可配备高遮断能力的熔断器。其特点是柜体外型尺寸小,结构紧凑简单,可单独使用或双回路及多回路出线,也可组合为环网供电单元,是一般用户比较理想的电气设备。

表 1-25　ZB 组合式配变电所的技术参数

项 目		单 位	技 术 数 据		
高压侧	额定频率	Hz	50		
	额定电压	kV	6	10	35
	最高工作电压	kV	6.9	11.5	40.5
	工频耐受电压　对地和相间/隔离断口	kV	32/36	42/48	95/118
	雷电冲击电压　对地和相间/隔离断口	kV	60/70	75/85	185/215
	额定电流	A	400		600
	额定短时耐受电流	kA	12.5　(2s)	16　(2s)	20　(2s)
	额定峰值耐受电流	kA	31.5	40	50
低压侧	额定电压	V	380		220
	主回路额定电流	A	100 ~ 3200		
	额定短时耐受电流	kA	15	30	50
	额定峰值耐受电流	kA	30	63	110
	支路电流	A	10 ~ 800		
	分支回路数	路	1 ~ 12		
	补偿容量	kvar	0 ~ 360		
变压器	额定容量	kVA	50 ~ 2000		
	阻抗电压	%	4		6
	分接范围	—	±2×2.5%		±5%
	联结组别	—	Yyn0		Dyn11

（2）专用高压开关柜

专用高压开关柜的柜体结构为封闭式,无裸带电体,柜内的主要开关设备根据需要可选用 SN10-10 系列少油断路器,也可选用 ZN-10 系列真空断路器,并可以根据合闸电源分别选用交、直流操动机构,也可安装负荷开关,可分别满足电动或手动操动机构。

（3）间隔式专用高压开关柜

间隔式专用高压开关柜采用专用交流金属封闭开关设备,上下主母线、上下隔离开关、高压开关、继电器均分别装置在独立间隔内,每个间隔内均有金属板封闭,各间隔室及相邻柜均有防止事故扩大的有效措施,检修时可安装保险。其一次接线方案较多,每一个方案代号为一独立柜装置,可根据使用要求任意组合选用。

由于专用高压开关柜元件布置合理,包容量大,兼有上下主母线室,组合方便并可减少设备数量,整体防护等级高,外型尺寸小,多用于大型箱式配变电所及土建配电室。

5. 低压开关设备

低压组合单元一次接线有许多种方案,并设有电容补偿装置。其中低压进线断路器采用框架式自动空气开关 DW15 型,或采用新型万能断路器 ME 系列,配电开关可采用塑壳式自动空气开关 DZ20 型,或采用刀熔开关 HR11 型。

低压开关设备可根据不同形式分为以下两种:

(1)固定式专用低压开关柜

① 整体式专用低压开关柜。采用整体屏体设计,柜前操作,前后维护,上下布置指示仪表,正面门板均可敞开,操作检修方便,进线保护断路器为一独立间隔,也可根据需要分别设置防护间隔。由于采用了整体设计,既保留了固定面板式的优点,又充分利用了宝贵空间,可在制作或检修时整体配装调试。

② 分体式专用低压开关柜。采用分体结构设计,屏间均可设置间隔,适用于大型箱式配变电所中或土建配变电所中。

(2)抽出式专用低压开关柜

抽出式专用低压开关柜的基本结构是固定金属骨架或组合骨架,所安装的全部电器元件均为抽出式,为设备的检修及更换提供了极大的方便,可以以最快的速度恢复供电。

6. 变压器

变压单元的电力变压器采用 H 级绝缘风冷干式(SCL 型)、户外组合式配变电所可采用油浸式变压器,额定容量一般为 160～630kVA,最大容量为 1000kVA。变压器一般采用横向进出线。

在组合式配变电所设计中,如采用干式电力变压器和真空负荷开关,由于其对操作、励磁产生的内部过电压承担能力较差,故应选用有过电压吸收装置的接线方案,在变压器高压进线之前也应增设过电压吸收装置。

八、对土建专业的要求

1. 耐火等级要求

可燃油油浸电力变压器室的耐火等级应为一级;非燃或难燃介质的电力变压器室、电压为 10kV(或 6kV)的配电装置室和电容器室的耐火等级不应低于二级;低压配电装置室和电容器室的耐火等级不应低于三级。

2. 配变电所门的防火要求

配变电所的所有门均应采用防火门。一方面是为了在配变电所外部火灾时不会对配变电造成大的影响,另一方面是在配变电所内部火灾时尽量限制在本范围内。

门的开启方向应本着安全疏散的原则,均向"外"开启,即通向配变电所室外的门向外开启,由较高电压等级通向较低电压等级的房间的门,向较低电压房间开启。

防火门分为甲、乙、丙三级,其耐火最低极限为:甲级为 1.2h;乙级为 0.9h;丙级为 0.6h。配变电所门的具体防火要求如下:

(1)配变电所位于高层主体建筑(或裙房)内时,通向其他相邻房间的门应为甲级防火门,通向过道的门应为乙级防火门。

(2)配变电所位于多层建筑物的二层或更高层时,通向其他相邻房间的门应为甲级防火门,通向过道的门应为乙级防火门。

（3）配变电所位于多层建筑物的一层时,通向相邻房间或过道的门应为乙级防火门。

（4）配变电所位于地下层或下面有地下层时,通向相邻房间或过道的门应为甲级防火门。

（5）配变电所附近堆有易燃物品或通向汽车库的门应为甲级防火门。

（6）配变电所直接通向室外的门应为丙级防火门。

3. 配变电所的通风窗,应采用非燃烧材料。

4. 配电装置室及变压器室门的宽度宜按最大不可拆卸部件宽度加 0.3m,高度宜按不可拆卸部件最大高度加 0.5m。

5. 当配变电所设置在建筑物内时,应向结构专业提出荷载要求并应设有运输通道。当其通道为吊装孔或吊装平台时,其吊装孔和平台的尺寸应满足吊装最大设备的需要,吊钩与吊装孔的垂直距离应满足吊装最高设备的需要。

6. 当配变电所与上、下或贴邻的居住、办公房间仅有一层楼板或墙体相隔时,配变电所内应采取屏蔽、降噪等措施。

7. 电压为 10kV（或 6kV）的配电室和电容器室,宜装设不能开启的自然采光窗,窗台距室外地坪不宜低于 1.8m。临街的一面不宜开设窗户。

8. 变压器室、配电装置室、电容器室的门应向外开并应装锁。相邻配电室之间设门时,门应向低电压配电室开启。

9. 配变电所各房间经常开启的门、窗,不宜直通含有酸、碱、蒸汽、粉尘和噪声严重的场所。

10. 变压器室、配电装置室、电容器室等应设置防止雨雪和小动物进入屋内的设施。

11. 长度大于 7m 的配电装置室应设两个出口,并宜布置在配电室的两端。当配变电所采用双层布置时,位于楼上的配电装置室应至少设一个通向室外的平台或通道的出口。

12. 配变电所的电缆沟和电缆室应采取防水、排水措施。当配变电所设置在地下层时,其进出地下层的电缆口必须采取有效的防水措施。

九、对暖通及给水排水专业的要求

1. 地上配变电所内的变压器室宜采用自然通风,地下配变电所的变压器室应设机械送排风系统,夏季的排风温度不宜高于 45℃,进风和排风的温差不宜大于 15℃。

2. 电容器室应有良好的自然通风,通风量应根据电容器温度类别按夏季排风温度不超过电容器所允许的最高环境空气温度计算。当自然通风不能满足排热要求时,可增设机械排风。电容器室内应有反映室内温度的指示装置。

3. 当变压器室、电容器室采用机械通风或配变电所位于地下层时,其专用通风管道应采用非燃烧材料制作。当周围环境污秽时,宜在进风口处加空气过滤器。

4. 在采暖地区,控制室（值班室）应采暖,采暖计算温度为 18℃。在严寒地区,当配电室内温度影响电气设备元件和仪表正常运行时,应设采暖装置。

控制室和配电装置室内的采暖装置,应采取防止渗漏措施,不应有法兰、螺纹接头和阀门等。

5. 位于炎热地区的配变电所,屋面应有隔热措施。控制室（值班室）宜考虑通风、除湿,有技术要求时,可接入空调系统。

6. 位于地下层的配变电所,其控制室（值班室）应保证运行的卫生条件,当不能满足要求时,应装设通风系统或空调装置。在高潮湿环境地区尚应设置吸湿机或在装置内加装去湿电加热器;在地下层应有排水和防进水措施。

7. 变压器室、电容器室、配电装置室、控制室内不应有与其无关的管道通过。

8. 装有六氟化硫(SF$_6$)设备的配电装置的房间,其排风系统应考虑有底部排风口。

9. 有人值班的配变电所,宜设卫生间及上、下水设施。

第四节　高压供电系统主接线

配变电所的主接线(或称一次接线、一次电路)是指由各种开关电器、电力变压器、断路器、隔离开关、避雷器、互感器、母线、电力电缆、移相电容器等电气设备依一定次序相连接,并具有接受和分配电能功能的电路。

供配电系统主接线形式的确定,关系到配变电所电气设备的选择、配变电所的布置、系统的安全运行、保护控制等多方面的内容,因此供电系统主接线形式的选择是建筑供电工程实施中一个不可缺少的重要环节。

电气主接线图通常以单线图的形式表示。

一、基本要求

母线又称汇流排,原理上它是电路中的一个电气节点,它起着汇集变压器的电能和给各用户的馈电线分配电能的作用。如果母线发生故障,则用户的电能将全部中断,故要对母线的可靠性给以足够的认识。

对主接线的基本要求如下:

1. 可靠性

根据用电负荷的等级,保证在各种运行方式下提高供电的连续性;满足用户对供电的可靠性的要求,保证供电的电能质量。

2. 灵活性

主接线力求简单、明显、没有多余的电气设备;投入或切除某些设备或线路的操作方便、灵活;尽量避免误操作。

3. 安全性

保证在进行一切操作、切换时工作人员和设备的安全,以及能在安全条件下进行维护、检修工作。

4. 经济性

考虑用户的近期与长远发展规划,应使主接线的一次投资与运行费用达到经济合理的目的,力求将费用降到最低。

二、线路—变压器组接线

线路—变压器组接线如图 1-6 所示。

此接线的特点是直接将电能送至负荷,无高压用电设备,若线路发生故障或检修时,变压器停止工作;变压器故障或检修时,所有负荷全部停电。该接线适用于二级、三级负荷中,只有 1～2 台变压器的单回线路供电。

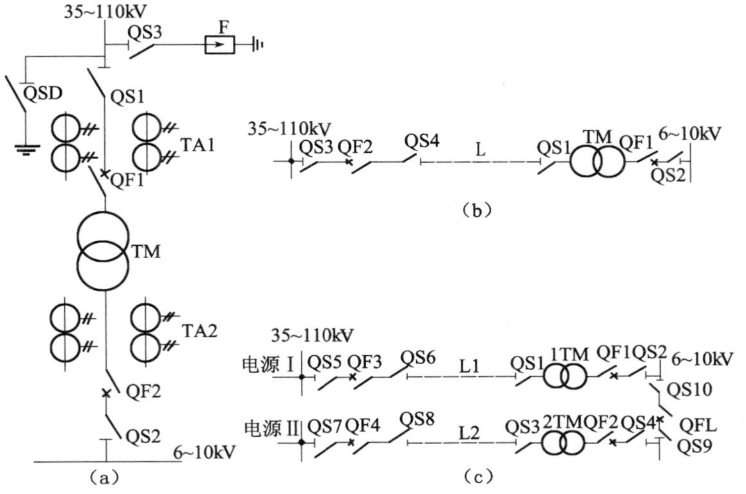

图 1-6　线路—变压器组接线

（a）一次侧采用断路器和隔离开关；（b）一次侧采用隔离开关；（c）双电源双变压器

三、单母线接线

1. 单母线不分段接线

如图 1-7 所示,每条引入线和引出线的电路中都装有断路器和隔离开关,电源的引入是通过一根母线连接的。

该接线电路简单,使用设备少,费用低,可靠性和灵活性差;当母线、电源进线断路器(QF1)、电源侧的母线隔离开关(QS2)故障或检修时,必须断开所有出线回路的电源,从而造成全部用户停电;单母线不分段接线适用于用户对供电连续性要求不高的二级、三级负荷用户。

2. 单母线分段接线

如图 1-8 所示,单母线分段接线是根据电源的数量和负荷计算、电网的结构情况来决定的。一般每段有一个或两个电源,使各段引出线用电负荷尽可能与电源提供的电力负荷平衡,减少各段之间的功率交换。

单母线分段接线可以分段运行,也可以并列运行。

用隔离开关(QSL)分段的单母线接线如图 1-8(a)所示,适用于由双回路供电的、允许短时停电的具有二级负荷的用户。

用负荷开关分段,其功能与特点基本与用隔离开关分段的单母线相同。

用断路器(QFL)分段如图 1-8(b)所示。用断路器分段的单母线接线,可靠性提高。如果有后备措施,一般可以对一级负荷供电。

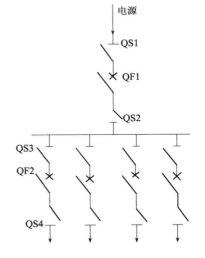

图 1-7　单母线不分段接线

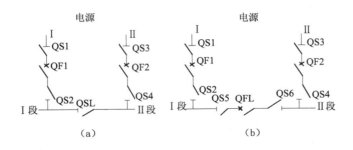

图 1-8　单母线分段接线
（a）用隔离开关分段；（b）用断路器分段

3. 带旁路母线的单母线接线

单母线分段接线，不管是用隔离开关分段或用断路器分段，在母线检修或故障时，都避免不了使接在该母线的用户停电。另外，单母线接线在检修引出线断路器时，该引出线的用户必须停电（双回路供电用户除外）。为了克服这一缺点，可采用单母线加旁路母线。如图 1-9 所示。

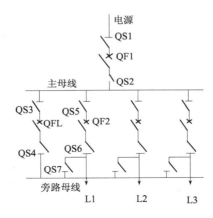

图 1-9　带旁路母线的单母线接线

当引出线断路器检修时，用旁路母线断路器（QFL）代替引出线断路器，给用户继续供电。该接线造价较高，仅用在引出线数量很多的配变电所中。

四、桥式接线

对于具有双电源进线、两台变压器终端式的总降压配变电所，可采用桥式接线。它实质是连接两个 35～110kV "线路—变压器组"的高压侧，其特点是有一条横跨"桥"。桥式接线比分段单母线结构简单，减少了断路器的数量，四回电路只采用三台断路器。根据跨接桥位置不同，分为内桥接线和外桥接线。

1. 内桥接线

图 1-10（a）为内桥接线，跨接桥靠近变压器侧，桥开关（QF3）装在线路开关（QF1、QF2）

之内,变压器回路仅装隔离开关,不装断路器。采用内桥接线可以提高改变输电线路运行方式的灵活性。

内桥接线适用于:

(1)对一级、二级负荷供电;

(2)供电线路较长;

(3)配变电所没有穿越功率;

(4)负荷曲线较平稳,主变压器不经常退出工作;

(5)终端型工业企业总降压配变电所。

2. 外桥接线

图 1-10(b)为外桥接线,跨接桥靠近线路侧,桥开关(QF3)装在变压器开关(QF1、QF2)之外,进线回路仅装隔离开关,不装断路器。

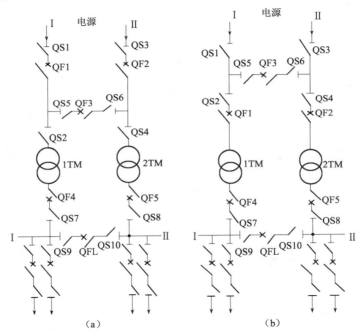

图 1-10　桥式接线
(a)内桥式;(b)外桥式

外桥式接线适用于下列情况:

(1)对一级、二级负荷供电;

(2)供电线路较短;

(3)允许配变电所有较稳定的穿越功率;

(4)负荷曲线变化大,主变压器需要经常操作;

(5)中间型工业企业总降压配变电所,宜于构成环网。

五、双母线接线

双母线接线如图 1-11 所示。

如图 1-11 所示,其中母线 DM1 为工作母线,母线 DM2 为备用母线。任一电源进线回路或负荷引出线都经一个断路器和两个母线隔离开关接于双母线上,两个母线通过母线断路器 QF1 及其隔离开关相连接。

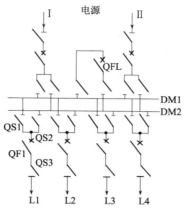

图 1-11　双母线不分段接线

其工作方式可分为两种:两组母线分列运行;两组母线并列运行。

由于双母线两组互为备用,大大提高了供电可靠性、主接线工作的灵活性。

双母线接线一般用在对供电可靠性要求很高的一级负荷,如大型工业企业总降压配变电所的 35～110kV 母线系统中,或有重要高压负荷、有自备发电厂的 6～10kV 母线系统中。

第五节　配电系统接线

配电系统主要包括放射式、树干式、混合式、环网式和格式网络等几种接线方式。

一、配电系统接线的设计原则

1. 多层公共建筑及住宅的配电系统

对于多层公共建筑及住宅的配电系统,照明、电力、消防及其他防灾用电负荷,应分别自成配电系统;电源可采用电缆埋地或架空进线,进线处应设置电源箱,箱内应设置总开关电器;电源箱宜设在室内,当设在室外时,应选用室外型箱体;当用电负荷容量较大或用电负荷较重要时,应设置低压配电室,对容量较大和较重要的用电负荷宜从低压配电室以放射式配电;由低压配电室至各层配电箱或分配电箱,宜采用树干式或放射式与树干式相结合的混合式配电;多层住宅的垂直配电干线,宜采用三相配电系统。

2. 高层公共建筑及住宅的配电系统

对于高层公共建筑及住宅的低压配电系统,应使照明、电力、消防及其他防灾用电负荷分别自成系统;对于容量较大的用电负荷或重要用电负荷,宜从配电室以放射式配电。

高层公共建筑的垂直供电干线,可根据负荷重要程度、负荷大小及分布情况,采用下列方式供电:

(1)可采用封闭式母线槽供电的树干式配电;

(2)可采用电缆干线供电的放射式或树干式配电,当为树干式配电时,宜采用电缆 T 接端子方式或预制分支电缆引至各层配电箱；

（3）可采用分区树干式配电。

3. 高层公共建筑配电箱的设置和配电回路的划分,应根据防火分区、负荷性质和密度、管理维护方便等条件综合确定。

4. 高层住宅的垂直配电干线,应采用三相配电系统。

二、放射式接线方式

从电源点用专用开关及专用线路直接送到用户或设备的受电端,沿线没有其他负荷分支的接线称为放射式接线,也称专用线供电。

当配电系统采用放射式接线时,引出线发生故障时互不影响,供电可靠性较高,切换操作方便,保护简单。但其有色金属消耗量较多,采用的开关设备较多,投资大。

这种接线多用于用电设备容量大、负荷性质重要、潮湿及腐蚀性环境的场所供电。

放射式接线主要有单电源单回路放射式、单电源双回路放射式、双电源双回路放射式、具有低压联络线的放射式等四种接线方式。

1. 单电源单回路放射式

如图 1-12 所示,该接线的电源由总降压配变电所的 6~10kV 母线上引出一回线路直接向负荷点或用电设备供电,沿线没有其他负荷,受电端之间无电的联系。

此接线方式适用于可靠性要求不太高的二级或三级负荷。

2. 单电源双回路放射式

如图 1-13 所示,同单电源单回路放射式接线相比,该接线采用了对一个负荷点或用电设备使用两条专用线路供电的方式,即线路备用方式。

此接线方式适用于二级或三级负荷。

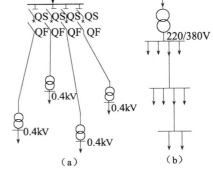

图 1-12　单电源单回路放射式
（a）高压放射式；（b）低压放射式

3. 双电源双回路放射式（双电源双回路交叉放射式）

如图 1-14 所示,两条放射式线路连接在不同电源的母线上,其实质是两个单电源单回路放射的交叉组合。

此接线方式适用于可靠性要求较高的一级负荷。

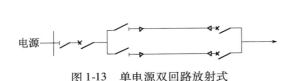

图 1-13　单电源双回路放射式

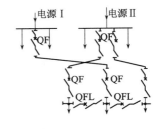

图 1-14　双电源双回路放射式

4. 具有低压联络线的放射式

如图 1-15 所示,该接线主要是为了提高单回路放射式接线的供电可靠性,从邻近的负荷点或用电设备取得另一路电源,用低压联络线引入。

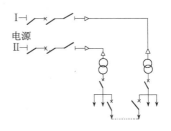

图 1-15　具有低压联络线的放射式

互为备用单电源单回路加低压联络线放射式适用于用户用电总容量小,负荷相对分散的情况,各负荷中心附近设小型配变电所,便于引用电源。与单电源单回路放射式不同之处在于,高压线路可以延长,低压线路较短,负荷端受电压波动影响较前者小。

此接线方式适用于二级或三级负荷。若低压联络线的电源取自另一路电源,则可供小容量的一级负荷用电。

三、树干式接线方式

树干式接线是指由高压电源母线上引出的每路出线分别连到若干个负荷点或用电设备的接线方式。

树干式接线的特点是有色金属消耗量较少,采用的开关设备较少,比较经济。但是,当干线发生故障时,影响范围大,供电可靠性较差;这种接线多用于用电设备容量小而分布较均匀的用电设备。

1. 直接树干式

如图 1-16 所示为直接树干式配电,由配变电所引出的配电干线上直接接出分支线供电。

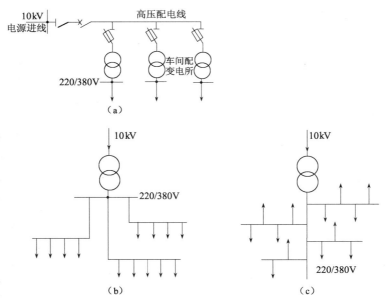

图 1-16　直接树干式
(a)高压树干式;(b)低压母线放射式的树干式;(c)低压"变压器—干线组"的树干式

2. 单电源链串树干式

如图 1-17 所示为单电源链串树干式,由配变电所引出的配电干线分别引入每个负荷点,然后再引出走向另一个负荷点,干线的进出线两侧均装设开关。

该接线一般适用于二级和三级负荷。

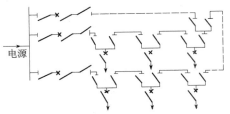

图 1-17　单电源链串树干式

3. 双电源链串树干式

如图 1-18 所示,此接线方式是在单电源链串树干式的基础上增加了一路电源。

该接线适用于二级或三级负荷。

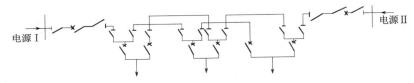

图 1-18　双电源链串树干式

四、环网式接线方式

如图 1-19 所示为环网式线路。

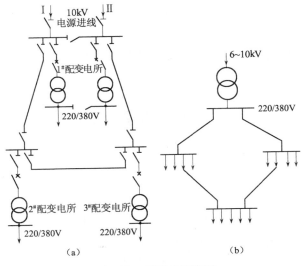

图 1-19　环网式接线图
(a)高压;(b)低压

环网式接线的可靠性比较高,接入环网的电源可以是一个,也可以是两个甚至是多个。

为加强环网结构,即保证某一条线路故障时各用户仍有较好的电压水平,或保证在更严重的故障(某两条或多条线路停运)时供电的可靠性,一般可采用双线环式结构。双电源环形线路在运行时,往往是开环运行的,即在环网的某一点将开关断开,此时环网演变为双电源供电的树干式线路。开环运行的目的,主要考虑继电保护装置动作的选择性,缩小电网故障时的停电范围。

开环点的选择原则是:开环点两侧的电压差最小,一般使两路干线负荷容量尽可能地相互接近。

环网内线路的导线通过的负荷电流应考虑故障情况下环内通过的负荷电流,导线截面要求相同,因此,环网式线路的有色金属消耗量大,这是环网供电线路的缺点;当线路的任一线段发生故障时,切断(拉开)故障线段两侧的隔离开关,将故障线段切除后,即可恢复供电;开环点断路器可以使用自动或手动投入。

双电源环网式供电,适用于一级、二级负荷供电;单电源环网式适用于允许停电半小时以内的二级负荷。

五、格式网络接线方式

如图 1-20 所示,格式网络目前主要应用在欧美大城市负荷密集区的低压配电网,这种接线的特点是所有低压配电线路(220/380V)沿街布置,在街口连接起来,构成一个个的格子。根据负荷情况在网络中适当的位置引入一定数量的电源,这种网格的供电可靠性很高,每个用户可以从不同的方向上获得多个电源。

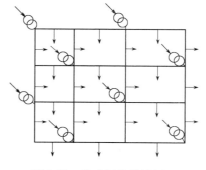

图 1-20　格式网络接线图

六、混合式接线方式

混合式接线是放射式与树干式相结合的一种接线方式。配电系统的干线采用放射式接线方式,而支线则采用树干式接线方式。混合式接线方式的特点是既考虑到干线的可靠性,又兼顾了支线的经济性,在民用建筑的配电系统中是常用的一种接线方式。

第六节　短路计算

一、故障原因与类型

1. 短路的原因

所谓短路是指系统正常运行情况以外的、相与相之间或相与地之间金属性短接或经过小阻抗短接。供配电系统发生短路故障的主要原因是由于线路或电气设备载流部分的绝缘损坏。这种损坏可能是由于线路或电气设备的绝缘材料老化,或由于绝缘强度不够而被电压击穿,设备绝缘正常而被各种形式的过电压(包括雷电过电压)击穿,输电线路断线、线路倒杆或受到外力机械损伤而造成的短路,工作人员由于未遵守安全操作规程而发生人为误操作,也可能造成短路,一些自然现象(如风、雷、冰雹、雾)及鸟兽跨越在裸露的相线之间或相线与接地物体之间,也是造成短路的原因之一。

2. 短路造成的后果

短路发生后,电路的阻抗比正常运行时小很多,短路电流值比正常电流要大几十倍甚至几百倍。这样大的短路电流对供电系统将造成极大的危害。短路电流增大会引起电气设备的发热,损坏电气设备;短路电流流过的线路,产生很大的电压降,使电网的电压突然下降,引起电动机的转速下降,甚至停转;短路电流还可能在电气设备中产生很大的机械力(或称电动力),此机械力可引起电气设备载流部件变形,甚至损坏。当发生单相对地短路时,不平衡电流将产生较强的不平衡磁场,对附近的通信线路、铁路信号系统、可控硅触发电路以及其他弱电监控系统可能产生干扰,致使通信失真、控制失灵、设备产生误动作。如果短路发生在靠近电源处,并且持续时间较长时,则可导致供电系统中的同步发电机失步、解列,严重影响电力系统运行的稳定性和供电的可靠性。

3. 短路的种类

短路主要包括三相短路、两相短路、单相接地短路和两相接地短路四种类型。

(1)三相短路

三相短路指供电系统中三相导线间同时短接。此时系统每相的阻抗均相同,从电源到负载三相仍然对称,故又叫对称性短路。

(2)两相短路

两相短路指三相供电系统中,任意两相间发生的短接。两相短路属于非对称性短路。两相短路的特点是短路电流及电压中不存在零序分量。两故障相线中的短路电流的绝对值总是相等,而方向相反,数值上为正序电流的$\sqrt{3}$倍;故障点的两故障相等的相电压大小总是相等,数值为非故障相电压的一半;两故障相的相电压的相位总是相同,而与非故障相电压的方向相反。

(3)单相接地短路

单相接地短路指在中性点接地系统中,任意一相经大地与电源中性点发生短接。单相接地短路的特点是短路处各相中,两非故障相中的电流均为零,故障相中的电流为3倍的零序电流;短路点的故障相电压为零,而两非故障相的相电压的幅值总相等。

(4)两相接地短路

两相接地短路指在中性点不接地系统中,其中两不同相的单相接地所形成的相间短路;也指在中性点接地系统中,两相短路又接地的情况。两相接地短路的特点是两故障相的相电流的幅值总是相等;流入大地中的电流等于两故障相电流之和。

4. 断相故障

断相故障是指供电系统一相断开或两相断开的情况,这种故障属于不对称故障。一相断相的特点与两相接地短路的特点一样,而两相断相的特点与单相接地短路时完全一样。

系统故障电流的大小与短路类型有密切关系,在中性点直接接地的电力系统中,两相短路电流约为三相短路电流的87%,单相接地短路电流约为三相短路电流的60%~125%。

二、电力系统的中性点运行方式

电力系统中发电机的三相绕组通常是星形联结的,变压器高压侧绕组往往也是星形联结的,发电机、变压器接成星形绕组的联结点称为中性点。系统接地方式实质就是中性点的接地方式。中性点的接地方式主要包括中性点不接地系统、中性点直接接地系统和中性点经阻抗接地系统三种方式。

1. 中性点不接地系统

系统中性点不接地是指系统中性点对地绝缘。单相接地后系统的三相对称关系并未破坏,仅中性点及各相对地电压发生变化,中性点的电压上升到相电压,非故障相对地电压值增大为$\sqrt{3}$倍相电压,故对于该中性点不接地系统可以带故障继续运行 2 小时。故障相接地点的对地故障电流为正常运行时对地电容电流的 3 倍。

在我国配电网电压在 6~10kV 之间的架空线路多采用此接地方式。

2. 中性点直接接地系统

系统中性点经一无阻抗(金属性)接地线接地的方式称为中性点直接接地。

中性点直接接地方式是将变压器中性点与大地直接连接,中性点电压为地电位。正常运行时,中性点无电流通过,单相接地时构成单相短路,接地回路通过单相短路电流,各相之间不再对称。由于短路电流很大,可能会大于三相短路电流,引起暂态过电压。为了防止这种情况发生,应将单相短路电流限制在 25%~100% 三相短路电流之间。继电保护在此电流的启动下,迅速将故障线路切除,为了提高供电可靠性,可在线路上加装自动重合闸装置。

采用中性点直接接地方式的系统,对线路绝缘水平的要求较低,能明显降低线路造价。其缺点是单相接地短路对附近的通信线路有电磁干扰,为此,电力线路应远离通信线路,当两线有交叉时,必须有较大的交叉角,以减少干扰的影响。

此接地系统一般应用在接有单相负载的低压(220/380V)配电系统和电力系统高压(110kV 以上)输电线路上。

3. 中性点经阻抗接地系统

在系统中性点与大地之间用一阻抗相连的接地方式称为中性点经阻抗接地。根据接地电阻器电阻值的大小,接地系统分为高电阻接地和低电阻接地。

(1)高电阻接地

此种方式接地电流较小,通常在 5~10A 范围内,但至少应等于系统对地的总电容电流。保护方式需要配合接地指示器或警报器,保证故障时线路立即跳脱。

(2)低电阻接地

增大接地短路电流,使保护迅速动作,切除故障线路。电阻值的大小,必须使系统具有足够的最小接地故障电流(大约 400A 以上),保证接地继电器准确动作。

目前我国大城市配电网的接地方式大多采用经低电阻接地的方式。

三、中性点不接地系统电容电流的计算

1. 架空线路

在 6~10kV 中性点不接地系统中的架空线路发生单相接地故障时,接地点的故障电流 I_C 可以按公式(1-33)、(1-34)进行近似的估算。

当架空线路有避雷线时:

$$I_C = 3.3 U_N L_1 \times 10^{-3} \tag{1-33}$$

当架空线路无避雷线时：

$$I_C = 2.7 U_N L_1 \times 10^{-3} \tag{1-34}$$

式中　U_N——架空线路额定线电压（kV）；

　　　L_1——架空线路的长度（km）。

2. 电缆线路

在 6～10kV 中性点不接地系统中的电缆线路发生单相接地故障时，接地点的故障电流 I_C 可以按公式（1-35）进行近似的估算：

$$I_C = 0.1 U_N L_2 \tag{1-35}$$

式中　U_N——电缆线路额定线电压（kV）；

　　　L_2——电缆线路的长度（km）。

3. 混合线路

6～10kV 中性点不接地系统既有架空线路又有电缆线路，如果发生单相接地故障时，接地点的故障电流 I_C 可以按公式（1-36）进行近似的估算：

$$I_C = \frac{U_N(L_1 + 35L_2)}{350} \tag{1-36}$$

式中　U_N——线路额定线电压（kV）；

　　　L_1——架空线路的长度（km）；

　　　L_2——电缆线路的长度（km）。

4. 变电设备的电容电流

表 1-26 是变电设备的电容电流。

表 1-26　变电设备的电容电流

额定电压（kV）	6	10	35	110
电容电流的增值（%）	18	16	13	10

计算回路中总的对地电容电流应该是从电源到短路点所有电气设备和元件的电容电流的总和。

四、无穷大功率电源的三相短路、两相短路电流的计算

1. 标么值的概念

任意一个物理量对基准值的比值称为标么值，它是个无单位的比值。

$$标么值 = \frac{实际值}{基准值} \tag{1-37}$$

用标么值表示系统参数（如阻抗），可以避免系统电压等级不同时参数需要换算带来的不便。

短路计算中常用到容量 S、电压 U、电流 I、阻抗 Z，设基准值为 S_b、U_b、I_b、Z_b，则各物理量的标么值为：

$$S_* = \frac{S}{S_b} \quad U_* = \frac{U}{U_b} \quad I_* = \frac{I}{I_b} \quad Z_* = \frac{Z}{Z_b} \tag{1-38}$$

这四个物理量之间相互关联,可任选其中两个作为基准值。通常基准选为容量 S_b、电压 U_b,计算如公式(1-39):

$$I_b = \frac{S_b}{\sqrt{3}\,U_b} \quad Z_b = \frac{U_b}{\sqrt{3}\,I_b} = \frac{U_b^2}{S_b} \tag{1-39}$$

基准值的大小是可以任意选择的。为了计算方便,取短路点所在线路的额定电压为基准电压,取系统短路容量或变压器的额定容量作为基准容量。

不同基准的标么值的换算为:

$$Z_{*1} = Z_{*2} \times \frac{U_{b2}^2}{S_{b2}} \times \frac{S_{b1}}{U_{b1}^2} = Z_{*2} \times \frac{S_{b1}}{S_{b2}} \times \left(\frac{U_{b2}}{U_{b1}}\right)^2 \tag{1-40}$$

2. 各元件的电抗标么值

(1)电力系统的电抗标么值

电力系统的电阻一般很小,不予考虑。电力系统的电抗可由系统变电站高压输电线出口断路器的遮断容量 S_{OC},或者由电力系统的短路容量 S_d 来求。

$$X_s = \frac{U^2}{S_{OC}} \quad 或 \quad X_s = \frac{U^2}{S_d} \tag{1-41}$$

式中　U——高压输电线路的额定电压。但是为了便于计算短路电路总阻抗,免去阻抗换算麻烦,此式的 U 可以直接采用短路点的额定电压,即 $U = U_b$;

　　　S_{OC}——系统高压输电线出口断路器的遮断容量(MVA);

　　　S_d——系统短路容量(MVA)。

电力系统的电抗标么值($U = U_b$):

$$X_{*S} = \frac{X_S}{X_b} = \frac{\dfrac{U^2}{S_{OC}}}{\dfrac{U_b^2}{S_b}} = \frac{S_b}{S_{OC}} \quad 或 \quad X_{*S} = \frac{S_b}{S_d} \tag{1-42}$$

(2)变压器电抗标么值

使用标么值后,变压器的一次侧和二次侧的电抗标么值不变。一般变压器出厂时,在铭牌上有阻抗电压百分率值($U_k\%$),则计算变压器电抗标么值:

$$X_{*T} = \frac{U_k\%}{100} \times \frac{S_b}{S_{N \cdot T}} \tag{1-43}$$

式中　$S_{N \cdot T}$——变压器的额定容量(kVA);

　　　$U_k\%$——变压器的短路电压百分比。

(3)架空、电缆线路电抗标么值

当选定 S_b 与 U_b 后,线路电抗标么值与 U_b 无关,仅与所计算线路本身的额定电压有关:

$$X_{*L} = x_{OL} \frac{S_b}{U_L^2} \tag{1-44}$$

式中　x_{OL}——线路单位长度的电抗值（Ω/km）；

U_L——基准电压，一般取所在线路平均额定电压（kV）。

（4）电抗器电抗标么值

电抗器的百分比电抗（$X_k\%$）是以电抗器额定工作电压和额定工作电流为基准的，它归算到新的基准下的公式为：

$$X_{*k} = \frac{X_k\%}{100} \times \left(\frac{U_{N \cdot k}}{\sqrt{3} I_{N \cdot k}} \right) \times \frac{S_b}{U_b^2} \qquad (1-45)$$

式中　$U_{N \cdot k}$——电抗器的额定电压（kV）；

$I_{N \cdot k}$——电抗器的额定电流（kA）；

$X_k\%$——电抗器的百分比电抗值。

（5）短路回路总电抗标么值

从电源到短路点前的总电抗标么值 $X_{*\Sigma}$ 是所有电气元件的电抗标么值之和。

3. 计算三相短路电流

（1）三相短路电流周期分量有效值

在短路计算中，如选短路点所在线路额定电压为 U_b，则三相短路电流周期分量的标么值 I_{*d} 为：

$$I_{*d} = \frac{1}{X_{*\Sigma}} \qquad (1-46)$$

三相短路电流周期分量的实际值 I_d 为：

$$I_d = I_{*d} \times I_b = \frac{I_b}{X_{*\Sigma}} \qquad (1-47)$$

由上式可以看出，计算三相短路电流周期分量 I_d 关键在于求出短路回路总电抗标么值。

（2）短路瞬时冲击电流

高压网中冲击系数取1.8，则短路瞬时冲击电流 I_{ch} 为：

$$I_{ch} = 2.55 I_d \qquad (1-48)$$

低压网中冲击系数取1.3，则短路瞬时冲击电流 I_{ch} 为：

$$I_{ch} = 1.84 I_d \qquad (1-49)$$

（3）短路电流的最大有效值

高压网中冲击系数取1.8，则短路电流的最大有效值 I_{ch} 为：

$$I_{ch} = 1.52 I_d \qquad (1-50)$$

低压网中冲击系数取1.3，则短路电流的最大有效值 I_{ch} 为：

$$I_{ch} = 1.09 I_d \qquad (1-51)$$

4. 计算三相短路容量

在短路计算中,如选短路点所在线路额定电压为 U_b,则三相短路容量的标么值 S_{*d} 为:

$$S_{*d} = \frac{1}{X_{*\Sigma}} \qquad (1-52)$$

三相短路容量的实际值 S_d 为:

$$S_d = S_{*d}S_b = \frac{S_b}{S_{*\Sigma}} \qquad (1-53)$$

5. 两相短路电流的计算

在无限大容量系统供电时,两相短路电流的计算可使用估算方法。

(1)如果短路点距离发电机较远(一般配电系统多属于这种情况):发电机内部不会引起暂态过程,发电机在短路过程中端电压保持不变,短路电流仅取决于外电路阻抗。两相短路电流 $I_d^{(2)}$ 计算,可以根据三相短路电流值 $I_d^{(3)}$ 计算得到。即:

$$I_d^{(2)} = \frac{\sqrt{3}}{2}I_d^{(3)} = 0.866 I_d^{(3)} \qquad (1-54)$$

(2)如果短路点距离发电机较近(发电机出口):三相短路时发电机电枢反应较两相短路时去磁作用强,即三相短路时电压下降的程度较两相短路时严重,所以两相短路电流比三相短路电流大,可近似取为:

$$I_d^{(2)} = 1.5 I_d^{(3)} \qquad (1-55)$$

(3)当短路点介于两者之间时,可近似为:

$$I_d^{(2)} = I_d^{(3)} \qquad (1-56)$$

五、短路冲击电流的计算

在靠近电动机出口处发生三相短路时,如果电动机的反电势大于电网在该点的残余电压,电动机就会有反馈电流送到短路点。

在实际计算中,当靠近电动机引出线处发生三相短路时,高压电动机其总容量大于1000kW,低压电动机其单机容量在 20kW 以上时,计算电动机的反馈冲击电流。

电动机提供的短路电流最大瞬时值 $I_{ch\cdot m}$(电动机的反馈冲击电流)的计算可以按下式进行:

$$I_{ch\cdot m} = \sqrt{2}\frac{E''_{*m}}{X''_{*m}}K_m I_{Nm} = CK_m I_{Nm} \qquad (1-57)$$

式中　　E''_{*m}——电动机的次暂态电势的标么值,具体数值的大小在表 1-27 中给出;

X''_{*m}——电动机的次暂态电抗的标么值,具体数值的大小在表 1-27 中给出;

C——反馈冲击倍数,具体数值的大小见表 1-27;

K_m——电动机的短路冲击系数,高压电动机取 1.4 ~ 1.6,低压电动机取 1.0;

I_{Nm}——电动机的额定电流(kA)。

表 1-27 各种电动机的次暂态电势和次暂态电抗的标么值

元件名称	E''_{*m}	X''_{*m}	C
异步电动机	0.9	0.2	6.5
同步电动机	1.1	0.2	7.8
同步调相机	1.2	0.16	10.6
综合负载	0.8	0.35	3.2

三相短路总冲击电流瞬时值：

$$I_{\text{ch}\Sigma} = I_{\text{ch}} + I_{\text{ch}\cdot\text{m}} \tag{1-58}$$

在计算中如果电动机的反馈冲击电流经过变压器后送到短路点，或电动机出口处发生不对称短路时，电动机的反馈冲击电流可以忽略不计。

六、短路电流的热效应、力效应

1. 短路电流的热效应

当系统发生短路时，通过导体的短路电流比正常工作电流大很多倍，导体的温度有可能被加热到很高的程度，导致电气设备的绝缘被破坏。如果导体的温度不超过设计规定的允许温度，则认为导体对短路电流是稳定的，否则电气设备就不满足热稳定的要求。

（1）电气设备的热稳定校验

对于一般电气设备，规定了设备在 t_s 时间内允许通过的热稳定电流 I_t 的数值，根据短路电流热效应的等效方法可以得到以下的关系：

$$I_t^2 \times t \geqslant I_\infty^2 t_{\text{jx}} \text{ 或 } I_t \geqslant I_\infty \sqrt{\frac{t_{\text{jx}}}{t}} \tag{1-59}$$

式中 I_t——制造厂家规定的电气设备在时间 t_s 内的热稳定电流（kA），指定时间一般有 1s、4s、5s、10s，在此时间内短路电流不会使电气设备发热超过设备允许通过热稳定电流（kA）；

t——I_t 与对应的时间（s）；

I_∞——短路稳态电流（kA）；

t_{jx}——假想时间（s），取距离短路点最近的继电保护装置的主保护动作时间与断路器固有动作时间之和，如主保护装置有保护死区，假想时间可根据该保护区短路故障的后备保护装置的动作时间来校验。

（2）母线或电缆在短路时的热稳定

当导体通过短路电流 I_∞，在假想时间 t_{jx} 的情况下，与导体最高允许加热温度所对应的截面为最小允许截面。校验母线或电缆在短路时的热稳定的计算公式为：

$$S_{\text{min}} = \frac{I_\infty}{C} \sqrt{t_{\text{jx}}} \tag{1-60}$$

式中 C——热稳定系数，与导体材料、结构及最高允许温度、长期工作额定温度有关，其数值可参考表 1-28。

表 1-28　热稳定系数 C

导线种类	材料	短路时导体最高允许温度 θ_{max}（℃）	导体长期允许的工作温度 θ_N（℃）	C
母线	铜	300	70	171
	铝	200	70	87
	铜（与电器不直接相连）	410	70	70
	铜（与电器直接相连）	310	70	63
10kV 油浸纸绝缘电缆	铜芯	220	60	165
	铝芯	200	60	95
交联聚氯乙烯绝缘电缆	铜芯	230	90	135
	铝芯	200	90	80
聚氯乙烯绝缘电缆	铜芯	130	65	100
	铝芯	130	65	65
导线	铜	300	70	171
	铝	200	70	87

2. 短路电流的力效应

配电装置中的电气设备和载流导体,当电流通过时相互之间存在作用力,称为电动力。短路时,由于短路电流非常大,产生的电动力也非常大,可能会使设备变形或破坏电气设备,因此要求电气设备必须有足够的承受电动力的能力,即动稳定性,才能安全地工作。

(1)两平行导体间的作用力

当两平行导体通入的电流方向相同时,导体之间的作用力的大小相等,方向相互吸引;当通入两导体的电流方向相反时,导体之间的作用力的大小相等,方向相互排斥。

当导体的截面为圆形时,两导体之间的作用力的大小为:

$$F = 2I_a I_b \frac{L}{a} \times 10^{-7} \qquad (1\text{-}61)$$

当导体的截面为矩形时,两导体之间的作用力的大小为:

$$F = 2K_x I_a I_b \frac{L}{a} \times 10^{-7} \qquad (1\text{-}62)$$

式中　K_x——形状系数,可根据 $\dfrac{a-b}{h+b}$ 和 $m = \dfrac{b}{h}$ 从图 1-21 中的曲线上查得,b 为导体的宽度,h 为导体的高度,a 为两导体轴线的距离;

　　　　I_a——导体 a 的通过短路电流的瞬时值(kA),一般代入最大短路电流冲击值;

　　　　I_b——导体 b 的通过短路电流的瞬时值(kA),一般代入最大短路电流冲击值;

　　　　L——导体的长度(m);

　　　　a——两导体轴线的距离(m)。

（2）三相平行母线之间的电动力

一般三相系统中的母线等距离地布置在同一平面,三相导体中中间相的受力最大,其值的大小为:

$$F = 1.73K_{x}I_{ch}^{2}\frac{L}{a} \times 10^{-7} \tag{1-63}$$

式中　　I_{ch}——短路后第一周期内短路电流的最大冲击值(kA);

　　　　K_{x}——形状系数,如图 1-21 所示;

　　　　L——导体的长度(m);

　　　　a——两导体轴线的距离(m)。

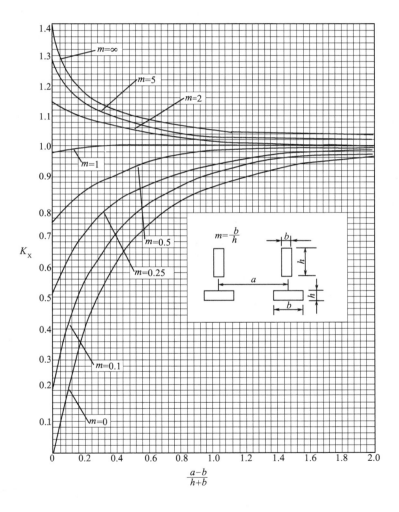

图 1-21　矩形截面导体的形状系数曲线

第七节　线路导线的选择

一、导线电缆的选择原则

配电线缆的选择主要包括导体材料、导体截面、绝缘材料以及外护层材料等方面。导线、电缆的型号应根据它们所处电网的电压等级和使用场所的配电要求来选择。

1. 配电线缆选择的一般要求

（1）在易燃、易爆场所、重要的公共建筑和居住建筑、特别潮湿的场所和对铝有腐蚀的场所、人员聚集较多的场所、重要的资料室、计算机房、重要的库房、移动设备或有剧烈振动的场所以及有特殊规定的其他场所应选择铜芯电缆或电线。

（2）在一般工程中，在室内正常条件下，可选用聚氯乙烯绝缘聚氯乙烯护套的电缆或聚氯乙烯绝缘电线；有条件时，可选用交联聚乙烯绝缘电力电缆和电线；对一类高层建筑以及重要的公共场所等防火要求高的建筑物，应采用阻燃低烟无卤交联聚乙烯绝缘电力电缆、电线或无烟无卤电力电缆、电线。

（3）绝缘导体应符合工作电压的要求，室内敷设塑料绝缘电线不应低于0.45/0.75kV，电力电缆不应低于0.6/1kV；其中，0.45kV或0.6kV表示绝缘导体和"地"（电缆的金属护层或周围介质）之间的电压有效值；0.75kV或1kV表示多芯电缆或单芯电缆系统中任何两相导体之间的电压有效值。

（4）配电导体截面的选择应符合下列要求：

① 按敷设方式、环境条件确定的导体截面（发热条件），其导体载流量不应小于预期负荷的最大计算电流和按保护条件所确定的电流；

② 线路电压损失不应超过允许值；

③ 导体应满足动稳定与热稳定的要求；

④ 导体最小截面应满足机械强度的要求，配电线路每一相导体截面不应小于表1-29的规定。

表1-29　导体最小允许截面　　　　　　　　　　mm²

布线系统形式	线路用途	导体最小截面	
		铜	铝
固定敷设的电缆和绝缘电线	电力和照明线路	1.5	2.5
	信号和控制线路	0.5	—
固定敷设的裸导体	电力（供电）线路	10	16
	信号和控制线路	4	—
用绝缘电线和电缆的柔性连接	任何用途	0.75	—
	特殊用途的特低压电路	0.75	—

2. 按发热条件(负荷电流)选择

在最大允许连续负荷电流下,导线发热不超过线芯所允许的温度,不会因过热而引起导线绝缘损坏或老化加快。

3. 按机械强度条件选择

在正常的工作状态下,导线应有足够的机械强度,以防断线,保证安全可靠运行。

4. 按允许电压损失选择

导线上的电压损失应低于最大允许值5%,以保证供电质量。

5. 按经济电流密度选择

应保证最低的电能损耗,并尽量减少有色金属的损耗。

6. 按热稳定最小截面来校验

在短路情况下,导线必须保证在一定的时间内,安全承受短路电流通过导线时所产生的热作用,以保证供电安全。

通常厂区电网的导线截面按发热条件来选择,然后按电压损失加以校验;而工业、企业6～10kV 的高压电源线路距离较长时,宜按电压损失条件来选择导线截面,再按发热条件所允许的载流量来校验;对于高压架空线路,应按机械强度要求不能小于允许的最小截面;对于 1kV 以下的动力或照明线路,虽然线路不长,但因负荷电流大,必须按允许电压损失来校验;对于电缆还应按短路时的热稳定来校验。

二、按允许载流量选择导线

1. 长期工作制负荷

导线或电缆按发热条件长期允许工作电流 I_{xu} 受环境温度影响,可用校正系数 K 进行修正,即:

$$I_N = KI_{xu} > I_i \qquad (1\text{-}64)$$

式中　I_{xu}——电缆允许长期工作电流值(A),见表 1-31、表 1-32、表 1-33;导线允许长期工作电流值(A),见表 1-34、表 1-35;

　　　　I_N——经校正后的导线或电缆长期额定电流(A);

　　　　I_i——线路计算负荷电流(A)。

导线周围环境温度在空气中取 $t_n = 25℃$,在土壤中取 $t_n = 15℃$ 作为标准值。当导线或电缆敷设环境温度不是 t_n 时,则载流量应乘以温度校正系数 K:

$$K = \sqrt{\frac{t_1 - t_0}{t_1 - t_n}} \qquad (1\text{-}65)$$

式中　t_0——导线或电缆敷设处实际环境计算温度(℃);

　　　　t_1——导线或电缆芯线长期允许工作温度(℃)。

导线或电缆多根并列敷设或穿管敷设时,在空气或土壤中敷设时,对它们的允许载流量也应进行相应的校正,其校正系数见表 1-30。

表 1-30　电缆多根并列埋设时的电流校正系数

电缆根数 电缆外皮间距	1	2	3	4	5	6	7	8
100mm	1.00	0.88	0.84	0.80	0.78	0.75	0.73	0.72
200mm	1.00	0.90	0.86	0.83	0.80	0.81	0.80	0.79
300mm	1.00	0.89	0.89	0.87	0.85	0.86	0.85	0.84

表 1-31　ZLQ、ZLQ1、ZLL 型油浸纸绝缘铝芯电力电缆在空气中敷设时允许载流量　　A

芯数 × 截面 （mm²）	$1 \sim 3kV, t_1 = +80℃$				$6kV, t_1 = +65℃$				$10kV, t_1 = +60℃$			
	25℃	30℃	35℃	40℃	25℃	30℃	35℃	40℃	25℃	30℃	35℃	40℃
3×2.5	22	21	20	19	—	—	—	—	—	—	—	—
3×4	28	26	25	24	—	—	—	—	—	—	—	—
3×6	35	33	31	30	—	—	—	—	—	—	—	—
3×10	48	46	43	41	43	40	37	34	—	—	—	—
3×16	65	62	58	55	55	51	48	43	55	51	46	41
3×25	85	81	76	72	75	70	65	59	70	65	59	53
3×35	105	100	95	90	90	84	78	71	85	79	72	64
3×50	130	124	117	111	115	107	99	91	105	98	89	79
3×70	160	152	145	136	135	126	117	06	130	120	110	98
3×95	95	185	176	166	170	159	148	34	160	148	135	121
3×120	225	214	203	192	195	182	169	154	185	171	156	140
3×150	165	252	239	226	225	210	196	178	210	194	177	158
3×180	305	290	276	260	260	243	225	205	245	227	207	185
3×240	365	348	330	311	310	290	268	244	290	268	245	219

注：1. ZLQ——油浸纸绝缘铝芯铅包电力电缆，适用于敷设在室内沟道中，不承受机械外力。

2. ZLQ1——油浸纸绝缘铝芯铅包带黄麻外层电力电缆，适用于敷设在地沟中，不承受机械外力。

3. ZLL——油浸纸绝缘铝芯裸铅包电力电缆，适用于敷设在架空或室内地沟、管道中，不承受机械外力。

表 1-32　ZLQ₂₀、ZLQ₃₀、ZLL₁₂、ZLL₁₃₀型油浸纸绝缘铝芯电力电缆在空气中敷设时允许载流量　　A

芯数 × 截面 （mm²）	$1 \sim 3kV, t_1 = +80℃$			$6kV, t_1 = +65℃$			$10kV, t_1 = +60℃$		
	25℃	30℃	35℃	25℃	30℃	35℃	25℃	30℃	35℃
3×2.5	24	23	22	—	—	—	—	—	—
3×4	32	30	29	—	—	—	—	—	—
3×6	40	38	36	—	—	—	—	—	—
3×10	55	52	49	48	45	41	—	—	—
3×16	70	66	63	65	61	56	60	55	50
3×25	95	91	85	85	79	73	80	74	67
3×35	115	109	104	100	93	86.5	95	88	80
3×50	145	138	131	125	117	108	120	111	101
3×70	180	171	163	155	145	134	145	134	122
3×95	220	200	190	190	177	164	180	166	152
3×120	255	243	230	220	206	190	206	189	173
3×150	300	286	271	255	238	220	235	217	198
3×180	345	328	312	295	275	255	270	250	228
3×240	410	390	370	345	322	299	325	300	275

注：1. ZLQ₂₀——油浸纸绝缘铝芯铅包裸钢带铠装电力电缆，适用于敷设在室内地沟及管道内，能承受机械外力，但不能承受较大的拉力。

2. ZLQ₃₀——油浸纸绝缘铅包裸细钢丝铠装电力电缆，适用于敷设在室内或矿井内，能承受机械外力和相当的拉力。

3. ZLL₁₂——油浸纸绝缘裸铝包裸钢带铠装一级防腐电力电缆，可直接敷设在地下，能承受机械外力，但不能承受拉力。

4. ZLL₁₃₀——油浸纸绝缘铝芯铝包裸细钢丝铠装一级防腐电力电缆，可敷设在对铝护套（包）有腐蚀作用的地沟、管道中、矿井内，能承受机械外力和相当的拉力。

表 1-33 ZLQ₂、ZLQ₃、ZLQ₅、ZLL₁₃型油浸纸绝缘铝芯电力电缆埋地敷设时允许载流量 A

芯数×截面	$1\sim 3kV, t_1 = +80$			$6kV, t_1 = +65℃$			$10kV, t_1 = +60℃$		
（mm²）	15℃	20℃	25℃	15℃	20℃	25℃	15℃	20℃	25℃
3×2.5	30	29	28	—	—	—	—	—	—
3×4	39	37	36	—	—	—	—	—	—
3×6	50	48	46	—	—	—	—	—	—
3×10	67	65	62	61	57	54	—	—	—
3×16	88	84	81	78	74	70	73	70	65
3×25	114	109	105	104	99	93	100	95	89
3×35	141	135	130	123	116	110	118	112	105
3×50	174	166	160	151	143	135	147	139	130
3×70	212	203	195	186	175	165	170	160	150
3×95	256	244	235	230	217	205	209	198	185
3×120	289	267	265	257	244	230	243	230	215
3×150	332	318	305	291	276	260	277	262	245
3×180	367	360	345	330	312	295	310	294	275
3×240	440	423	405	386	366	345	367	348	325

注：1. ZLQ₂——油浸纸绝缘铝芯铅包钢带铠装电力电缆,敷设在土壤中,能承受机械外力,但不能承受较大的拉力。

2. ZLQ₃——油浸纸绝缘铝芯铅包细钢丝铠装电力电缆,敷设在土壤中,能承受机械外力和相当的拉力。

3. ZLQ₅——油浸纸绝缘铝芯铅包粗钢丝铠装电力电缆,敷设在水中,能承受较大的拉力。

4. ZLL₁₃——油浸纸绝缘铝芯铅包细钢丝铠装一级防腐电力电缆,可敷设在对铝护套（包）有腐蚀作用的土中及水中,能承受机械外力和相当的拉力。

表 1-34 橡胶绝缘电线空气中敷设长期负载下的载流量

（电线型号为 BLXF、BLX、BX、BXR、BBLX、BBX,线芯允许温度为 +65℃）

标称截面（mm²）	铝芯载流量（A）	钢芯载流量（A）	标称截面（mm²）	铝芯载流量（A）	铜芯载流量（A）
1	—	19	50	165	210
1.5	—	24	70	210	270
2.5	24	32	95	258	330
4	32	43	120	310	410
6	40	56	150	360	470
10	58	80	185	420	550
16	80	105	240	510	670
25	105	140	300	600	770
35	130	170	400	730	940

表 1-35 塑料绝缘电线空气中敷设长期负载下的载流量

（电线型号为 BLV、BV、BVR、RVB、RVS、RFB、RFS,线芯允许温度为 +65℃）

标称截面（mm²）	铝芯载流量（A）	铜芯载流量（A）	标称截面（mm²）	铝芯载流量（A）	铜芯载流量（A）
1	—	20	50	175	230
1.5	—	25	70	225	290
2.5	26	34	95	270	350
4	34	45	120	330	430
6	44	57	150	380	500
10	62	85	185	450	580
16	85	110	240	540	710
25	110	150	300	630	820
35	140	180	400	770	1000

2. 重复性短时工作负荷

当负荷重复周期 $t \le 10\text{min}$，工作时间 $t_g \le 4\text{min}$ 时，导线或电缆的允许电流可按以下情况确定：

（1）导线截面 $S \le 6\text{mm}^2$ 的铜线，或 $S \le 10\text{mm}^2$ 的铝线，其允许电流按前述长期工作制计算。

（2）导线截面 $S > 6\text{mm}^2$ 的铜线，或 $S > 10\text{mm}^2$ 的铝线，其允许电流等于长期允许电流的 $0.876\sqrt{\varepsilon}$ 倍，ε 是该用电设备的暂载率百分数。

3. 短时工作制负荷

当用电工作时间 $t_g \le 4\text{min}$，在停止用电时间内，导线或电缆散热，降到周围环境温度时，此时导线或电缆的允许电流按重复短时工作制决定。

上述选择是指相线截面，低压配电系统的中性线（零线）和保护线截面的选择如下：

一般三相四线或三相五线制中的中性线（N 线）的允许载流量不应小于三相线路中的最大不平衡电流，中性线截面 S_N 一般应不小于相线截面 S_p 的 50%，即 $S_N \ge 0.5S_p$。

由三相线路分出的两相三线及单相线路中的中性线，由于其中性线的电流与相线电流相等，所以其中性线截面应与相线截面相同，即 $S_N = S_p$。

保护线（PE 线）的截面不得小于相线截面的 50%，但当相线截面积 $S_N \le 16\text{mm}^2$ 时，保护线应与相线截面相等，即 $S_{PE} = S_p$。

例 1-1： 某建筑施工工地电压为 220/380V，计算电流为 55A，现采用 BLX-500 型明敷线供电，试按发热条件选择相线及中性线截面（环境温度按 30℃ 计）。

解： 因所用导线 BLX-500 为 500V 铝芯橡皮绝缘线，根据表 1-33 常用绝缘导线允许载流量表，查得气温为 30℃ 时，导线截面为 10mm^2 的允许载流量为 62A，大于计算电流 55A，满足发热条件，因此相线选截面 $S_p = 10\text{mm}^2$。

中性线截面，按 $S_N \ge 0.5S_p = 0.5 \times 10 = 5\text{mm}^2$，所以选 S_N 为 6mm^2。

三、按电压损失选择导线

1. 线路的电压损失

电压降在三相系统中常用百分率表示为：

$$\Delta U\% = \frac{\Delta U}{U_N} \times 100\% = \frac{IR\cos\phi + IX\sin\phi}{U_N}$$

$$= \frac{PR + QX}{10U_N^2} \tag{1-66}$$

式中　U_N——线路的额定电压（kV）；

　　　P——线路输送的有功功率（kW）；

　　　Q——线路输送的无功功率（kvar）；

　　　R——线路的电阻值（Ω）；

　　　X——线路的电抗值（Ω）。

如果线路是树干式的接线，如图 1-22 所示，可根据式（1-67）～（1-68）求出各段线路的日压降，然后求和得到总电压降。

$$\Delta U\% = \frac{1}{10U_N^2}\sum_{i=1}^{n}(p_iR_i + q_iX_i) \tag{1-67}$$

$$= \frac{1}{10U_N^2}\sum_{i=1}^{n}(P_ir_i + Q_ix_i) \tag{1-68}$$

式中　$R_1 = r_1l_1$　　　　　　　　　　　$X_1 = x_1l_1$

$R_2 = r_1l_1 + r_2l_2$　　　　　　　　$X_2 = x_1l_1 + x_2l_2$

$R_3 = r_1l_1 + r_2l_2 + r_3l_3$　　　　$X_3 = x_1l_1 + x_2l_2 + x_3l_3$

$R_i = \sum\limits_{i=1}^{n} r_il_i$　　　　　　　　　　$X_i = \sum\limits_{i=1}^{n} x_il_i$

$P_1 = p_1 + p_2 + p_3$　　　　　　$Q_1 = q_1 + q_2 + q_3$

$P_2 = p_2 + p_3$　　　　　　　　　$Q_2 = q_2 + q_3$

$P_3 = p_3$　　　　　　　　　　　　$Q_3 = q_3$

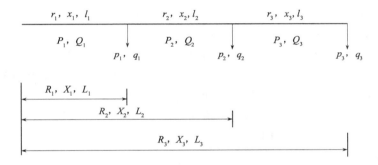

图 1-22　树干式接线计算电压降

2. 按允许电压损失选择线路导线截面

（1）低压线路的估算法

低压供电线路（220/380V）网络的功率因数接近于 1，可进一步简化计算。根据导线材料等因素可以推导出按电压损失选择导线截面的计算公式为：

$$S = \frac{r_0}{C\Delta U\%}\sum_{i=1}^{n} p_iL_i \tag{1-69}$$

式中　p_i——电气设备功率，对于长期工作制的设备就是铭牌功率值（kW）；

L_i——从电源到负荷点的距离（m）；

$\Delta U\%$——电气设备所在线路的允许电压损失百分比，公共电网允许电压损失为 5%，单位自用电源允许电压损失为 6%；临时供电线路允许电压损失为 8%；

C——计算系数，在三相四线制供电系统中，铜线的计算系数 $C=77$，铝线的计算系数 $C=46.3$；在单相 220V 供电系统中，铜线的计算系数 $C=12.8$，铝线的计算系数 $C=7.75$；

r_0——导线单位长度的电阻值（Ω/km）。

（2）电缆和架空线路的截面积

电压损失可以分解为两部分，即有功分量电压损失和无功分量电压损失两部分：

$$\Delta U\% = \frac{1}{10U_N^2} \sum_{i=1}^{n} (p_i R_i + q_i X_i) = \Delta U_a\% + \Delta U_r\% \tag{1-70}$$

在 10kV 架空线路取电抗值 $x_0 = 0.30 \sim 0.40\Omega/km$，10kV 电缆线路 $x_0 = 0.08\Omega/km$，可先假定电抗 $x_0 = 0.35\Omega/km$，计算出电抗产生的电压降 $\Delta U_r\%$，再按允许电压损失 $\Delta U\%$，得到：

$$\Delta U\% = \frac{r_0}{10U_N^2} \sum_{i=1}^{n} p_i L_i + \frac{x_0}{10U_N^2} n \sum_{i=1}^{n} q_i l_i$$

$$\Delta U_a\% = \Delta U\% - \Delta U_r\%$$

工程上导线的长度单位为公里（km），导线的截面单位为平方毫米（mm^2），功率的单位用千瓦（kW），则导线的截面为：

$$S = \frac{100}{\gamma U_N^2 \Delta U\%} \sum_{i=1}^{n} p_i L_i \tag{1-71}$$

式中 U_N——线路的额定电压（kV）；

  γ——导电系数，铜线 $\gamma = 53$，铝线 $\gamma = 32$。

例 1-2： 某工程照明干线的负荷共计 10kW，导线长 250m，用 220/380V 三相四线制供电，设干线上的电压损失不超过 5%，敷设地点的环境温度为 30℃，明敷，负荷需要系数 $K = 1$，功率因数 $\cos\phi = 1$，试选择干线 BLX 的截面。

解： 因是照明线，且线路较长，按允许电压损失条件来选择导线截面。

采用铝线明敷，取 $C = 46.3$，所以

$$S = \frac{r_0}{C\Delta U\%} \sum_{i=1}^{n} p_i L_i = \frac{1 \times 10 \times 250}{46.3 \times 5\% \times 100} = 10.8 \ mm^2$$

查表 1-32 常用绝缘导线允许载流量表，选用型号为 BLX 的导线截面为 $16mm^2$，其载流量为 80A。用发热条件校验所选导线截面：

$$I_j = \frac{P/\cos\phi}{\sqrt{3} U_N} = \frac{1 \times 10 \times 10^3/1}{\sqrt{3} \times 380} = 15.2 \ <80A$$

四、按机械强度选择导线

用铝或铝合金制造的铝绞线、钢芯铝绞线敷设架空线路时，或绝缘铝线敷设在角钢支架上时，因铝的材质轻软，机械应力强度低，容易断线，为此，规定了架空裸铝导线的最小截面（见表 1-36）及导线最小允许截面（见表 1-37），对电缆不校验机械强度。

表 1-36　架空裸导线的最小截面　　　　　　　　　　　　　　　　　　　mm^2

导线种类	最小允许截面		备　注
	10kV 高压	低压	
铝及铝合金线	35	16	与铁路交叉跨越时应为 35mm^2
钢芯铝线	25	16	

表 1-37　导线最小允许截面　　　　　　　　　　　　　　mm²

布线系统形式	线路用途	导体最小截面	
		铜	铝
固定敷设的电缆和绝缘电线	电力和照明线路	1.5	2.5
	信号和控制线路	0.5	—
固定敷设的裸导体	电力（供电）线路	10	16
	信号和控制线路	4	—
用绝缘电线和电缆的柔性连接	任何用途	0.75	—
	特殊用途的特低压电路	0.75	—

五、架空线路

架空线路导线的选择应遵循下列原则：

1. 架空线路的导线一般采用铝绞线

当高压线路档距或交叉档距较长、杆位高差较大时，宜采用钢芯铝绞线。在街道狭窄和建筑物稠密地区应采用绝缘导线。

2. 钢芯铝绞线及其他复合导线，应按综合计算拉断力进行选择。

3. 10kV 及运行架空线路的导线截面，一般按计算负荷、允许电压损失及机械强度确定。

4. 采用电压损失校验导线截面

（1）高压线路，自供电的配变电所二次侧出口至线路末端变压器或末端受电配变电所一次侧入口的允许电压损失，为供电配变电所二次侧额定电压（6/10kV）的 5%。

（2）低压线路，自配电的变压器二次侧出口至线路末端（不包括接户线）的允许电压损失，一般为额定配电电压（220/380V）的 4%。当建筑物的规模及容量较大时，可按总的电压允许偏移对内外线路的电压损失值进行适当调整。

5. 当确定高、低压线路的导线截面时，除根据负荷条件外，还应与地区配电网的发展规划相结合。当无地区配电网规划时，配电线路的导线截面不宜小于表 1-38 所列数值。

6. 架空线路导线的长期允许载流量，应按掌握空气温度进行校验。当采用导线发热条件校验时，最高允许工作温度宜取 +70℃。验算时的周围空气温度采用当地最热月份的月平均最高温度。

7. 配电线路的导线不应采用单股的铝线或铝合金线。高压线路的导线不应采用单股线。配电线路导线的截面按机械强度要求不应小于表 1-39 所列数值。

低压线路与铁路交叉跨越档，当采用裸铝绞线时，截面不应小于 35mm²。

8. 三相四线制的中性线截面不应小于表 1-40 所列数值。

表 1-38　架空导线最小截面　　　　　　　　　　　　　　mm²

线　路	高　压　线　路			低　压　线　路		
导线种类	主干线	分干线	分支线	主干线	分干线	分支线
铝绞线或铝合线	120	70	35	70	50	35
钢芯铝绞线	120	70	35	70	50	35
钢绞线	—	—	16	50	35	16

表 1-39　配电线路导线最小截面 mm²

线路	高　压　线　路		低 压 线 路
导线种类	居 民 区	非 居 民 区	
铝绞线或幅合金线	35	25	16
钢芯铝绞线	25	16	16
钢绞线	16	16	（直径 3.2mm）

表 1-40　中性线最小截面 mm²

导线种类　线别	相 线 截 面	中 性 线 截 面
铝绞线或钢芯铝绞线	LJ—50、LGJ—50 及以下	与相线截面相同
	LJ—70、LGJ—70 及以上	不小于相线截面的 50%,但不小于 50mm²
钢绞线	TJ—35 及以下	与相线截面相同
	TJ—50 及以上	不小于相线截面的 50%,但不小于 35mm²

六、电缆线路

1. 电力电缆的选择原则

（1）在一般环境和场所内宜采用铝芯电缆;在振动剧烈和有特殊要求的场所,应采用铜芯电缆;规模较大的重要公共建筑亦宜采用铜芯电缆。

（2）埋地敷设的电缆,宜采用有外护层的铠装电缆。在无机械损伤可能的场所,也可采用塑料护套电缆或带外护层的铅（铝）包电缆。

（3）在可能发生位移的土壤中（如沼泽地、流沙、大型建筑物附近）埋地敷设电缆时,应采用钢丝铠装电缆,或采取措施（如预留电缆长度、用板桩或排桩加固土壤等）消除因电缆位移作用在电缆上的应力。

（4）在有化学腐蚀或杂散电流腐蚀的土壤中,不宜采用埋地敷设电缆。如果必须埋地时,应采用防腐型电缆或采取防止杂散电流腐蚀电缆的措施。

（5）敷设在管内或排管内的电缆,宜采用塑料护套电缆,也可采用裸铠装电缆。

（6）在电缆沟或电缆隧道内敷设的电缆,不宜采用有易燃和延燃的外护层。应采用裸铠装电缆、裸铅（铝）包电缆或阻燃塑料护套电缆。

（7）架空电缆宜采用有外被层的电缆或全塑电缆。

（8）当电缆敷设在较大高差的场所时,宜采用塑料绝缘电缆、不滴流电缆或干绝缘电缆。

（9）靠近有抗电磁干扰要求的设备及设施的线路或自身有防外界电磁干扰要求的线路,可采用非铠装电缆。

（10）室内明敷的电缆,宜采用裸铠装电缆;当敷设于无机械损伤及无鼠害的场所,允许采用非铠装电缆。

（11）沿高层或大型民用建筑的电缆沟道、隧道、夹层、竖井、室内桥架和吊顶敷设的电缆,其绝缘或护套应具有非延燃性。

(12)电缆通过有振动和承受压力的下列各地段时应穿管保护。

① 电缆引入和引出建筑物和构筑物的基础、楼板和过墙等处;

② 电缆通过铁路、道路和可能受到机械损伤等地段;

③ 电缆引出地面2m至地下0.2m处行人容易接触和可能受到机械损伤的地方;

④ 管子的内径不应小于电缆外径的1.5倍。

(13)配电线路在以下情况时,应采用铜芯电线或电缆。

① 特等建筑(具有重大纪念、历史或国际意义的各类建筑);

② 重要的公共建筑和居住建筑;

③ 重要的资料室(包括档案室、书库等)、重要库房;

④ 影剧院等人员聚集较多的场所;

⑤ 连接于移动设备或敷设于有剧烈振动的场所;

⑥ 特别潮湿场所和对铝材质有严重腐蚀的场所;

⑦ 易燃易爆场所;

⑧ 有特殊规定的其他场所。

2. 电缆型号及电缆截面的选择

电缆截面的选择,一般按电缆长期允许载流量和允许电压损失确定,并考虑环境温度的变化、多根电缆的并列以及土壤热阻率等因素的影响,分别根据敷设的条件进行校正。若选出的截面为非标准截面时,应按上限选择。

电缆线路应进行短路条件下的热稳定校验,但用熔断器作为短路保护的电缆线路允许不作校验。

常用电缆型号有 ZQ、ZLQ、ZL、ZLL、VV、VLV 等,具体含义见表1-41。

表1-41 电缆结构代号含义

绝缘种类	导电线芯	内护层	派生结构	外护套	
代号含义	代号含义	代号含义	代号含义	第一数字含义	第二数字含义
Z:纸 V:聚氯乙烯 X:橡皮 XD:丁基橡胶 XE:乙丙橡胶 Y:聚乙烯 YJ:交联聚乙烯 E:乙丙胶 0	L:铝芯 T:铜芯(一般省略)	H:橡套 HP:非燃性护套 HF:氯丁胶 HD:耐寒橡胶 V:聚氯乙烯护套 VF:复合物 Y:聚乙烯护套 L:铝包 Q:铅包	D:不滴流 F:分相 CY:充油 G:高压 P:滴干绝缘 P:屏蔽 Z:直流 C:滤尘用或重型	0:无 1:钢带 2:双钢带 3:细圆钢丝 4:粗圆钢丝	0:无 1:纤维线包 2:聚氯乙烯护套 3:聚乙烯护套

在电缆沟或电缆隧道内敷设的电缆,当确定其空气计算温度时,除采取规定的昼温度外,还要根据电缆发热、散热和通风效果来确定。当缺乏计算资料时,可按规定空气温度加5℃考虑。

当按短路热稳定条件确定的电缆截面大于按正常工作电流选择的截面时,应结合其他条件综合考虑,宜选择在短路时允许温度高的电缆。

单根电缆穿管(管内无人工通风)并敷设于空气中,其长期允许电流的校正系数参照下列数据:

（1）低压电缆截面在95mm²及以下时为0.90；

（2）低压电缆截面在120~185mm²及以下时为0.85；

（3）敷设在地中的单根电缆穿管时,其长期允许电流按敷设在空气中考虑。

电缆不允许长期过负荷,在事故或紧急情况下(如转换负荷等)不超过2小时的过负荷能力可为:3kV为10%,6~10kV为15%。

七、插接式母线

插接式母线槽适用于工厂企业、车间作为电压500V以下,规定电流2000A以下的用电设备较密集的场所配电使用。插接式母线槽由金属外壳、绝缘瓷插座及金属母线组成。其每段长3m,前后有4个插接孔,孔距为700mm。金属母线采用铝或铜制作。

插接式母线槽的型号规定如下:

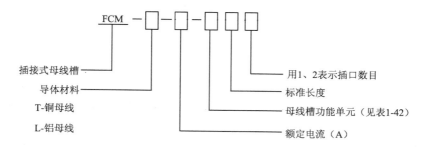

母线槽可以输送较大的电流。例如密集型插接式母线槽(型号为FCMA型),其特点是不仅能输送大电流而且安全可靠,体积小,安装灵活,施工中与其他土建工程互不干扰,安装条件适应性强,效益较好,绝缘电阻一般不小于10MΩ。

CZL3系列插接式母线槽的额定电流为250~2500A,电压为380V,额定绝缘电压为500V。按电流等级分有250A、400A、800A、1000A、1250A、1600A、2000A、2500A等。

表1-42　母线槽功能单元代号

代号	含义	代号	含义
A	母线槽	BY	变容量接头
S	始端母线槽	BX	变向接头
Z	终端盖	SC	十字形垂直接头
LS	L形水平接头	ZS	Z形水平接头
LC	L形垂直接头	ZC	Z形垂直接头
P	膨胀接头	GH	始端进线盒

八、滑触线

天车电源和室外大型移动式电器设备常采用滑触线供电。滑触线就是把母线装在封闭或半封闭的塑料导管内,嵌入多极输电铜导轨,作为输电的母线。导管内装有配合紧凑、移动灵活的集电器(或称集电器小车),能在移动受电设备的拖动下同步移动,同时通过在集电器上配置的多极电刷在导轨上滑动接触,将导轨上酌电源可靠地送到用电设备。

滑触线产品的型号规定如下:

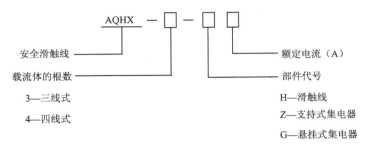

滑触线用于给室内移动式电气设备供电,如各种中小型容量起重机、电葫芦、电动工具和娱乐设施等。滑触线以塑料为骨架,用扁铜排作载流体,多根载流体分别平行插入同一根塑料壳的各个槽内,槽上对应的每根载流体有一个开口,用作电刷滑行的通道。

第八节　继电保护

一、继电保护的任务与要求

变配电系统应装设短路故障和异常运行保护装置。继电保护装置的接线应简单可靠,并应具有必要的检测、闭锁等措施。保护装置应便于整定、调试和运行维护。

为保证继电保护装置的选择性,对相邻设备和线路有配合要求的保护和同一保护内有配合要求的两元件,其上下两级之间的灵敏性及动作时间应相互配合。当必须加速切除短路时,可使保护装置无选择性动作,但应利用自动重合闸或备用电源自动投入装置,缩小停电范围。

1. 继电保护的任务

(1)当供电系统发生故障时,必须迅速地切除故障,缩小事故范围,保证系统无故障部分继续运行。

(2)当系统出现不正常工作状态时,应发出信号,能使值班人员及时进行处理,以免引起设备故障。

2. 继电保护装置

继电保护装置是指能反映电气设备发生故障或不正常工作状态而作用于开关跳闸或发出信号的自动装置。继电保护装置是由各种继电器组成的。继电保护装置在供电系统中的主要作用是通过预防事故或缩小事故范围来提高系统运行的可靠性,最大限度地保证安全可靠地供电。根据不同的工作原理构成的保护装置有很多,但基本的组成部分有测量部分、逻辑部分、执行部分等。

系统中的线路和电气设备的保护应有主保护和后备保护,必要时应增设辅助保护。

(1)主保护

应能最快速并有选择性地切除被保护区域内的故障。

（2）后备保护

应在主保护或断路器拒绝动作时切除故障。后备保护分为近后备和远后备两种形式。

① 近后备

当主保护拒绝动作时，由本设备或线路的另一套保护实现后备；当断路器拒绝动作时，由断路器的失灵保护实现后备。

② 远后备

当主保护或断路器拒绝动作时，由相邻设备或线路的保护实现后备。

（3）辅助保护

当需要加速切除线路故障或消除方向元件的死区时，可采用由电流速断构成的辅助保护。

3. 继电保护装置的基本要求

（1）选择性

当供电系统某部分发生故障时，继电保护装置应使距离故障点最近的断路器动作，将故障部分切除，缩小停电范围，保证无故障部分继续运行。

（2）快速性

快速切除短路故障可以减轻短路电流对电气设备的破坏程度；可以迅速恢复供电系统正常运行的过程，减小对用户的影响。

（3）灵敏性

灵敏性是指对被保护电气设备可能发生的故障和不正常运行方式的反应能力。为了使保护装置在故障时能起到保护作用，要求保护装置有较好的灵敏性。各类短路保护装置的灵敏系数不宜低于表 1-43 的规定。

表 1-43　短路保护的最小灵敏系数

保护分类	保护类型	组成元件	最小灵敏系数	备注
主保护	变压器、线路的电流速断保护	电流元件	2.0	按保护安装处短路计算
	电流保护、电压保护	电流、电压元件	1.5	按保护区末端计算
	10kV 供配电系统中单相接地保护	电流、电压元件	1.5	—
后备保护	近后备保护	电流、电压元件	1.3	按线路末端短路计算
辅助保护	电流速断保护	—	1.2	按正常运行方式下保护安装处短路计算

注：灵敏系数应根据不利的正常运行方式（含正常检修）和不利的故障类型计算。

（4）可靠性

当发生故障时，要求保护装置动作可靠，即在应动作时不拒绝动作，而在不应该动作时不会误动作。

二、线路保护

1. 定时限过电流保护

定时限过电流保护装置是指电流继电器的动作时限是固定的，与通过它的电流的大小无关,其接线如图 1-23 所示。

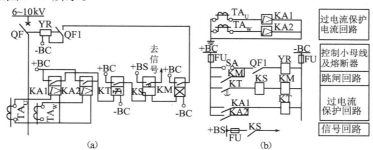

图 1-23　定时限过电流保护装置

(a)原理接线图;(b)展开式接线图

电流继电器 KA1、KA2 是保护装置的测量元件,用来鉴别线路的电流是否超过整定值;时间继电器 KT 是保护装置的延时元件,用延时的时间来保证装置的选择性,控制装置的动作;信号继电器 KS 是保护装置的显示元件,显示装置动作与否和发出报警信号;中间继电器 KM 是保护装置的动作执行元件,直接驱动断路器跳闸。

(1)保护原理

正常运行时,过电流继电器不动作,KA1、KA2、KT、KS、KM 的触点都是断开的。断路器跳闸线圈 YR 电源断路,断路器 QF 处在合闸状态。

当在保护范围内发生故障或过电流时,电流继电器 KA1、KA2 动作,触点闭合,启动时间继电器 KT,经过 KT 的预定延时后,其触点启动信号继电器 KS 和中间继电器 KM,接通 YR 电源,断路器 QF 跳闸,同时信号继电器 KS 触点闭合,发出动作和报警信号。

(2)整定原则

① 启动电流

电流继电器的启动电流即整定值,在系统正常运行和出现最大负荷电流时,保护装置不应该动作,因此启动电流应大于线路的最大负荷电流。

电流互感器一次侧的启动电流 I_{dz1}:

$$I_{dz1} = k_k M_{gh} I_{max} \tag{1-72}$$

式中　k_k——可靠系数,电磁型电流继电器(DL)取 1.2,感应型电流继电器(GL)取 1.3;

　　　M_{gh}——自启动系数,一般取 3~4;

　　　I_{max}——线路的最大负荷电流(A)。

电流互感器二次侧的启动电流 I_{dzj}:

$$I_{dzj} = \frac{I_{dz1}}{N_{ct}} = \frac{k_k}{N_{ct}} M_{gh} I_{max} \tag{1-73}$$

式中　N_{ct}——电流互感器的变比。

② 动作时限

定时限过电流保护装置的动作时限,应从距离电源最远的保护装置开始,按阶梯原则整定,如图 1-24 所示。

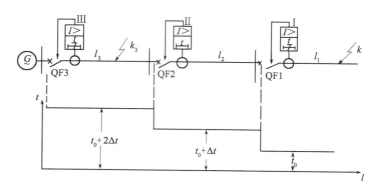

图 1-24 过电流保护装置的阶梯时限曲线

当 k 点发生短路时,根据选择性要求,应该距 k 点最近的保护装置 I 动作,因此保护装置 I 的动作时限应最小;保护装置 II 的动作时限应比装置 I 的动作时限增加 Δt,即:

$$t_{\text{I}} = t_0$$

$$t_{\text{II}} = t_{\text{I}} + \Delta t$$

$$t_{\text{III}} = t_{\text{II}} + \Delta t = t_0 + 2\Delta t \qquad (1\text{-}74)$$

式中　Δt——考虑断路器的动作时间和灭弧时间,取 $0.5 \sim 0.7\text{s}$。

③ 灵敏度

过电流保护装置的灵敏度按系统在最小运行方式时,保护区末端的两相短路来校验:

$$k_{\text{L}} = \frac{I_{\text{d末min}}^{(2)}}{I_{\text{dz1}}} \geqslant 1.25 \sim 1.5 \qquad (1\text{-}75)$$

式中　$I_{\text{d末min}}^{(2)}$——系统在最小运行方式时,保护区末端的两相短路电流值(A);

　　　I_{dz1}——电流互感器一次侧的启动电流(A)。

2. 反时限过电流保护装置

反时限过电流保护装置是指电流继电器的动作时限与通过它的电流的大小成反比。其接线如图 1-25 所示。

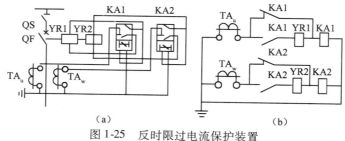

图 1-25 反时限过电流保护装置

(a)原理接线图;(b)展开式接线图

反时限过电流保护装置采用感应型继电器 KA1、KA2 就可以实现。由于感应型电流继电器本身具有时限、掉牌、功率大、触点数量多等特点,可以省掉时间继电器、信号继电器、中间继电器。

（1）保护原理

正常运行时,过电流继电器不动作,KA1、KA2 的触点都是断开的。断路器跳闸线圈 YR1、YR2 断路,断路器 QF 处在合闸状态。

当在保护范围内发生故障或过电流时,电流继电器 KA1、KA2 动作,经一定时限后其常开触点先闭合,常闭触点后打开,跳闸线圈 YR1、YR2 的短路分流支路被常闭触点断开,操作电源被常开触点接通,断路器 QF 跳闸,其信号牌自动掉落,显示继电器动作。当故障切除后,继电器返回,信号掉牌用手动复位。

（2）整定原则

整定原则与定时限过电流保护装置基本相同。但反时限的动作电流与动作时间的整定应按照感应型继电器的动作时间特性曲线来确定。

3. 电流速断保护

电流速断保护是一种瞬时动作的过电流保护,其动作时限仅仅为继电器本身固有的动作时间,它的选择性不是依靠时限,而是依靠选择适当的动作电流来解决。电流速断保护装置同定时限过电流保护装置相比,少一组时间继电器。

（1）整定计算

① 启动电流

为了保证选择性,电流速断保护在下一段线路发生最大短路电流时,保护装置不应动作;而在本线路范围内发生最小短路电流时,保护装置应能可靠动作。电流速断保护装置的启动电流必须躲开其线路末端变电所母线上的最大短路电流。电流互感器一次侧的启动电流 I_{dzl}:

$$I_{dzl} = k_k I_{d末max} \tag{1-76}$$

式中　k_k——可靠系数,电磁型电流继电器(DL)取 1.2 ~ 1.3,感应型电流继电器(GL)取
1.4 ~ 1.5;

$I_{d末max}$——最大运行方式时,被保护线路末端短路时的最大短路电流(A)。

电流互感器二次侧的启动电流 I_{dzj}:

$$I_{dzj} = \frac{I_{dzl}}{N_{ct}} = \frac{k_k}{N_{ct}} I_{d末min} \tag{1-77}$$

式中　N_{ct}——电流互感器的变比。

$I_{d末min}$——线路末端的最小短路电流(A)。

② 动作时限

动作时限为继电器本身固有的动作时间。

③ 灵敏度

电流速断保护装置的灵敏度按系统在最小运行方式时,保护装置安装处的最小短路来校验:

$$k_L = \frac{I_{d首min}}{I_{dzl}} \geqslant \begin{cases} 1.25 ~ 1.5(线路) \\ 2(变压器) \end{cases} \tag{1-78}$$

式中　$I_{d首min}$——系统在最小运行方式时,线路首端保护装置安装处的最小短路电流值(A);

I_{dzl}——电流互感器一次侧的启动电流(A)。

（2）保护死区

如图 1-26 所示，启动电流 I_{dz1} 被随线路长度分布电流的曲线 1 上的对应 a 点将线路 WL1 分为 L1 和 L2 两段。在 L1 上发生短路时，电流速断保护装置会动作，而在 L2 以后发生短路时，电流速断保护装置不会动作，可见电流速断保护装置只能保护 WL1 的一部分，而不能保护线路的全部。保护不了的线段 L2，称为保护死区。

保护死区的大小与系统的运行方式有关。当系统运行方式从最大运行方式改变到最小运行方式时，保护死区从 L2 增大到 L2′，因此电流速断保护不能单独使用，必须与过电流保护配合使用。

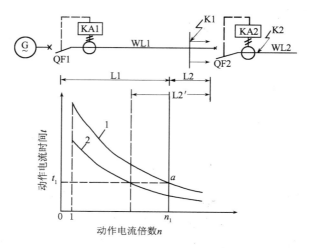

图 1-26　电流速断保护装置保护范围
1—最大运行方式下三相短路电流分布曲线；2—最小运行方式下两相短路电流分布曲线

图 1-27 是具有电流速断保护和定时限过电流保护的原理接线图。

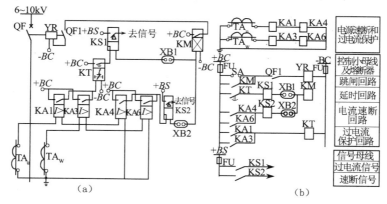

图 1-27　具有电流速断保护和定时限过电流保护的原理接线图
（a）原理接线图；（b）展开图

4. 单相接地保护

（1）无选择绝缘监视装置

图 1-28 是无选择绝缘监视装置的接线图。在配变电所母线上装一套三相五柱式电压

互感器。电压互感器二次侧有两组线圈,一组接成星形,在它的引出线上接三个电压表,反映各相电压。另一组接成开口三角形,并在开口处接一过电压继电器 KV,反映接地时出现的零序过电压。

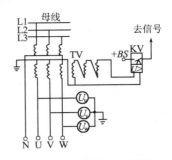

图 1-28　无选择绝缘监视装置

在正常运行时,系统三相电压对称,三个电压表数值相等,开口三角形两端的电压为零,继电器不动作。当系统某一相绝缘损坏发生单相接地时,接地相的相电压变为零,电压表指示为零;其他两相的对地电压升高数倍,电压表数值升高,同时开口三角形两端电压很高使电压继电器 KV 动作,发出接地故障信号。值班人员可以根据故障相指示,逐一拉开出线上故障相的出线开关,当系统接地消失(三相电压表指示相同)时,则被拉开的线路就是故障线路。

该装置只适用于线路数目不多并且允许短时停电的电网中。

(2)有选择性的零序电流保护

有选择性的零序电流保护是一种利用零序电流使继电器动作来指示接地故障线路的保护装置。

① 架空线路

一般采取由三个电流互感器接成零序电流滤过器的接线方式,如图 1-29 所示。三相电流互感器的二次电流相量相加后流入继电器。

当系统正常及三相对称运行时,三相电流的相量和为零,散流入继电器的电流为零,一旦系统发生单相接地故障,三个继电器分别流入零序电流 I_0,故检测出的 $3I_0$ 大于继电器的动作电流,继电器动作并发出信号。

② 电缆线路

一般采用零序变流器(零序电流互感器)保护的接线方式,如图 1-30 所示。

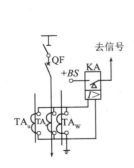

图 1-29　零序电流滤过器

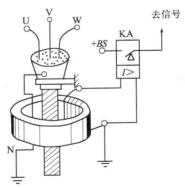

图 1-30　零序电流互感器的接线方式

当系统正常及三相对称短路时,变流器中没有感应出零序电流,继电器不动。一旦系统发生单相接地故障,有接地电容电流通过,此电流在二次侧感应出零序电流,使继电器动作并发出信号。

注意电缆头的接地引线必须穿过零序电流互感器后再实行接地,否则保护装置不起作用。

三、变压器保护

1. 变压器故障类型

变压器的内部故障主要有线圈对铁壳绝缘击穿(接地短路)、匝间或层间短路、高低压各相线圈短路等;变压器的外部故障主要有各相出线套管间短路(相间短路)、接地短路等;不正常运行方式主要有由外部短路和过负荷引起的过电流、不允许的油面降低、温度升高等。

2. 瓦斯保护

当变压器内部故障时,短路电流所产生的电弧将使绝缘物和变压器油分解而产生大量的气体,利用这种气体来实现的保护装置叫瓦斯保护。配电变压器容量在 800kVA、车间变压器在 400kVA 以上的变压器应设置瓦斯保护。

瓦斯保护主要由瓦斯继电器构成,安装在变压器油箱和油枕之间,如图 1-31 所示。瓦斯保护的原理接线图如图 1-32 所示。

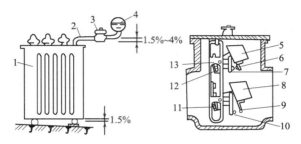

图 1-31　瓦斯气体保护

1—变压器;2—连通管;3—瓦斯气体继电器;4—油枕;5—上油杯;6—上动触头;7—上静触头;
8—下油杯;9—下动触头;10—下静触头;11—下油杯平衡锤;12—上油杯平衡锤;13—支架

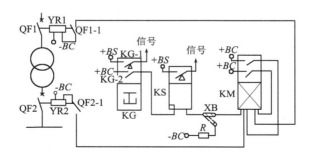

图 1-32　瓦斯保护原理接线图

瓦斯继电器触点 KG-1 由开口杯控制,构成轻瓦斯保护,其继电器动作后发出警报信号,但不跳闸。瓦斯继电器的另一触点 KG-2 由挡板控制,构成重瓦斯保护,其动作后经信号继电器 KS 启动中间继电器 KM,KM 的两个触点分别使断路器 QF1、QF2 跳闸。为了防止变压器内严重故障时油流速不稳定,造成重瓦斯触点时断时通的不可靠动作的情况,必须选用具有自保持电流线圈的出口中间继电器 KM。在保护动作后,借助断路器的辅助触点 QF1-1、QF2-1 来解除出口回路的自保持。在变压器加油或换油后,以及瓦斯继电器试验时,为防止重瓦斯保护误动作,可以利用切换片 XB,使重瓦斯保护暂时接到信号位置。

瓦斯保护可以用作防御变压器油箱内部故障和油面降低的主保护,瞬时作用于信号或跳闸。瓦斯保护的灵敏性比差动保护要好。

3. 差动保护

差动保护是反映变压器两侧电流差值而动作的保护装置。如图 1-33 所示,将变压器两侧的电流互感器串联起来,接成环路,电流继电器并联在环路上,流入继电器的电流等于两侧电流互感器二次侧电流之差,即:

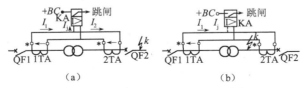

图 1-33　变压器差动保护的原理接线
(a)外部故障,保护不动作;(b)内部故障,保护动作

差动保护装置的范围是变压器两侧电流互感器安装地点之间的区域。差动保护可以防御变压器油箱内部故障和引出线的相间短路、接地短路,瞬时作用于跳闸。解决不平衡电流的措施有如下几种:

(1)相位补差法

当变压器采用 Ydll 联结使变压器两侧电流存在 30°相位差。若变压器两侧的电流互感器的联结反接,即变压器的一次侧电流互感器的二次侧按三角形联结,变压器的二次侧电流互感器的二次侧按星形联结,即可将 30°的相位差补偿过来。其联结如图 1-34 所示。

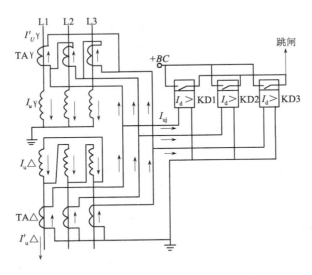

图 1-34　Ydll 变压器差动保护原理接线图

(2)采用带短路线圈的中间速饱和特性和变流器的 BCH 系列差动继电器

采用 BCH 系列的差动变压器主要消除的是变压器外部故障及励磁涌流情况下的不平衡电流。

4. 其他保护

电流速断保护可以防御变压器油箱内部故障和引出线的相间短路、接地短路,瞬时作用

于跳闸。

过电流保护装置防御外部短路引起的过电流,并作为上述几种保护的后备保护,带时限作用于跳闸。过负荷保护装置主要用来防御因过负荷而引起的过电流,一般只在变压器确实有可能过负荷时才装设,作用于信号。温度信号监视变压器温度升高和油冷却系统的故障,作用于信号。接地保护安装在变压器二次侧中性线上。

5. 变压器保护设置原则

由于电力变压器的容量不同,所设置的保护装置也不完全一样:

(1)对 400kVA 以下的变压器通常采用高压熔断器保护。

(2)400~800kVA 一次侧装有高压熔断器时,可装设带时限的过电流保护,时限若超过 0.5s 还应装设瞬动型保护;如果一次侧装有负荷开关时,则只能采用高压熔断器保护。若低压侧为干线制 Yyn0 接线的变压器,还应装设单相接地保护。

(3)800kVA 以上变压器装过电流保护装置,如果过电流的动作时限超过 0.5s,应装瞬动型电流保护装置。

(4)2000~6300kVA 变压器如果瞬动型电流保护的灵敏度不满足要求时,应改用差动保护。

(5)10000kVA 以上变压器装差动保护。

变压器的过电流保护与一般线路上的过电流保护相同,但在定值和动作时间上要与线路上的过电流保护相协调。如果变压器的电源取自一中性点接地系统,以过电流继电器作为相间短路保护,接地过电流继电器作接地保护;如电源取自一中性点不接地系统,则用过电流继电器保护,如时限过长,可再加瞬时型过电流作为相间短路保护。

对于大容量变压器,由于短路电流比较大,造成过电流保护装置的动作电流相对提高,可能产生灵敏度不足的问题,所以需要用差动保护作为变压器的主保护,过电流保护作为后备保护。

当变压器二次侧中性点接地时,应在地接线上装设电流互感器,将接地短路电流引到接地过电流继电器中,检测出零序电流,作为变压器二次侧发生接地故障保护。如果变压器二次侧装过电流保护,其实质是保护变压器二次侧的母线汇流排。

6. 变压器保护接线总图

如图 1-35 所示,变压器的变比为 35/10.5kV,容量为 6300kVA 的双绕组降压变压器。

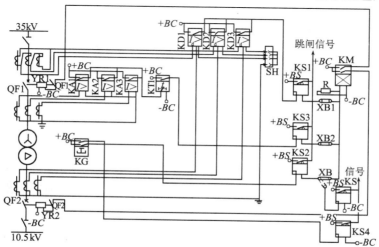

图 1-35　Ydll,6300kVA,35/10.5kV 双绕组降压变压器的保护原理图

四、电动机保护

高压电动机最常见的故障是定子线圈发生三相或两相短路、单相接地（碰壳）以及层间短路等。

对 2000kW 以下的高压电动机通常采用瞬动型过电流保护、接地过电流保护，如果瞬动型过电流保护灵敏度不足时，应改用差动保护；当容量超过 2000kW 时，应装设差动保护代替瞬动型过电流保护。

一般电动机的相间短路和过负荷短路保护使用感应型（GL）过电流继电器。异步电动机的速断保护的动作电流应躲过电动机的最大启动电流，过负荷保护躲过电动机的额定电流。电动机还应设置低电压保护和断相保护。

五、电容器保护

电容器的内部故障主要有电容元件内部部分绝缘损坏，局部元件短路和断线，造成不平衡电流；局部元件短路等原因造成的过负荷，使温度上升；电容器膨胀造成的爆炸等。

电容器首先安装的保护是熔断器保护，有选择地切除短路故障的电容器。对电容器的内部断线和电容的过负荷应加过电流保护和差动保护。当电容器安装处的电压可能超过额定电压的 10% 时，应加装过电压保护。

第九节　备用电源控制装置

一、备用电源自动投入装置

在具有两个独立电源的配变电所或电气设备上，若其中一个电源不论任何原因失电而断开时，另一个电源便自动投入恢复供电，这种装置叫备用电源自动投入装置，简称 APD。高压 APD 装置应用在备用线路、备用变压器、备用母线上；低压 APD 装置应用在备用线路、电气设备上。

1. 基本形式

具有一条工作线路和一条备用线路：安装在备用进线断路器 QF2 上，如图 1-36 所示。正常运行时备用线路断开，当工作线路因故障或其他原因切除后，备用线路自动投入。

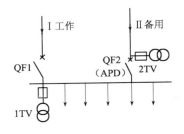

图 1-36　APD 装在备用进线断路器上

具有两条独立工作线路分别供电的单母线分段运行的配变电所:APD 安装在母线分段断路器上,如图 1-37 所示。正常运行时分段断路器断开,当两路电返中有一路电源发生故障或其他原因切除后,备用电源自动投入装置分别将分段断路器合上,由另一路电源继续供电给全部重要负荷。

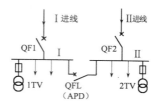

图 1-37　APD 装在母线分段断路器上

当低压母联断路器采用自投方式时的要求:

(1)应装设"自投自复""自投手复""自投停用"三种状态的位置开关。

(2)低压母联断路器自投应有一定的延时(0~10s),当低压侧主断路器因过载及短路故障分闸时,不允许自动闭合母联断路器。

(3)低压侧主断路器与母联断路器应有电气联锁。

装有 APD 的断路器可以采用电磁式、弹簧储能式的操作机构。在采用整流式直流电源的情况下,多使用电磁式操作机构。在交流操作或仅有小容量直流跳闸电源的配变电所中,使用弹簧储能操作机构。

2. 对 APD 装置的基本要求

(1)当一路电源失压时,APD 应将此路电源切除,再合上备用电源开关,以免两路电源未经同期步骤而并列运行。

(2)备用电源的投入应尽可能迅速,有利于电动机的自启动。

(3)只允许 APD 装置动作一次,以免将备用电源合闸到永久性故障上。

(4)防止由于电压互感器的熔断器熔断时引起 APD 误动作。

(5)应校验备用电源的过负荷能力以及电动机自启动条件。若备用电源的过负荷能力不够或电动机自启动条件不能保证时,可在 APD 动作的同时切除一部分次要负荷。

3. APD 装置的接线

(1)备用线路 APD 装置的接线

在图 1-36 中备用电源断路器 QF2 装设 APD 装置的原理接线图如图 1-38 所示,它使用交流操作电源,备用线路断路器采用 CT6 型弹簧储能式操作机构,工作线路断路器采用 CS2 型手动操作机构。交流操作电源由备用进线上的电压互感器供给。

该装置采用带时限的低电压启动方式。启动回路由 KV1~KV4 低电压继电器及时间继电器 KT1、KT2 组成。KV1、KV2 用于监视工作电源电压,接在工作进线电压互感器 1TV 上,当工作电源消失时,其常闭触点闭合,启动 APD 装置;KV3、KV4 用于监视备用电源电压,接在备用进线电压互感器 2TV 上。时间继电器 KT1、KT2 是用来保证 APD 装置的选择性。保证 APD 只动作一次的装置是储能电动机回路。SA1、SA2 是用来解除或投入 APD 装置的控制开关,当 APD 投入时,SA 是闭合的。为了防止电压互感器的熔断器之一熔断或低电压继电器断线而引起 APD 误动作,启动元件采用两个低电压继电器,将其触点串联接于

APD 的启动回路。

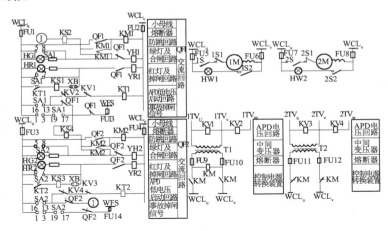

图 1-38 备用进线 APD 原理接线图

系统正常时,工作电源有电,低电压继电器 KV1、KV2 均处在吸合位置,其常闭触点断开。当正常工作电源失去电压时,继电器 KV1、KV2 均释放,其常闭触点闭合,接通时间继电器 KT1,经过一段延时后,其延时断开,常开触点 KT1 闭合,接通断路器 QF1 的跳闸线圈 YR1。使断路器 QF1 跳闸。QF1 跳闸后,其辅助常闭触点 QF1 闭合,接通中间继电器 KM2(此时控制开关 SA1 的 16-13 是闭合的)线圈,使断路器 QF2 的合闸线圈 YH2 得电,利用弹簧作用力将断路器 QF2 合上,完成了 APD 的任务。断路器 QF2 合闸后,控制开关 SA1 的 16-13 断开,此时由于储能电动机不再接通,弹簧未完成储能,从而保证 APD 只动作一次。

(2)低压交流电源 APD 接线

图 1-39 是两路低压电源互为备用的 APD 展开图。这一互投电路采用电磁操作的 DW10 型低压断路器。

图 1-39 中熔断器 FU1 和 FU2 后面的二次回路,分别是低压断路器 Qn 和 QF2 的合闸回路。

图 1-39 中熔断器 FU3 和 FU4 后面的二次回路,分别是低压断路器 Qn 和 QF2 的跳闸回路。

图 1-39 中熔断器 FU5 和 FU6 后面的二次回路,分别是低压断路器 QF1 和 QF2 的失压保护和跳、合闸指示回路。

如果要 WL1 电源供电,WL2 电源作为备用,可先将 QS1~QS4 合上,再合 SA1,这时低压断路器 QF1 的合闸线圈 YH1 靠合闸接触器 KO1 接通,QF1 合闸,使 WL1 电源投入运行。这时中间继电器 KM1 被加上电压而动作,其常闭触点断开,使跳闸线圈 YR1 回路断开,同时红灯 RD1 亮,绿灯 GN1 灭。接着合上 SA2,作好 WL2 电源自动投入的准备。这时红灯 RD2 灭,绿灯 GN2 亮。

如果 WL1 电源突然断电,则中间继电器 KM1 返回,其常闭触点闭合,接通跳闸线圈 YR1 的回路,使断路器 QF1 跳闸,同时 QF1 的常闭触点 9-10 闭合,使断路器 QF2 合闸,投入备用电源 WL2。这时红灯 RD1 灭,RD2 亮,绿灯 GN1 亮,GN2 灭。

如果 WL2 电源供电,WL1 电源作为备用,则可在合上 QS1-QS4 之后,合上 SA2,这时低压断路器 QF2 的合闸线圈 YH2 靠合闸接触器 KO2 而接通,QF2 合闸使 WL2 电源投入运行。中间继电器 KM2 被加上电压而动作,其常闭触点断开,使跳闸线圈 YR2 回路断路;同时红灯 RD2 亮,绿灯 GN2 灭。接着合上 SA1,作好 WL1 电源自动投入的准备。这时红灯 RD1 灭,绿灯 GN1 亮。

如果 WL2 电源突然断电,则中间继电器 KM2 返回,其常闭触点闭合,接通跳闸线圈 YR2 的回路,使断路器 QF2 跳闸,同时 QF2 的常闭触点 9-10 闭合,使断路器 QF1 合闸投入备用电源 WL1。这时红灯 RD2 灭,RD1 亮,绿灯 GN2 亮,GN1 灭。

按钮 SB1 和 SB2 是用来分别控制断路器 QF1 和 QF2 跳闸用的。

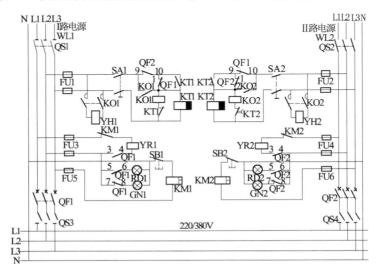

图 1-39　交流低压电源 APD 接线

QF1～QF2—低压断路器;FU1～FU6—低压熔断器;SA1～SA2—手控开关;SB1～SB2—跳闸按钮;
KT1～KT2—时间继电器;KO1～KO2—合闸接触器;YH1～YH2—合闸线圈;YR1～YR2—跳闸线圈;
KM1～KM2—失压保护用的中间继电器;RD1～RD2—红灯;GN1～GN2—绿灯

上述两路低压电源互投的电路图,不仅适用于配变电所低压母线,而且对于重要的低压备用电源(包括事故照明)也是适用的。

二、自动重合闸装置

自动重合闸装置(ARD)是一种供电系统反事故装置,主要装设在有架空线路出线断路器上。由于架空线路出事故机会较多,而大部分是瞬时性的故障(假故障),如雷电造成的闪络短路,一旦发生短路事故,线路的继电保护装置动作,使故障线路的断路器跳开,同时应启动 ARD 装置,经过一定时限 ARD 装置使线路断路器重新闭合,如线路的故障是瞬时性的,则断路器重合闸成功,线路继续恢复供电,从而大大提高了线路的供电可靠性;如果线路故障是永久性故障(真故障),断路器在重合后再由继电保护装置动作,将断路器再一次跳闸,切断供电线路。

1. 自动重合闸装置的安装

根据《电力装置的继电保护和自动装置设计规范》(GB/T 50062—2008)的规定,电压在 1kV 及以上的线路,长度超过 1km 的架空线路或架空线路与电缆混合线路,当线路装有断路器时,应装设自动重合闸;当线路采用高压熔断器时,一般应装设自动重合熔断器。

2. 重合闸装置的形式

机械形式的 ARD 适用于弹簧储能操作机构的断路器。一般应用在有交流操作电源或仅有直流跳闸电源而无直流合闸电源的配变电所中。在供电系统中多采用机械式的 ARD 装置。

电气形式的 ARD 适用于电磁储能操作机构的断路器,适用直流操作电源。应用在有直流操作电源的配变电所中。

3. 保护形式

如果在线路上安装了带时限的继电保护装置时,尽可能采用自动重合闸的后加速保护动作方式,使线路尽快切除永久故障。

如果在单侧电源供几条串联线路段的线路上,为尽快断开线路故障,可采用重合闸前加速保护动作方式。

4. 自动重合闸装置的校验

采用 ARD 后,对油断路器必须另外校验断流容量。在断路器第一次跳闸动作后 0.5s,ARD 动作,断路器重新闭合,使电弧的去游离时间短,介质绝缘来不及恢复,使断路器的断流容量下降,使其在第二次切除短路电流时,有可能造成断路器的实际断流容量不足而发生事故,因此必须要校验断路器的断流容量。

5. 对 ARD 装置的要求

(1)动作要迅速,减少停电时间,一般重合动作时间在 0.7s。

(2)采用一次重合闸装置。在自动重合闸装置动作后,应自动复归原位,并为下一次动作做准备。

(3)手动合闸时,断路器遇故障跳闸不重合,手动跳闸时也不应再重合。

6. 自动重合闸的接线

图 1-40 为单侧电源机电型三相一次自动重合闸(ARD)装置原理接线图。它属于电气式三相一次重合闸,自动复归方式,与继电保护配合可组成重合闸前加速保护或自动重合闸后加速保护。图 1-40 中虚线框内为 DH-3 型重合闸继电器,它主要由电容器 C、电阻 $R4$、时间继电器 KT 和带有自保持串联线圈的中间继电器 KM 组成。

中间继电器 KRS 是断路器跳闸位置继电器,其线圈串联在断路器的合闸接触器 KO 的回路里,当断路器处于跳闸位置,它通过断路器的辅助触点 QF1 动作,启动 ARD 装置。对 3～10kV 就地控制线路可直接由断路器辅助触点 QF1 启动 ARD 装置。电阻 R1 作用是限制跳闸位置继电器 KRS 动作时流入合闸接触器 KO 中的电流,以防止断路器误合闸。中间继电器 KFJ 是防止断路器多次重合的防跳继电器。

7. 工作原理

(1)在正常运行时,断路器处于合闸状态,控制开关 SA 在合闸后位置,SA 的 21—23 触点闭合,转换开关 SA1 接通,则电容 C 经 $R4$ 充电,充电电压为 220V(或 110V)的直流操作电源电压。充电到电源电压的时间为 15～25s。

(2)断路器因继电保护动作或其他原因跳闸,断路器辅助触点 QF1 闭合,这时控制开关位置和断路器位置不对应,绿灯 GN 闪光表示自动跳闸,同时跳闸位置继电器 KRS 启动,常开触点闭合启动 ARD 装置的时间继电器 KT(延时调整到重合闸动作时限 $t = 0.5～5s$),经过 t 后,KT 延时触点闭合,电容器 C 对中间继电器 KM 的电压线圈放电,使 KM 动作,接通

合闸接触器 KO(由正电源 +WC→SA 的 21→23→SA1→DH→3 的端子 17→12→KM 两个常
开触点→KM 电流线圈→连接片 XB→防跳继电器 KFJ 的常闭触点 KFJ2→断路器的辅助常
闭触点 QF1→合闸接触器线圈 KO→ -WC),将断路器自动重合闸。由于 KM 电流线圈自保
持作用,即使 KM 电压线圈电压消失也能使 KM 可靠动作,直到断路器可靠合闸,其常闭触
点 Qn 断开为止。

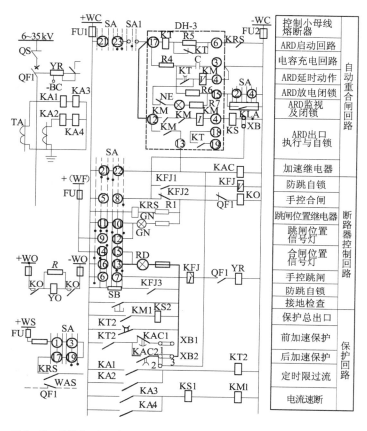

图 1-40 DH-3 型重合闸继电器组成的一次式 ARD 装置原理接线图

如线路是瞬时性故障,则自动重合闸成功。这时控制开关位置与断路器位置是对应的,
故绿灯 GN 闪光与事故音响信号随之自行解除,红灯 RD 发平光,由于 QF1 触点断开,跳闸
位置继电器 KRS 失电,时间继电器 KT 也失电释放返回,电容器 C 又经 R4 充电,约 15 ~25s
后 C 两端电压充到电源电压,准备下次再动作,实现了 ARD 的自动复归。在断路器重合闸
时,信号继电器 KS 线圈得电,其触点接通预告信号装置光字牌,将光字牌内灯点亮,指示出
"重合闸 ARD 动作",表明自动重合闸装置已经动作。

(3)线路上存在永久性故障时,断路器在 ARD 动作合闸后将被继电保护装置动作再次
跳闸,此时虽然继电器 KRS 和 KT 又重复启动,但中间继电器 KM 不能动作,因为 C 两端电
压尚未充电到 KM 的动作电压值,此时即使持续再久,C 两端电压也不会充到 KM 的动作
值,因为当 KT 延时触点闭合后,电阻 R4 和 KM 电压线圈串联分压后加到 C 两端电压只能
达到几伏(R4 约 3.4MΩ 而 KM 电压线圈电阻约 2.1kΩ),这样保证了 ARD 只能动作一次。

（4）用控制开关 SA 手动跳闸。将 SA 由合闸后位置转向预跳位置,SA 的 2—4 触点闭合,电容器 C 经过电阻 R6(500Ω)迅速放电,SA 的 21—23 触点断开,切断了 ARD 的正电源,然后 SA 的 6—7 触点闭合接通跳闸线圈 YR,使断路器跳闸。

当松开 SA 手柄后,它自动复位到跳闸后位置,SA 的 2—4 触点又闭合,将电容器 C 彻底放电。此时虽然 KRS 启动,KT 启动,KM 电压线圈两端电压很低达不到动作电压,同时由于 SA 的 21—23 触点断开使 ARD 失去正电源,故 ARD 不能动作。

（5）用控制开关手动合闸。将控制开关 SA 由跳闸后位置转向预合时,SA 的 2—4 断开,切断电容器 C 放电回路。SA 的 9—10 触点闭合,绿灯 GN 闪光,表示操作有效,合闸回路完好。SA 的 21—22 触点闭合,启动加速继电器 KAC,其延时释放的常开触点瞬时闭合,为加速跳闸作准备。然后将控制开关 SA 转向合闸位置,SA 的 5—6 触点闭合,接通合闸接触器(+WC→SA 的 5—8→KFJ2→QFI→KO 线圈→ -WC),使断路器合闸。

如手动合闸到故障线路上,则和重合闸到永久性故障的情况一样,这时重合闸装置不动作,由于已经启动了加速继电器 KAC,故能使断路器加速跳闸。

（6）防止多次重合与重合闸闭锁。断路器控制回路采用了防跳继电器 KFJ,即使 DH-3 的中间继电器 KM 的触点粘住,也不会发生多次重合闸,因为在断路器跳闸的同时,启动了防跳继电器的电流线圈,其常闭触点 KFJ2 断开,常开触点 KFJ1 闭合。并且通过粘住的 KM 触点使 KFJ 电压线圈自保持,KFJ 的常闭触点一直处于断开状态,从而防止了多次重合闸。

本　章　小　结

1. 电力系统是由发电厂、配变电所、输(配)电线及用电设备组成的整体。各部分的功能是不同的。要求学生对由发电厂到用电设备的电能传输过程有一个完整的概念。由发供电设备组成的电力系统,比孤立的发供电设备对用户供电有明显的优越性。衡量供电质量指标是评价供电质量优越的标准。

2. 电力网的电压有多个等级,不同的电压等级有不同的用途和送电距离。电气设备都应在额定电压下使用。电压过高或过低,对电气设备都不利,所以设备的使用电压只允许偏离其额定电压值的 ±5% ,考虑到变压器内阻抗上有压降,以及线路上有电压损失,所以规定变压器副边的额定电压比由它送电的电网额定电压高出 5% ~10% 。

3. 电力负荷分为三级。各级负荷对供电电源的要求有明显的不同。电力负荷计算是做好供电设计的先决条件。负荷计算中,求计算负荷是关键,求计算负荷的方法有多种。需要系数法、单位面积估算法是常用的简便方法。

4. 比较配变电所的组成、电源布置和变压器室,供配电系统接线。

5. 短路的发生,对供电系统将造成极大的危害,如损坏电气设备,使电网的电压突然下降,对附近的通信线路产生影响等,因此,对短路的不同种类应采用不同的措施,避免短路的发生。

6. 民用建筑中,低压供配电线路的导线和电缆的选择,主要是型号和截面的选择,型号主要根据环境特征和线路敷设方式进行选择,截面大小主要根据发热条件、允许电压损失及机械强度要求进行选择。

7. 当供电系统发生故障时,必须迅速地切断故障,缩小事故范围,保证系统无故障部分继续运行,相应应采用继电保护装置,继电保护装置由各种继电器组成,根据不同的工作原理构成的保护装置有多种,主要有线路保护,变压器保护,电动机保护等。

练 习 题

1-1　电力系统有几个组成部分?其作用各是什么?

1-2　我国规定的电能质量主要参数是什么?它们允许的偏差各是多少?

1-3　什么叫计算负荷?在确定多组用电设备的总视在负荷时,可不可以直接将各组的视在计算负荷相加,为什么?

1-4　常用电源有哪些种类?

1-5　如何布置高压配电室、低压配电室、变压器室,要求的安全净距分别为多少?

1-6　高压供电系统主接线有哪几种形式?它们各有何特点?低压系统主接线有哪几种形式?它们各有何特点?

1-7　发生短路的原因是什么?其后果如何?

1-8　什么叫发热条件选择法?什么叫电压损失选择法?什么叫经济电流密度选择法?

1-9　继电保护包括几种?它们的工作原理有何不同?

1-10　某大楼采用三相四线制 220/380V 供电,楼内装有单相用电设备:电阻炉 4 台各 2kW,干燥炉 5 台各 5kW,照明用电共 5kW。试确定该大楼的计算负荷。

1-11　某建筑工地在距离配电变压器 500m 处有一台混凝土搅拌机,采用 220/380V 的三相四线制供电,电动机的功率 $P_N=10kW$,效率为 $\eta=0.81$,功率因数 $\cos\phi=0.83$,允许电压损失 $\Delta U\%=5\%$,需要系数 $K=1$。如采用 BLX 型铝芯橡皮绝缘导线供电,导线截面应选多大?

1-12　配电箱引出的长 100m 的干线上,树干式分布着 15kW 的电动机 10 台,采用铝芯塑料线明敷。设备台电动机的需要系数 $K_d=0.6$,电动机的平均效率 $\eta=0.8$,平均功率因数 $\cos\phi=0.7$。试选择该干线的截面。

第二章　建筑防雷系统

学习目标

通过本章的学习应掌握过电压产生的原理、过电压的类型及其危害,了解建筑物防雷等级、建筑物的防雷装置及其防雷措施。

第一节　过　电　压

供配电系统正常工作时,各类供配电线路、各种用电设备所承受的电压为相应的额定电压,但在实际的工作当中由于种种的原因会使电气设备所承受的电压升高,在电压升高太多的情况下还会使设备的绝缘击穿,导致设备的损坏,造成经济损失。一般来说,我们将在电力线路或电气设备上出现的超过正常工作要求的电压称为过电压。

在电力系统中,按照过电压产生的原因不同将其分为内部过电压和外部过电压两大类。

一、系统内部过电压

内部过电压是由于电力系统本身的各种开关操作、系统内故障以及其他一些原因使系统的运行状态发生改变,也就是由系统两种运行方式之间的过渡过程所引起的。内部过电压的数值一般在额定电压的 4～5 倍以内。内部过电压所引起的危害相对来说比外部过电压要小。

系统内部过电压主要分为操作过电压和谐振过电压等种类。操作过电压是由于系统中的开关操作、负荷骤变等引起的过电压。谐振过电压是由于系统中的电路参数(R、L、C)在一定情况下发生谐振而引起的过电压。

1. 操作过电压

操作过电压可细分为:中性点不接地系统中的电弧接地过电压,切除空载线路过电压,切除空载变压器过电压,空载线路合闸过电压等。操作过电压的幅值和持续时间与电网结构及其参数、断路器性能、系统的接线及运行操作方式等因素有关。对操作过电压的定量研究大都依靠系统中的实测纪录,或者利用暂态网络分析仪进行分析计算。由于操作过电压与系统的额定电压有关,所以随着系统额定电压的提高,操作过电压的问题就会越发突出。在电压为 220kV 及以下的系统,通常设备的绝缘结构设计允许承受可能出现的 3～4 倍的操作过电压,因此不必采用专门的限压措施。而对于 330kV 及以上超高压系统,如果仍按照 3～4 倍的操作过电压考虑,势必导致设备绝缘费用的迅速增加,由此增加制造成本和投资,因此在超高压系统中必须采取措施将操作过电压限制在一定水平之下。目前采取的有效措施主要有:线路上装设并联电抗器、采用带有并联电阻的断路器以及磁吹阀型或氧化锌避雷器等。随着这些限压措施的采用及其本身性能的改善,超高压系统中操作过电压水平得以有效下降。

2. 谐振过电压

电力系统中包括许多电感和电容元件。作为电感元件的有电力变压器、互感器、发电机、消弧线圈、电抗器以及线路导线的电感等。作为电容元件的有线路导线的对地电容和相间电容、补偿用的串联和并联电容器组、过电压保护用电容器以及各种高压设备的寄生电容等。在系统进行操作或者发生故障时,这些电感和电容元件就会形成不同的振荡电路,在一定的作用下产生谐振现象,引起谐振过电压。谐振过电压不仅会在进行操作或者发生故障的过程中产生,而且可能在过渡过程结束后的较长时间内稳定存在,直到发生新的操作,谐振条件受到破坏为止。谐振过电压不仅会危及电器设备的绝缘,而且会产生持续的过电流而烧毁设备,还可能影响过电压保护装置的工作条件。

在不同的电压等级、不同结构的系统中可以产生不同类型的谐振过电压。通常认为系统中的电阻和电容元件为线性参数,也就是说其值是不随电路的电流和电压而变化的常数,而电感元件则一般有 3 类不同特性的参数。对应三种电感参数,在一定的电容参数和其他条件的配合下,可能产生三种不同类型的谐振现象。

(1)线性谐振

路中的电感 L 和电容 C、电阻 R 一样都是常数,这类电感元件与系统中的电容元件形成串联回路,在交流电源的作用下,当回路的自振频率等于或者接近电源频率时,回路的电感抗和电容抗相等或接近而互相抵消,回路电流主要只由电阻来限制,因此电流达到最大值,而在电感和电容元件上都将出现过电压,这就是线性谐振过电压。实际电力系统往往可以在设计或者运行时避开谐振范围来避免线性谐振过电压。

(2)参数谐振

系统中某些元件的电感参数在外力的影响下发生周期性变化,当该设备与电容性负荷相接时,若参数配合不当就可能产生参数谐振现象。

(3)铁磁谐振

电路中的电感元件因带有铁芯会产生饱和现象,电感不再是常数,而是随着电流或者磁通的变化而变化。这种含有非线性电感元件的电路,在满足一定条件时,会产生铁磁谐振。与线性谐振比较,铁磁谐振现象具有很多特点。铁磁谐振现象常发生在由空载变压器、电压互感器(正常工作时接近空载)和电容组成的回路中。

二、外部过电压

外部过电压又称为大气过电压或雷电过电压,它是由于电力系统内的设备或者建筑物遭受到来自大气中的雷击或者雷电感应而引起的过电压。雷电过电压产生的雷电冲击波,其电压幅值可以高达 1 亿 V,其电流幅值也可高达几十万 A。由于外部过电压对电力系统所造成的影响非常大,因此对外部过电压的防护应该更加重视。

外部过电压有两种基本形式:

1. 直接雷过电压

它是雷电直接击中电气设备、线路或建(构)筑物,其过电压引起强大的雷电流通过这些物体放电入地,从而产生破坏性极大的热效应和机械效应,相伴的还有电磁效应和闪络放电,这种雷电过电压称为直击雷。当雷电流通过被雷击的物体时会发热,引起火灾,同时在空气中会引起雷电冲击波,对人和牲畜造成危害。雷电流还有电动力的破坏作用,会使物体发生变形甚至形变。防止直击雷的措施主要采用避雷针、避雷带、避雷线、避雷网作为接闪器,将雷电流接收下来,通过接地引下线和接地装置,将雷电流送到大地,保证建筑物、人身和电气设备的安全。

2. 感应雷过电压

它是雷电未直接击中电力系统中的任何部分而由雷电对设备、线路或其他物体的静电感应或电磁感应所产生的过电压。这种雷电过电压称为感应过电压或感应雷。根据形式不同又分为静电感应过电压和电磁感应过电压两种：

(1) 静电感应过电压

当线路或者设备附近发生雷云放电时，虽然雷电流没有直接击中线路或者设备，但在导线上将会感应出大量的和雷云极性相反的束缚电荷，当雷云对大地上其他的目标放电后，雷云中所带电荷迅速消失，导线上的感应电荷就会失去雷云电荷的束缚而成为自由电荷，并以光速向导线两端急速涌去，从而产生过电压，这种形式的过电压称为静电感应过电压。一般由雷电引起的感应过电压，在架空线上可达 $300 \sim 400kV$，在低压架空线路上可达 $100kV$，在通讯线路上可达 $50kV$ 左右。

由静电感应产生的过电压对接地不良的电气系统有破坏作用，使建筑物内部金属构架与接地不良的金属器件之间容易产生火花，引起火灾。

(2) 电磁感应过电压

由于雷电流有极大的峰值和陡度，在它的周围有强大的交变电磁场，处于此电磁场中的导体会感应出极高的电动势，使得有气隙的导体之间发生放电现象，产生火花，引起火灾。

由雷电引起的静电感应和电磁感应统称为感应雷（又称为二次落雷）。主要采取的处理方法是将建筑物的金属屋顶、建筑物内的大型金属物品等作良好的接地处理，使得感应电荷能迅速流向大地，防止在缺口处形成高电压和电火花。

3. 雷电波的侵入

雷电过电压除了上述两种形式外，还有一种是架空线路遭受直接雷击或间接雷击而引起的过电压波，沿线路侵入配变电所或其他建筑物，这称为雷电波侵入或高电位侵入。据我国统计，供电系统中由于雷电波侵入而造成的雷害事故，占整个雷害事故的 60% 左右，比例很大，因此对雷电波侵入的防护也应给予足够的重视。

三、雷电的形成及有关概念

1. 雷电的形成

雷电是带有电荷的雷云之间或者雷云对大地之间产生急剧放电的一种自然现象。关于雷云形成的理论和学说较多，但比较普遍的说法是：在闷热的天气里，地面的水汽蒸发上升，在高空低温条件下，水汽凝结为冰晶，在上升气流的冲击下，气流携带一部分带正电的小冰晶上升，形成正雷云，而另一部分较大的带负电的冰晶则下降形成负雷云。由于高空气流的流动，所以正雷云和负雷云均在空中飘浮不定的流动。当空中的雷云靠近大地时，雷云与大地之间形成一个很大的雷电场。由于静电感应作用，使地面出现与雷云的电荷极性相反的电荷。

人们通常把发生闪电的云称为雷雨云，其实有几种云都与闪电有关，例如层积云、雨层云、积云、积雨云，这其中最重要的则是积雨云。

云的形成过程是空气中的水汽经由各种原因达到饱和或过饱和状态而发生凝结的过程。使空气中水汽达到饱和是形成云的一个必要条件，其主要方式有：

（1）水汽含量不变，空气降温冷却；

（2）温度不变，增加水汽含量；

（3）既增加水汽含量，又降低温度。

对云的形成来说，降温过程是最主要的过程。而降温冷却过程中又以上升运动而引起的降温冷却作用最为普遍。

积雨云就是一种在强烈垂直对流过程中形成的云。由于地面吸收太阳的辐射热量远大于空气层，所以白天地面温度升高较多，夏日这种升温更为明显，所以近地面的大气的温度由于热传导和热辐射也跟着升高，气体温度升高必然膨胀，密度减小，压强也随着降低，根据力学原理它就要上升，上方的空气层密度相对来说就较大，就要下沉。热气流在上升过程中膨胀降压，同时与高空低温空气进行热交换，于是上升气团中的水汽凝结而出现雾滴，就形成了云。在强对流过程中，云中的雾滴进一步降温，变成过冷水滴、冰晶或雪花，并随高度逐渐增多。在冻结高度（−10℃），由于过冷水大量冻结而释放潜热，使云顶突然向上发展，达到对流层顶附近后向水平方向铺展，形成云砧，这是积雨云的显著特征。

积雨云形成过程中，在大气电场以及温差起电效应、破碎起电效应的同时作用下，正负电荷分别在云的不同部位积聚。当电荷积聚到一定程度，一般来说当雷云与大地之间在某一方位的电场强度达到 25～30kV/cm 时雷云就会向这一方向放电，形成一个导电的空气通道，称为雷电先导。此时就会在云与云之间或云与地之间发生放电，也就是人们平常所说的"闪电"。

雷电以其巨大的破坏力给人类社会带来了惨重的灾难，尤其是近几年来，雷电灾害频繁发生，对国民经济造成的危害日趋严重。我们应当加强防雷意识，与气象部门积极合作，做好预防工作，将雷害损失降到最低限度。当人类社会进入电子信息时代后，雷灾出现的特点与以往有极大的不同，可以概括为：

① 受灾面扩大，从电力、建筑这两个传统领域扩展到几乎所有行业。其特点是与高新技术的领域关系最密切，如航天航空、国防、邮电通信、计算机、电子工业、石油化工、金融证券等。

② 从二维空间入侵变为三维空间入侵。从闪电直击和过电压波沿线传输变为空间闪电的脉冲电磁场从三维空间入侵到任何角落，无孔不入地造成灾害，因而防雷工程已从防直击雷、感应雷进入防雷电电磁脉冲（LEMP）。前面是指雷电的受灾行业面扩大了，这里是指雷电灾害的空间范围扩大了。

③ 雷灾的经济损失和危害程度大大增加了，它袭击的对象本身的直接经济损失有时并不太大，但由此产生的间接经济损失和影响却难以估计。

④ 产生上述特点的根本原因，也就是关键性的特点是雷灾的主要对象已集中在微电子器件设备上。雷电本身并没有变，而是科学技术的发展，使得人类社会的生产生活状况发生改变。微电子技术的应用渗透到各种生产和生活领域，微电子器件极端灵敏这一特点很容易受到无孔不入的 LEMP 的作用，造成微电子设备的失控或者损坏。

2. 雷电的发展过程

当天空中的雷云对地产生雷电先导后，向大地下行到大约 200～300 米时，大地也会向上形成一个上行的迎雷先导，当上下先导相互接近时，正负电荷强烈吸引中和而产生强大的雷电流，并伴有电闪雷鸣，这就是直击雷的主放电阶段，这个阶段时间极短，一般约为 50～100μs。主放电阶段之后,雷云中的剩余电荷继续沿着主放电通道向大地放电,形成断续的雷声。这就是直击雷的余辉放电阶段,时间约为 0.03 ~ 0.15s,其电流较小,约为几百 A。雷电先导在主放电之前与地面上雷击对象之间的最小空间距离,称为闪击距离,简称为击距。雷电的闪击距离与雷电流的幅值和陡度有关。架空线路在附近出现对地雷击时极易产生感应过电压。当雷云出现在架空线路上方时,线路上由于静电感应而集聚大量异性的束缚电荷。当雷云对地放电后,线路上的束缚电荷被释放而形成自由电荷,向线路两端释放,形成电位很高的过电压。高压线路上的过电压可达几十万 V,低压线路上的感应过电压也可达几万 V,对供电系统的危害都很大。

当强大的雷电流沿着导体泄放入地时,由于雷电流具有很大的幅值和陡度,因此在它周围产生强大的电磁场。如果附近有一开口的金属环,则在该开口环的间隙处将感应产生相当大的电动势而形成火花放电,这对于存放易燃易爆品的建筑物是十分危险的。为了防止雷电流电磁感应引起的危险过电压,应该用跨接导体或者用焊接将开口金属环连成闭合回路后接地。

3. 雷电的有关概念

(1)雷电流的幅值和陡度

雷电流是一个幅值很大、陡度很高的冲击波电流,雷电流的幅值 I_m 与雷云中的电荷量及雷电放电通道的阻抗有关。雷电流一般在 1 ~ 4μs 内增长到幅值 I_m。雷电流在幅值以前的一段波形称为波头,而从幅值起到雷电流衰减到 $I_m/2$ 的一段波形称为波尾。雷电流的陡度 α 用雷电流波头部分增长的速率来表示。即 $α = di/dt$。雷电流的陡度据测定可以达到 50kA/μs 以上。对电气设备绝缘来说,雷电流的陡度越大,由 $U_L = Ldi/dt$ 可知,产生的过电压越高,对绝缘的破坏性

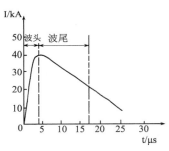

图 2-1　雷电流波形

也越严重,因此研究如何降低雷电流的幅值和陡度是防雷保护的一个重要课题。图 2-1 为雷形成过程中的电流波形。

(2)年平均雷暴日数

凡有雷电活动的日子,包括看到雷闪和听到雷声,都称为雷暴日。由当地气象台、站统计的多年雷暴日的年平均值称为年平均雷暴日数。年平均雷暴日数超过 40 天的地区称为多雷区,年平均雷暴日数不超过 15 天的地区称为少雷区。

(3)建筑物年预计雷击次数

建筑物年预计雷击次数按下式计算:

$$N_1 = KN_g A_e \qquad (2-1)$$

式中　N_1——建筑物年预计雷击次数(次/a);

　　　　K——校正系数,在一般情况下取 1,在以下情况取下列数值:位于旷野孤立的建筑物取 2;金属屋面的砖木结构建筑物 1.7;位于河边、湖边山坡下或山地中土壤电阻率较小处、地下水露头处、土山顶部、山谷风口等处的建筑物,以及特别潮湿的建筑物取 1.5;

　　　　N_g——建筑物所处地区雷击大地的平均密度[次/(km² · a)]。按公式 2-2 式确定;

$$N_g = 0.024 T_d^{1.3}$$ (2-2)

A_e——与建筑物截收相同雷击次数的等效面积（km^2）。

A_e 的计算方法详见《民用建筑电气设计规范(附条文说明[另册])》(JGJ 16—2008)附录 C。

第二节　建筑物的防雷分类

建筑物根据其重要性、使用性质以及发生雷电事故的可能性和后果,按照防雷要求分为三类。

一、第一类防雷建筑物

在可能发生对地闪击的地区,遇下列情况之一时,应划为第一类防雷建筑物:

1. 凡制造、使用或贮存火炸药及其制品的危险建筑物,因电火花而引起爆炸、爆轰,会造成巨大破坏和人身伤亡。

2. 具有 0 区或 20 区爆炸危险场所的建筑物。

3. 具有 1 区或 21 区爆炸危险场所的建筑物,因电火花而引起爆炸,会造成巨大破坏和人身伤亡。

二、第二类防雷建筑物

在可能发生对地闪击的地区,遇下列情况之一时,应划为第二类防雷建筑物:

1. 国家级重点文物保护的建筑物。

2. 国家级的会堂、办公建筑物、大型展览和博览建筑物、大型火车站和飞机场(不含停放飞机的露天场所和跑道)、国宾馆,国家级档案馆、大型城市的重要给水泵房等特别重要的建筑物。

3. 国家级计算中心、国际通信枢纽等对国民经济有重要意义的建筑物。

4. 国家特级和甲级大型体育馆。

5. 制造、使用或贮存火炸药及其制品的危险建筑物,且电火花不易引起爆炸或不致造成巨大破坏和人身伤亡。

6. 具有 1 区或 21 区爆炸危险场所的建筑物,且电火花不易引起爆炸或不致造成巨大破坏和人身伤亡。

7. 具有 2 区或 22 区爆炸危险场所的建筑物。

8. 有爆炸危险的露天钢质封闭气罐。

9. 预计雷击次数大于 0.05 次/a 的部、省级办公建筑物和其他重要或人员密集的公共建筑物以及火灾危险场所。

10. 预计雷击次数大于 0.25 次/a 的住宅、办公楼等一般性民用建筑物或一般性工业建筑物。

三、第三类防雷建筑物

在可能发生对地闪击的地区,遇下列情况之一时,应划为第三类防雷建筑物:

1. 省级重点文物保护的建筑物及省级档案馆。

2. 预计雷击次数大于或等于 0.01 次/a,且小于或等于 0.05 次/a 的部、省级办公建筑物和其他重要或人员密集的公共建筑物以及火灾危险场所。

3. 预计雷击次数大于或等于 0.05 次/a，且小于或等于 0.25 次/a 的住宅、办公楼等一般性民用建筑物或一般性工业建筑物。

4. 在平均雷暴日大于 15d/a 的地区，高度在 15m 及以上的烟囱、水塔等孤立的高耸建筑物；在平均雷暴日小于或等于 15d/a 的地区，高度在 20m 及以上的烟囱、水塔等孤立的高耸建筑物。

四、可燃性粉尘场所的分类与代号

爆炸性粉尘环境区域的划分和代号采用《可燃性粉尘环境用电气设备　第 3 部分：存在或可能存在可燃性粉尘的场所分类》（GB 12476.3—2007/IEC 61241 - 10：2004）中的规定，见表 2-1。

表 2-1　可燃性粉尘的场所分类与代号

序号	区域代号	可燃性粉尘环境区域分类
1	0 区	连续出现或长期出现或频繁出现爆炸性气体混合物的场所。
2	1 区	在正常运行时可能偶然出现爆炸性气体混合物的场所。
3	2 区	在正常运行时不可能出现爆炸性气体混合物的场所，或即使出现也仅是短时存在的爆炸性气体混合物的场所。
4	20 区	以空气中可燃性粉尘云持续地或长期地或频繁地短时存在于爆炸性环境中的场所。
5	21 区	正常运行时，很可能偶然地以空气中可燃性粉尘云形式存在于爆炸性环境中的场所。
6	22 区	正常运行时，不太可能以空气中可燃性粉尘云形式存在于爆炸性环境中的场所，如果存在仅是短暂的。

第三节　建筑物的防雷措施

一、基本要求

1. 各类防雷建筑物应设防直击雷的外部防雷装置，并应采取防闪电电涌侵入的措施。

2. 第一类防雷建筑物和第二类防雷建筑物中的第 5～7 项应采取防闪电感应的措施。

3. 在建筑物的地下室或地面层处，建筑物金属体、金属装置、建筑物内系统、进出建筑物的金属管线等物体应与防雷装置做防雷等电位连接；外部防雷装置与建筑物金属体、金属装置、建筑物内系统之间，还应满足间隔距离的要求。

4. 第二类防雷建筑物中第 2～4 项应采取防雷击电磁脉冲的措施。

5. 其他各类防雷建筑物，当其建筑物内系统所接设备的重要性高，以及所处雷击磁场环境和加于设备的闪电电涌无法满足要求时，也应采取防雷击电磁脉冲的措施。

二、第一类防雷建筑物的保护措施

（1）防直击雷的措施

① 装设独立避雷针或者架空避雷线，使被保护的建筑物的风帽、放散管等突出屋面的

物体均处于接闪器的保护范围内。架空避雷网的网格尺寸不应大于 10m×10m。

② 独立避雷针的杆塔、架空避雷线的端部和架空避雷网的各支柱处应至少设一根引下线。对用金属制成或有焊接、绑扎连接钢筋网的杆塔、支柱,宜利用其作为引下线。

③ 独立避雷针和架空避雷线的支柱及其接地装置至被保护建筑物及与其有联系的管道、电缆等金属物之间的距离不得小于 3m。

④ 架空避雷线至屋面和各种突出屋面的风帽、放散管等物体之间的距离不得小于 3m。

⑤ 独立避雷针、架空避雷线或者架空避雷网应有独立的接地装置,每一引下线的冲击接地电阻不宜大于 10Ω。在土壤电阻率高的地方,可适当增大冲击接地电阻。

(2)防雷电感应的措施

① 建筑物内的设备、管道、构架、电缆的金属外皮、钢屋架、钢窗等金属物均应接到防雷电感应的接地装置上。金属屋面周边每 18~24m 以内应采用引下线接地一次。

② 平行敷设的管道、构架、电缆的金属外皮等长金属物,其净距小于 100mm 时应采用金属线跨接,跨接点的间距不应大于 30m;交叉净距小于 100mm 时,其交叉处应跨接。

③ 防雷电感应的接地装置应和电气设备的接地装置共用,其工频接地电阻不应大于 10Ω。屋内接地干线与防雷电感应接地装置的连接不应少于两处。

(3)防止雷电波侵入的措施

① 低压线路宜全线采用电缆直接埋地敷设,在入户端应将电缆的金属外皮、钢管接到防雷电感应的接地装置上。架空线应使用一段金属铠装电缆或者护套电缆穿钢管直接埋地引入,其埋地长度不应小于 15m。在电缆与架空线连接处,应装设避雷器,避雷器、电缆的金属外皮、钢管和绝缘子的铁脚、金具等连在一起接地,冲击接地电阻不宜大于 10Ω。

② 架空金属管道,在进出建筑物处,应与防雷电感应的接地装置相连。距离建筑物 100m 内的管道,应每隔 25m 左右接地一次,冲击接地电阻不宜大于 20Ω。宜利用金属支架或者钢筋混凝土支架的焊接、绑扎钢筋网作为引下线,其钢筋混凝土基础宜作为接地装置。埋地或者地沟内的金属管道,在进出建筑物处应与防雷电感应的装置相连。

(4)当建筑物高于 30m 时,应采取防侧击的措施:

① 从 30m 起每隔不大于 6m 沿建筑物四周设水平避雷带并与引下线相连;

② 30m 及以上外墙上的栏杆、门窗等较大的金属物与防雷装置连接;

③ 在电源引入的总配电箱处装设过电压保护器。

三、第二类防雷建筑物的保护措施

(1)防直击雷的措施

① 建筑物上的避雷针或者避雷网混合组成接闪器。避雷网的网格尺寸不应大于 15m×15m 的网格。

② 至少设两根引下线,在建筑物的四周均匀或者对称布置,其间距不应大于 18m。

③ 每一引下线的冲击接地电阻不宜大于 10Ω。防直击雷接地可与防雷电感应电气设备等接地共用同一接地装置,也可与埋地金属管道相连。当不共用、不相联时,两者之间的距离不得小于 2m。在共用接地装置与埋地金属管道相连情况下,接地装置应围绕建筑物敷设成环形接地体。

④ 敷设在混凝土中作为防雷装置的钢筋或者圆钢,当仅一根时,其直径不应小于10mm。被利用作为防雷装置的混凝土构件内有箍筋相连的钢筋,其截面积总和不应小于一根直径为10mm钢筋的截面积。

（2）防雷电感应的措施

① 建筑物内的设备、管道、构架等金属物就近接到防直击雷接地装置或电气设备的保护接地装置上。

② 防雷电感应的接地干线与接地装置的连接不应少于两处。

③ 平行敷设的管道、构架、电缆的金属外皮等长金属物,与第一类防雷建筑物的防雷措施相同。

（3）防止雷电波侵入的措施

① 低压线路宜全线采用电缆直接埋地敷设或者敷设在架空金属线槽内的电缆引入时,在入户端应将电缆的金属外皮、金属线槽接地。架空线应使用一段金属铠装电缆或者护套电缆穿钢管直接埋地引入,其埋地长度不应小于15m。在电缆与架空线连接处,应装设避雷器,避雷器、电缆的金属外皮、钢管和绝缘子的铁脚、金具等连在一起接地,冲击接地电阻不宜大于10Ω。

② 架空金属管道,在进出建筑物处,应就近与防雷的接地装置相连。当不连接时,架空管道应接地,距离建筑物25m接地一次,冲击接地电阻不宜大于10Ω。

（4）当建筑物高于45m时,应采取防侧击和等电位连接的保护措施。

① 利用钢柱或者柱子钢筋作为防雷装置引下线。

② 45m及以上外墙上的栏杆、门窗等较大的金属物与防雷装置连接。

③ 竖直敷设的金属管道及金属物的顶端和底端与防雷装置连接。

四、第三类防雷建筑物的保护措施

（1）防直击雷的措施

① 建筑物上的避雷针或者避雷网（带）混合组成接闪器。避雷网的网格尺寸不应大于20m×20m或者24m×16m。

② 至少设两根引下线,在建筑物的四周均匀或者对称布置,其间距不应大于18m。

③ 每一引下线的冲击接地电阻不宜大于30Ω,公共建筑物不大于10Ω,其接地装置与电气设备等接地共用,也可与埋地金属管道相连。当不共用不相连时,两者之间的距离不得大于2m。在共用接地装置与埋地金属管道相连的情况下,接地装置应围绕建筑物敷设成环形接地体。

（2）防止雷电波侵入的措施

低压线路宜全线采用电缆直接埋地敷设或者敷设在架空金属线槽内的电缆引入时,在入户端应将电缆的金属外皮、金属线槽接地。在电缆与架空线连接处,应装设避雷器,避雷器、电缆的金属外皮、钢管和绝缘子的铁脚、金具等连在一起接地,冲击接地电阻不宜大于30Ω。

（3）当建筑物高于60m时,60m及以上外墙上的栏杆、门窗等较大的金属物与防雷装置相连。

五、其他防雷措施

1. 当一座防雷建筑物中兼有第一、二、三类防雷建筑物时,其防雷分类和防雷措施宜符合下列要求:

(1)当第一类防雷建筑物部分的面积占建筑物总面积的 30% 及以上时,该建筑物宜确定为第一类防雷建筑物。

(2)当第一类防雷建筑物部分的面积占建筑物总面积的 30% 以下,且第二类防雷建筑物部分的面积占建筑物总面积的 30% 及以上时,或当这两部分防雷建筑物的面积均小于建筑物总面积的 30%,但其面积之和又大于 30% 时,该建筑物宜确定为第二类防雷建筑物。但对第一类防雷建筑物部分的防雷电感应和防闪电电涌侵入,应采取第一类防雷建筑物的保护措施。

(3)当第一、二类防雷建筑物部分的面积之和小于建筑物总面积的 30%,且不可能遭直接雷击时,该建筑物可确定为第三类防雷建筑物;但对第一、二类防雷建筑物部分的防雷电感应和防闪电电涌侵入,应采取各自类别的保护措施;当可能遭直接雷击时,宜按各自类别采取防雷措施。

2. 当一座建筑物中仅有一部分为第一、二、三类防雷建筑物时,其防雷措施宜符合下列要求:

(1)当防雷建筑物部分可能遭直接雷击时,宜按各自类别采取防雷措施。

(2)当防雷建筑物部分不可能遭直接雷击时,可不采取防直击雷措施,可仅按各自类别采取防闪电感应和防闪电电涌侵入的措施。

3. 当采用接闪器保护建筑物、封闭气罐时,其外表面外的 2 区爆炸危险场所可不在滚球法确定的保护范围内。

4. 固定在建筑物上的节日彩灯、航空障碍信号灯及其他用电设备和线路应根据建筑物的防雷类别采取相应的防止闪电电涌侵入的措施,并应符合下列要求:

(1)无金属外壳或保护网罩的用电设备应处在接闪器的保护范围内。

(2)从配电箱引出的配电线路应穿钢管。钢管的一端应与配电箱和 PE 线相连;另一端应与用电设备外壳、保护罩相连,并应就近与屋顶防雷装置相连。当钢管因连接设备而中间断开时应设跨接线。

(3)在配电箱内应在开关的电源侧装设 II 级试验的电涌保护器,其电压保护水平不应大于 2.5kV,标称放电电流值应根据具体情况确定。

5. 粮、棉及易燃物大量集中的露天堆场,当其年预计雷击次数大于或等于 0.05 时,应采用独立接闪杆或架空接闪线防直击雷。独立接闪杆和架空接闪线保护范围的滚球半径可取 100m。在计算雷击次数时,建筑物的高度可按可能堆放的高度计算,其长度和宽度可按可能堆放面积的长度和宽度计算。

6. 在建筑物引下线附近保护人身安全需采取的防接触电压和跨步电压的措施,应符合下列要求:

(1)防接触电压应符合下列规定之一:

① 利用建筑物金属构架和建筑物互相连接的钢筋在电气上是贯通且不少于 10 根柱子组成的自然引下线,作为自然引下线的柱子包括位于建筑物四周和建筑物内的。

② 引下线 3m 范围内地表层的电阻率不小于 50kΩ·m,或敷设 5cm 厚沥青层或 15cm

厚砾石层。

③ 外露引下线,其距地面2.7m以下的导体用耐1.2/50μs冲击电压100kV的绝缘层隔离,或用至少3mm厚的交联聚乙烯层隔离。

④ 用护栏、警告牌使接触引下线的可能性降至最低限度。

(2)防跨步电压应符合下列规定之一:

① 利用建筑物金属构架和建筑物互相连接的钢筋在电气上是贯通且不少于10根柱子组成的自然引下线,作为自然引下线的柱子包括位于建筑物四周和建筑物内。

② 引下线3m范围内土壤地表层的电阻率不小于50kΩ·m,或敷设5cm厚沥青层或15cm厚砾石层。

③ 用网状接地装置对地面作均衡电位处理。

④ 用护栏、警告牌使进入距引下线3m范围内地面的可能性减小到最低限度。

7. 对第二类和第三类防雷建筑物,应符合下列要求:

(1)没有得到接闪器保护的屋顶孤立金属物的尺寸不超过以下数值时,可不要求附加的保护措施:

① 高出屋顶平面不超过0.3m;

② 上层表面总面积不超过1.0m²;

③ 上层表面的长度不超过2.0m。

(2)不处于接闪器保护范围内的非导电性屋顶物体,当其没有突出由接闪器形成的平面0.5m以上时,可不要求附加增设接闪器的保护措施。

8. 在独立接闪杆、架空接闪线、架空接闪网的支柱上,严禁悬挂电话线、广播线、电视接收天线及低压架空线等。

第四节　防雷及接地装置

一、接闪器

接闪器是专门用来接收直接雷击的金属物体。接闪器的金属杆称为避雷针,接闪的金属线称为接闪线,接闪的金属带称为接闪带,接闪的金属网称为接闪网。

1. 接闪器规格及选用

接闪器的规格及选用见表2-2。

表2-2　接闪器的规格

种类	安装部位	材料规格	备注
接闪杆	屋面	针长1m以下:圆钢直径12mm、钢管直径20mm。 针长1~2m:圆钢直径16mm、钢管直径25mm。	接闪杆的保护角: 平原地区为45°、山区为37°
	烟囱、水塔	圆钢直径20mm;钢管直径40mm。	
接闪带 接闪网	屋面	圆钢直径8mm;扁钢截面积48mm²、厚度4mm	—
接闪线	架空线路的杆、塔	镀锌铜绞线截面积不小于35mm²	跨度过大时,应验算机械强度

2. 接闪杆(避雷针)

接闪杆一般采用镀锌圆钢或者镀锌钢管制成。它通常安装在电杆或者构架、建筑物上。它的下端要经引下线与接地装置连接。接闪杆的功能实质上是引雷作用,它能对雷电场产生一个附加电场,使雷电场畸变,从而将雷云放电的通道由原来可能向被保护物体发展的方向,吸引到避雷器本身,然后经与接闪杆相连的引下线和接地装置将雷电流泄放到大地中去,使被保护物免受直接雷击。所以,接闪杆实质上是引雷针,它把雷电流引入地下,从而保护了线路、设备及建筑物。

接闪杆的保护范围,以它能够防护直击雷的空间来表示。在一定高度的接闪杆下,有一个安全区域,在这个保护区域中的物体基本上不致遭受雷击,故称为接闪杆的保护范围。单支接闪杆的保护范围可以用滚球法求得,其形状是一个对称的锥体,如图2-2所示。表2-3为不同类别防雷建筑物的接闪器规格。

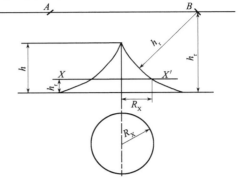

图2-2　单根接闪杆的保护范围

表2-3　不同类别防雷建筑物的接闪器规格

建筑物的防雷类别	滚球半径h_r(m)	接闪网尺寸(m)
第一类	30	≤10×10
第二类	45	≤15×15
第三类	60	≤20×20

单支接闪杆的保护范围按下列方法确定。

(1)当接闪杆高度$h \leq h_r$时,距离地面h_r处做一平行于地面的平行线,以针尖为圆心,h_r为半径做弧线,交于平行线的A、B两点,以A、B为圆心,h_r为半径做弧线,该弧线与针尖相交并与地面相切,则从此弧线起到地面止就是保护范围。

接闪杆在h_r高度的xx'平面上的保护半径,按下式求得:

$$r_x = \sqrt{h(2h_r - h)} - \sqrt{h_x(2h_r - h_x)} \qquad (2-3)$$

式中　r_x——接闪杆在h_x高度的xx'平面上的保护半径(m);

　　　h_r——滚球半径(m)按表2-3选择;

　　　h_x——被保护物的高度(m)。

(2)当$h > h_r$时,在接闪杆上取高度h_r的一点代替单支接闪杆的针尖作为圆心。其余做法与(1)相同。

接闪杆主要用来保护建筑物、露天配电装置、输配电线路,防止直击雷产生过电压。此外,接闪杆还有双支、多支的设置,其保护范围的计算在此不作详细论述。

3. 接闪线

接闪线又称为架空地线,是悬挂在高空的接地导线。沿每根支柱引下线与接地装置相连接,它的作用与避雷针一样。单根接闪线的保护范围如图2-3所示。表2-4是架空避雷线的弧垂程度。

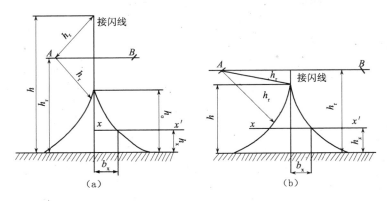

图 2-3 单根接闪线的保护范围

(a)$h_r < h < 2h_r$;(b)$h \leqslant h_r$

表 2-4 架空避雷线的弧垂程度

等高支柱之间的距离	弧垂程度	等高支柱之间的距离	弧垂程度
<120	2	120~150	3

当单支接闪线的高度 $h \geqslant 2h_r$ 时,是没有保护范围的,故不应采用。当接闪线高度 $h \leqslant 2h_r$ 时,距离地面 h_r 处做一平行于地面的平行线,以接闪线为圆心,h_r 为半径做弧线,交于平行线的 A、B 两点,以 A、B 为圆心,h_r 为半径做弧线,两弧线相交或者相切并与地面相切,则从两弧线起到地面为止就是保护范围。

当接闪线的高度 $h_r < h < 2h_r$ 时,保护范围的最高点的高度 h_o 按照下式计算:

$$h_o = 2h_r - h \qquad (2-4)$$

接闪线在 h_x 高度的 xx' 平面上的保护宽度(半径)b_x,按照下式求得:

$$b_x = \sqrt{h(2h_r - h)} - \sqrt{h_x(2h_r - h_x)} \qquad (2-5)$$

式中　h——接闪线的高度(m);

　　　h_r——滚球半径(m),按照表 2-3 选取;

　　　h_x——被保护建筑物的高度(m)。

接闪线主要用于保护配变电所的电气设备、输配电线路等免受直击雷的侵害。

4. 接闪带

接闪带是指在平顶屋子的屋顶四周的女儿墙或者坡屋顶的屋脊、屋檐上装上金属带作为接闪器,并将它与大地作良好连接,即可得到好的避雷效果。

5. 接闪网

接闪网是指利用钢筋混凝土结构中的钢筋网进行雷电保护。

据观测研究发现,建筑物容易遭受雷击的部位与屋顶的坡度有关,如图 2-4 所示。

(1)平屋顶或者坡度不大于 1/10 的屋顶,易受雷击的部位为檐角、女儿墙、屋檐。

(2)坡度大于 1/10 且小于 1/2 的屋顶,易受雷击的部位为屋角、屋檐、屋脊、檐角。

(3)坡度不小于 1/2 的屋面,易受雷击的部位为屋角、屋脊、檐角。

对建筑物屋顶易受雷击的部位,应装设接闪杆或者接闪带(网)进行直击雷防护。如果屋脊装有接闪带而屋檐处于此接闪杆的保护范围以内时,屋檐上可不装设接闪带。

屋顶上装设的接闪带、网,一般经 2 根引下线与接地装置相连。

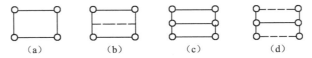

图 2-4　建筑物易受雷击的部位
（a）坡度为零；（b）坡度≤1/10；（c）1/10＜坡度＜1/2；（d）坡度≥1/2

图 2-4 中的"———"为易受雷击部位；"－－－－"为不易受雷击的屋脊或屋檐；"○"为雷击率最高部位。

6. 引下线

（1）引下线的要求

引下线是指连接接闪器和接地装置的金属物体。

① 引下线应沿建筑物的外墙敷设,并经最短路径接地,对于建筑艺术要求较高的可做暗敷,但截面应加大一级。

② 建筑物的金属构件、金属烟囱、烟囱的金属爬梯等可以作为引下线,但其所有部件之间均应连成电气通路。

③ 利用建筑物钢筋混凝土中的钢筋作为防雷引下线时,其上部应与接闪器焊接,下部在室外地坪上 0.8～1m 处焊接出一根直径 12mm 或 40mm×4mm 的镀锌导体,此导体伸向室外距墙外皮的距离不宜小于 1m。

④ 当建筑物钢筋混凝土内的钢筋具有贯通性连接（绑扎或焊接）并满足③的要求时,竖向钢筋可作为引下线,横向钢筋可作为均压环。

（2）引下线的规格与选用

引下线的规格与选用见表 2-5。

表 2-5　引下线的规格

种　　类	安装部位	材料规格	备　　　　　　注
人工引下线	外墙（经最短路径接地）	圆钢直径 8mm	1. 有多根引下线时,为便于测量接地电阻,在各引下线上距地 0.2～1.8m 之间设置断接卡。 2. 在易受机械损伤的地方,对地上约 1.7m 至地下约 0.3m 的一段接地线,应暗敷或加镀锌角钢或橡胶管保护。
		扁钢截面积 48mm²	
		厚度 4mm	
建筑物的金属构件、金属烟囱、金属爬梯	烟囱、水塔等	圆钢直径 12mm	
		扁钢截面积 100mm²	
		厚度 4mm	

二、接地装置的要求

1. 垂直接地体的长度宜为 2.5m,为了减小相邻接地体的屏蔽效应,垂直接地体间的距离及水平接地体间的距离一般为 5m,当受地方限制时,可以适当减小。

2. 接地体埋设深度不宜小于 0.6m,接地体应远离由于高温影响（如烟道等）使土壤电阻率升高的地方。

3. 为降低跨步电压,防直击雷的人工接地装置距离建筑物入口处及人行道不应小于

3m,如果小于3m时应采取以下措施之一:

(1)水平接地体局部深度不应小于1m。

(2)水平接地体局部包以绝缘物(如一定厚度的沥青等)。

(3)采用沥青碎石地面或者在接地装置上面敷设50~80mm厚的沥青层,其宽度超过接地装置2m。

4. 当基础采用以硅酸盐为基料的水泥和周围土壤的含水量不低于4%以及基础的外表面无防腐层或者有沥青质的防腐层时,钢筋混凝土基础内的钢筋宜作为接地装置,应符合下列条件:

(1)每根引下线处的冲击接地电阻不宜大于5Ω。

(2)敷设在钢筋混凝土中的单根钢筋或圆钢,其直径不应小于10mm。被利用作为防雷装置的混凝土构件被用于箍筋连接的钢筋,其截面积总和不应小于一根直径10mm钢筋的截面积。

5. 沿建筑物外面四周敷设成闭合环状的水平接地体,可埋设在建筑物散水及灰土基础以外的基础槽边。

三、避雷器

避雷器是用来防止雷电产生的过电压波沿线路侵入配变电所或其他建筑物内,以免危及被保护设备的绝缘。避雷器应与被保护设备并联,装入被保护设备的电源侧,如图2-5所示。当线路上出现危及设备绝缘的雷电过电压时,避雷器的火花间隙就被击穿,由高阻状态变为低阻状态,使雷电压对地放电,从而保护了设备。

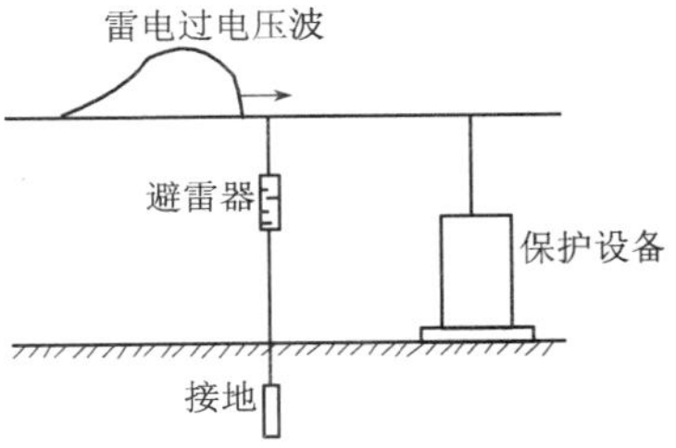

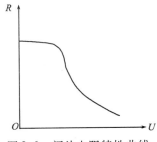

图 2-5 避雷器的连接

1. 阀式避雷器

阀式避雷器又称为阀型避雷器,由火花间隙和阀片电阻等组成,装在密封的瓷套管内。火花间隙由铜片冲制而成,每对间隙用一定厚度的云母垫圈隔开。

正常情况下火花间隙阻断工频电流通过,但在过电压作用下,火花间隙被击穿放电。阀片是由用陶料粘固的电工用金刚砂(碳化硅)颗粒制成的。这种阀片具有非线性特性,正常电压时阀片电阻很大,过电压时阀片电阻变得很小,其非线性特性如图2-6所示。阀型避雷器在线路上出现雷电过电压时,其火花间隙击穿,阀片能使雷电流顺畅地向大地泄放。当雷电过电压消失,线路上恢复工频电压时,阀片呈现很大的电阻,使火花间隙绝缘迅速恢复而切断工频续流,从而保证线路的正常运行。但是应该注意的是:雷电流流过阀片电阻时要形成压降,即线路在泄放雷电流时有一定的残压加在被保护设备上。残压不能超过设备绝缘允许的耐压

图 2-6 阀片电阻特性曲线

值,否则设备绝缘仍要被击穿。阀式避雷器中火花间隙和阀片的多少,与工作电压的高低成比例。高压阀式避雷器串联很多单元火花间隙,目的是将长弧分断成多段断弧,以利于加速电弧的熄灭。阀片电阻的限流作用是加速灭弧的主要因素。

阀型避雷器除了一种普通型之外，还有一种磁吹型的，即磁吹阀型避雷器。磁吹阀型避雷器的内部附有磁吹装置来加速火花间隙中电弧的熄灭，从而进一步降低残压，专用来保护重要的或者绝缘较为薄弱的设备（如高压电动机等）。常用避雷器的型号见表2-6。

表2-6　常用避雷器的型号

避雷器种类	基本元件	用　　途	适应环境
F——阀型 G——管型	C——磁吹式 Y——金属氧化物	D——旋转电动机 S——配变电所 Z——电站 X——线路	N——内部充氮 TH——湿热带 DT——多雷干湿热带 G——高原型 T——干湿地带

2. 金属氧化物避雷器

金属氧化物避雷器又称为压敏避雷器。它是一种只有压敏电阻片没有火花间隙的阀型避雷器。压敏电阻片是由氧化锌或者氧化铋等金属氧化物烧结而成的多晶半导体陶瓷材料，具有理想的阀特性。在工频电压下，它呈现很大的电阻，能迅速有效地阻断工频续流，因此无须火花间隙来熄灭由工频续流引起的电弧，而在雷电过电压的作用下，其电阻又变得非常小，能很好地泄放雷电流。现在氧化物避雷器的应用已经很普及了。

（1）压敏电压（开关电压）

在温度为20℃时，若在压敏电阻器上有1MA直流电流流过，此时压敏电阻器两端的电压叫做该压敏器的压敏电压（开关电压）。

交流电源系统中避雷器压敏元件的开关电压计算如下：

$$U_N \geq (U_{NH} \times \sqrt{2} \times 1.2)/0.7 \tag{2-6}$$

式中　U_N——避雷器的开关电压值（V）；

U_{NH}——电源额定电压有效值（V）。

在直流电源系统中，不存在有效值和峰值的问题，在计算时去掉公式（2-6）中的$\sqrt{2}$即可。图2-7、图2-8是氧化锌压敏电阻的开关特性和对称伏安特性。

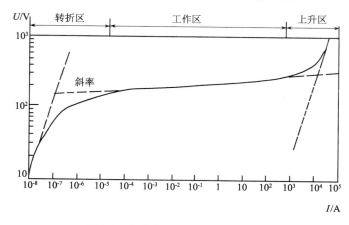

图2-7　氧化锌压敏电阻的开关特性

（2）残压

残压是指雷电波通过避雷器时避雷器两端最高瞬时电压。它与所通过的雷电波的峰值电流和波形有关。当雷电波通过避雷器后雷电压的峰值大大削减，削减后的峰值电压就是残压。根据我国《交流无间隙金属氧化物避雷器》（GB 11032—2010）规定，对于 220V 电压和 10kV 等级的阀片，必须采用 8/20μs 的防雷电冲击波，冲击电流的峰值为 1.5kA 时，残压不大于 1.3kV 为合格。

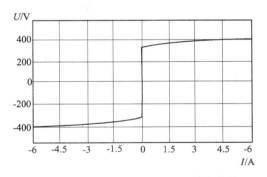

图 2-8　氧化锌压敏电阻的对称伏安特性

残压比是残压与压敏电压之比。我国规范规定 10kA 通流容量的氧化锌避雷器阀片，满通流容量时用 8/20μs 防雷电冲击波，残压比应该≤3。

（3）通流容量

通流容量是指避雷器允许通过雷电波最大峰值电流量。

（4）漏电流

避雷器接到规定等级的电网上会有微安数量级的电流通过，此电流为漏电流。漏电流通过高电阻值的氧化锌阀片时，会产生一定的热量，因此要求漏电流必须稳定，不允许工作一段时间后漏电流自行升高。因此在实际工作中宁愿要初始漏电流稍大一些的阀片，也不要漏电流会自行爬升的阀片。

（5）响应时间

响应时间是指避雷器两端加上的电压等于开关电压时，由于阀片内的齐纳效应和雪崩效应需要延迟一段时间后，阀片才能完全导通，这段延长的时间叫做响应时间或者时间响应。氧化锌避雷器的响应时间≤50ns。同一电压等级的避雷器，用相同形状的防雷电冲击波在冲击电流峰值相同的情况下，响应时间越短的避雷器残压越低，也就是说避雷效果越好。

表 2-7、表 2-8、表 2-9 表明了不同类型的避雷器的电气特性。

表 2-7　FS 系列普通阀型避雷器（低压、配电和电缆头用）电气特性

型号	额定电压（kV）	灭弧电压（kV）	工频放电电压（kV）	冲击放电电压（kV）≤	残压（波形 10/20μs）≤		直流电压下电导电流	
					3kA	5kA	实验电压（kV）	（μA）
FS-0.22	0.22	0.25	0.6~1.0	2.0	1.3	—	—	—
FS-0.38	0.38	0.50	1.1~1.6	2.7	2.6	—	—	—
FS-0.5	0.5	0.5	1.15~1.65	3.6	3.5	—	—	—
FS-2	2	2.5	5~7	15	10	11	—	—
FS-3	3	3.8	9~11	21	16	17	3	≤10
FS-6	6	7.6	16~19	35	28	30	6	≤10
FS-10	10	12.7	26~31	50	47	50	10	≤10

表 2-8　FCD 系列磁吹阀型避雷器(保护旋转电机用)电气特性

型号	额定电压(kV)	灭弧电压(kV)	工频放电电压(kV)	冲击放电电压(kV)≤	残压(波形 10/20μs)≤		直流电压下电导电流	
					3kA	5kA	实验电压(kV)	(μA)
FCD-2	2	2.3	4.5~5.7	6	6	—	—	—
FCD-3	3	3.8	7.5~9.7	9.5	9.5	—	—	—
FCD-4	4	4.6	9~11.4	12	12	—	—	—
FCD-6	6	7.6	15~18	19	19	—	—	—
FCD-10	10	12.7	25~30	31	31	—	—	—
FCD-13.2	13.2	16.7	32~39	40	40	—	—	—
FCD-15	15	19	37~44	45	45	—	—	—

表 2-9　FZ 系列普通阀型避雷器(发电厂和配变电所用)电气特性

型号	额定电压(kV)	灭弧电压(kV)	工频放电电压(kV)	冲击放电电压(kV)≤	残压(波形 10/20μs)≤		直流电压下电导电流	
					3kA	5kA	实验电压(kV)	(μA)
FZ-2	2	2.3	4.5~5.5	10	10	11	—	—
FZ-3	3	3.8	9~11	20	14.5	(16)	4	400~600
FZ-4	4	4.6	—	20	22			
FZ-6	6	7.6	16~19	30	27	(30)	6	400~600
FZ-10	10	12.7	26~31	45	45	(50)	10	400~600
FZ-15	15	20.5	42~52	78	67	(74)	16	400~600
FZ-20	20	25	49~60.5	85	80	(88)	20	400~600

3. 保护间隙

保护间隙的结构如图 2-9 所示。

保护间隙一般采用角形间隙,主要应用在电力系统的输电线路上。它经济简单、维修方便,但保护性能差,灭弧能力小,容易造成接地或者短路故障,引起线路开关跳闸或熔断器熔断,使线路停电。因此对于装有保护间隙的线路,一般要求装设自动重合闸装置,以提高供电可靠性。保护间隙的安装是一个电极接地,另一个电极接线路,但为了防止间隙被外物(如鼠、鸟、树枝等)短接而造成接地或者短路故障,一般均要求具有辅助间隙,以提高可靠性。

保护间隙只用于室外且负荷不重要的线路上。

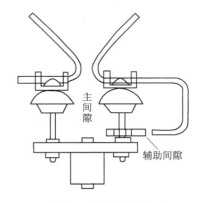

主间隙

辅助间隙

图 2-9　保护间隙结构图

4. 管型避雷器

(1)结构

排气式避雷器统称为管型避雷器,由产气管、内部间隙和外部间隙等三部分组成。如图 2-10 所示。

产气管由纤维、有机玻璃或者塑料制成。内部间隙装在产气管内。一个电极为棒形,另一个电极为环形。外部间隙用于与线路隔离。

（2）工作原理

当高压雷电波侵入到管型避雷器,其电压值超过火花间隙放电电压时,其内外间隙同时击穿,使雷电流泄入大地,限制了电压的升高,对电器设备起到保护作用。间

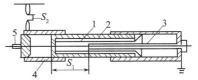

图 2-10　管型避雷器的结构
1—产气管;2—胶木管;3—棒形电极;
4—环形电极;5—动作指示器;
S_1—内间隙;S_2—外间隙

隙击穿后,除雷电流外,工频电流也可随之流入间隙（工频续流）。由于雷电流和工频续流在管子内产生强烈电弧使管子的内壁材料燃烧,产生大量灭弧气体从开口孔喷出,形成强烈的纵向吹弧使电弧熄灭。

在选择管型避雷器时,开断续流的上限值应不小于安装处的短路电流最大有效值;开断续流的下限值应不大于安装处短路电流可能出现的最小值。管型避雷器动作次数受气体产生物的限制。由于有气体存在,故不能装在封闭箱里或者电器设备附近,只能用于保护输电线路、配变电所进线设备。

四、防雷措施

1. 架空线路的防雷措施

（1）架空避雷线

这是防雷的有效措施,但要沿全线架设避雷线,造价太高,因此只有在 66kV 以上的线路当中才沿全线架设避雷线。35kV 的架空线路上,一般只在进出配变电所的一般线路上架设,因此在 10kV 以下的线路上一般不架设。

（2）提高线路本身的绝缘水平

在架空线路上,可以采用木横担、瓷横担或者高一级的绝缘子,以提高线路的防雷水平,这是 10kV 及以下架空线路防雷的基本措施。

（3）利用三角形排列的顶线兼作防雷保护线

由于 2～10kV 的线路是中性点不接地的系统,因此可以在三角形排列的顶线绝缘子上装以保护间隙,在出现雷电过电压时,顶线绝缘子上的保护间隙被击穿,通过其接地引下线对地泄放雷电流,从而保护了下面两根导线,也不会引起线路断路器跳闸。

（4）装设自动重合闸装置

线路上因雷击放电而产生的短路是由电弧引起的。在断路器跳闸后,电弧即自行熄灭。

（5）在绝缘薄弱地点加装避雷器

对整个架空线路上的个别绝缘薄弱地点,如分支杆、带拉线杆以及木杆线路中个别金属杆等处,可以装设排气式避雷器或者保护间隙。

2. 配变电所的防雷措施

（1）装设接闪杆

室外配电装置应装设接闪杆来防护直接雷击。如果配变电所处在附近高建筑物上的防雷设施保护范围之内或者配变电所本身为室内型时,不必再考虑直击雷的防护。

（2）在高压侧装设避雷器

这主要用来保护主变压器,以免雷电冲击波沿高压线路侵入配变电所,对变压器造成伤

害。为此要求避雷器应该尽量靠近主变压器装设。避雷器的接地端应与变压器低压侧中性点及金属外壳等连接在一起接地,如图 2-11 所示。3～10kV 高压配电装置中装设避雷器以防雷电波侵入的接线图如图 2-12 所示。在每路进线终端和每段母线上,均装有阀式避雷器。若进线是具有一段引入电缆的架空线路,则在架空线路终端的电缆头处装设阀式避雷器或排气式避雷器,其接地端与电缆头外壳相连后接地。

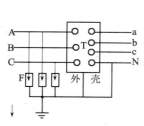

图 2-11　电力变压器的防雷保护及其接地系统
T—电力变压器;F—阀式避雷器

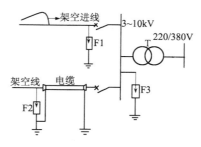

图 2-12　高压配电装置中避雷器的装设
F1、F2—排气式或者阀式避雷器;F3—阀式避雷器

（3）低压侧装设避雷器

这主要用在多雷区用来防止雷电波沿低压线路侵入而击穿电力变压器的绝缘。当变压器低压侧中性点不接地时(如 IT 系统),其中性点可以装设阀式避雷器、金属氧化物避雷器或者保护间隙。

3. 高压电动机的防雷措施

高压电动机的定子绕组是采用固体介质绝缘的,其冲击耐压试验值大约只有同电压等级的电力变压器的 1/3 左右,加之长期运行,固体绝缘介质还要受潮、腐蚀和老化,会进一步降低其耐压水平。因此高压电动机对雷电波侵入的防护,不能采用一般的 FS 型和 FD 型阀式避雷器,而要采用专用于保护旋转电机用的 FCD 型磁吹阀式避雷器或采用有串联间隙的金属氧化物避雷器。

对定子绕组中性点能引出的高压电动机,就在中性点装设磁吹阀式避雷器或金属氧化物避雷器。

对定子绕组中性点不能引出的高压电动机,可以采用如图 2-13 所示的接线。为了更好地防护雷电波对电动机所造成的危害,可以在电动机的前面加接一段 100～150m 的引入电缆,并在电缆前的电缆头处安装一组排气式或者阀式避雷器,而在电动机电源端(母线上)安装一组并联有电容器(0.25～0.5μvar)的 FCD 型磁吹阀式避雷器。

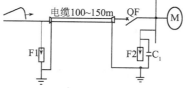

图 2-13　高压电动机的防雷保护接线
F1—排气式或者普通阀式避雷器;
F2—磁吹阀式避雷器

第五节　防雷系统案例分析

一、基本概况

某单位位于市中心,海拔 54m,实测当地土壤电阻率 ρ 为 20Ω·m,配电室接地电阻为

1.4Ω,接闪杆接地电阻为1.8Ω,机房两组地线在工作楼南北两面,南地线接地电阻0.9Ω,北地线接地电阻3.8Ω。六层有程控电话机房,四层设置通讯机房,微波天线置于楼顶$38m$高的铁塔上部。

1. 地理环境

为雷击高发区,据气象资料统计,该地区年雷暴日数为$45d/a$,该处落雷概率较高。

2. 防雷级别

建筑物性质:重要设施。

设备特性:低工作电压的微电子设备。

根据上述条件,要求对该单位进行防雷设计。

根据以上情况,我们确定其为第一类防雷建筑物。对雷电综合防治原则是"综合治理、整体防御、多重保护、层层设防"。运用消散、疏导、隔离、均压的方法,根据特定的保护空间的实际情况,由相应的防雷器件构成的工程网络来保证其防雷安全,治理雷电灾害。由电子避雷器件、接地装置等构成的工程网络,我们称之为综合防雷工程。现设定初步设计方案如下。

二、防雷方案初步设计

1. 防直击雷

(1)总高约$38m$的铁塔,顶部应该设置圆钢制接闪杆,接闪杆引入体为铁塔本身,铁塔底部四脚设计为$40mm \times 4mm$的镀锌扁钢直接焊在中心圆钢上,铁塔靠螺栓固定。根据建筑物特点我们宜采用混合接闪的方式,即提前放电接闪杆与避雷带相结合的方式。

(2)工作楼铁塔四周采用$40mm \times 4mm$镀锌扁钢与接闪带焊接,楼面避雷带采用$\phi12$的镀锌圆钢。接闪带需设置6根引下线(间距$15m$一根)与地网连接,工作楼东西各一根,南北各二根。所有电焊处均需采用防锈蚀、防腐处理,焊接处刷锌粉涂料。

(3)建立容性闭合接地网。

工作楼应该设置防雷地线,电源零线从楼内配电室引出,机房地线设计分为四组,全部都做总等电位连接。根据工作楼现况,楼的东、西、南三面距院围墙约$1m$左右,且都为水泥地面,现设计沿工作楼四周地面做一个闭合型地网,挖深$0.8m$,宽$0.25m$,铺设$4mm \times 40mm$的镀锌扁钢,焊接成一个环路闭合网,同时把防雷地线、机房地线、配电室地线都可靠地就近与环形地线连接,工作楼地网挖沟距墙约$3 \sim 4m$。如图2-14所示。

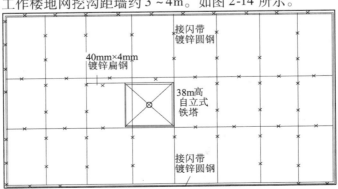

图2-14 接闪带示意图

2. 防止感应雷电波侵入

（1）电源系统

机房配电箱处应设计一根三相五线制的电力电缆直接从一层配电室引入四层机房,电力电缆应穿金属管,金属管两端均就近接地。在机房配电箱处安装一个防雷保护器,机房设备用电 220V。计算机室 UPS 前端安装过电压保护,作为第三级电源防雷保护。

机房设备外壳均需就近与地线汇流环连接,避雷器地线也均与地线汇流环连接,室内金属管线(取暖管、电力电缆金属管、信号线穿管等)、防静电地极、吊顶金属框架、铝合金门窗、室内铝合金框架都应与地线汇流环连接。汇流环必须设计有两根以上的引下线:≥35mm² 的铜线与闭合接地网连接。

微波天馈电缆外层铜壳进机房时必须要蛇皮软铜编织线与地线汇流环连接(天馈线已设置了天馈避雷器)。天馈线接头也必须可靠地与机壳接地。进入机房的信号线需串接信号避雷器,采用 DK 型,信号线穿金属管后进入机房,严禁飞线进入机房。

① 工作楼的程控 100 门总机雷电防护

中继线输入处配置信号避雷过压保护器,UPS 前电源设置过压保护避雷器一个,地线与工作楼闭合地网连接。同时室内穿金属管线,铝合金门窗需可靠接地。

② 办公楼程控 100 门总机雷电防护

中继线输入处配置信号避雷过压保护器,UPS 前电源设置过压保护避雷器一个,地线与工作楼闭合地网连接。同时室内穿金属管线,铝合金门窗需可靠接地。

③ 办公楼电梯控制室防护

感应雷击电梯控制室,需要设置电源过电压保护器,地线均需要等电位连接在一起。

④ 配电室雷电防护

在配电室,设置配变电所处安装氧化锌避雷器,为一级防护,具体需要增加防雷设备及建议产品如下:

a. 调压室配电室进线侧安装高能量避雷器,三相四线保护。

选用产品:德国 DEHNport。

数量:4 只。

b. 调压器出线侧安装过压保护器,三相四线保护。

选用产品:DEHNguard。

数量:4 只。

c. 通信室 UPS 前端安装过压保护器。

选用产品:德国 DEHNguard。

数量:4 只。

d. 计算机室 UPS 前端安装过压保护器。

选用产品:德国 DEHNguard。

数量:4 只。

e. 主机室 UPS 进线端安装过压保护器。

选用产品:德国 DEHNguard。

数量:6 只。

f. 所有主要及重要设备电源进口采用防雷插座。

选用产品:美国 PANMAX。

数量:60 只。

(2)通信系统

a. 通信室程控交换机加装通信中级线路防雷保护器。

选用产品:美国 PANMAX。

数量:1 只/24 口。

b. 通信室直播电话入口加装通信线路防雷保护器。

选用产品:美国 PANMAX。

数量:14 只。

c. 计算机室 UPS 前端安装过压保护器。

选用产品:德国 DEHNguard。

数量:4 只。

d. 主室 UPS 进线端安装过压保护器。

选用产品:德国 DEHNguard。

数量:6 只。

(3)网络系统

所有网络线超过 50m 的两端加装过压保护器。

选用产品:德国 DEHN。

数量:68 只。

3. 天馈线浪涌防护

在雷电电磁脉冲的电磁感应作用下,架空的天馈线上会感生较高的感应过电压,从而造成对设备的直接破坏,因此:必须在设备入口端安装馈线过压保护器,对过电压、过电流旁通入地,以保护设备。

a. 超短波天线保护。

选用产品:德国 DEHN UGK/N。

数量:2 套。

b. 短波天线保护。

选用产品:德国 DEHN UGK/U。

数量:3 套。

4. 防雷电感应措施

(1)所有进出楼层的铠装金属外皮两端必须可靠接地。

(2)将活动地板铁架与铜网格进行电气联接,联接点不少于四点,间距≤3m。

(3)馈线户外部分应穿铁管进行屏蔽,铁管两端必须接地,馈线屏蔽层两端也应该接地。

5. 接地改良措施

(1)主配电变压器与主配电房做成联合接地,即将主配电房配电柜槽接地与主变压器接地用扁钢 40～54mm 联接。

(2)油机房、配电柜、发电机外壳及中性线均应该可靠地用铜线($S=10\text{mm}^2$ 及以上)与机房接地网联接。要求接地电阻在 4Ω 以下,否则补装接地地极。

（3）指挥所的工作地与防雷地应做成联合接地,联接点至少必须在两个点以上,否则的话应在其房后补作一个平行于房屋的接地网。

（4）楼房原有接地网与补装的接地网组成联合接地网,使防雷接地与工作接地形成共地网。

本 章 小 结

本章我们主要对过电压的分类、过电压的形成以及各种方式的过电压的产生原因作了一个具体的阐述,对过电压的危害性也进行了相应的介绍。鉴于在实际当中雷电过电压所造成的危害性比内部过电压要大得多,因而我们重点对雷电过电压的具体发展过程以及相关的概念给予了相应的描述。在雷电过电压中对幅值和陡度、年平均雷暴日数、雷电先导等概念要充分理解。

建筑物根据其重要性、使用性质、发生雷电事故的可能性和后果,按照防雷要求分为三类。对各种等级的防雷建筑物,其防护直击雷、感应雷、雷电波侵入的方式和要求都各不相同,对不同种类的建筑物应该分别对待并了解在各方面的区别。

在防雷装置中我们可以采用接闪杆、接闪线、接闪带、接闪网等,对接闪杆和接闪线的防护范围、防护对象应该充分理解。除了常见的接闪杆之外,现在在大型建筑物、烟厂的仓库等场合大量应用了消雷器,消雷器的原理和避雷器正好相反。避雷器是将高空中雷云中的电荷吸引到自身上来,而消雷器则是在自身周围形成一个匀强电场,防止雷电击打到其保护范围内。在防止雷电波侵入方面,我们通常采用各种各样的避雷器,使雷电波在进入设备之前通过避雷器对地放电,从而尽量减少雷电波对设备造成的危害,现在大量应用的主要是压敏避雷器。在实际生活中我们也可能接触到很多的电子家用避雷器,利用这些小型的避雷器可以对我们的家用电器进行有效的保护,防止直击雷对电脑、电视、电话等造成破坏。

练 习 题

2-1 电力系统中都有哪些过电压? 都是怎样形成的? 如何进行防护?

2-2 什么叫雷电波侵入? 对雷电波侵入如何进行防护? 请说明雷电波波头陡度的含义?

2-3 什么叫年平均雷暴日数? 如何区分多雷区和少雷区?

2-4 接闪杆和接闪线有何作用? 单只接闪杆和单根接闪线的保护范围应该如何确定?

2-5 避雷器有何作用? 它是如何对设备进行保护的?

2-6 对高压电动机如何实现防雷保护?

2-7 架空线路一般采用哪些防雷措施? 对10kV线路的防护措施和35kV线路的防护措施有什么不同?

2-8 配变电所有那些防雷措施?

2-9 某厂有一座第二类防雷建筑物,高15m,其屋顶最远的一角距离高50m的烟囱10m远,烟囱上装有一根3m高的接闪杆,试计算此接闪杆能否保护该建筑物?

2-10 请绘制出单根25m高的接闪杆在防护一类、二类、三类建筑物时的保护范围。

第三章　建筑电气接地系统

学习目标

通过本章的学习应掌握低压配电系统的接地方式、防触电保护以及各类建筑物对接地的不同要求和接地装置的构成、接地电阻的计算等内容。

第一节　低压配电系统接地方式

一、概述

在我国的三相交流电力系统中,作为供电电源的发电机和变压器的中性点的运行方式有三种——电源中性点不接地、电源中性点经消弧线圈接地和电源中性点直接接地。电源中性点不接地和电源中性点经消弧线圈接地统称为小接地电流系统,电源中性点直接接地又称为大接地电流系统。小接地电流系统对应于 3～60kV 系统,大接地电流系统对应于 1kV 以下低压供电系统和 110kV 以上高压系统。消弧线圈的作用主要是削弱系统对地的容性电流值(当 3～10kV 系统中接地电流大于 30A、20kV 以上系统中接地电流大于 10A 时)应采用中性点经消弧线圈接地的方式。

在 220/380V 低压配电系统中,广泛采用中性点直接接地的运行方式,而且引出有中性线(代号 N)、保护线(代号 PE)或者保护中性线(代号 PEN)。

中性线(N)的功能,一是用来引出相电压,供电给单相用电设备,二是用来传导三相系统中的不平衡电流和单相电流,三是减小负荷中性点的电位偏移。

保护线(PE)的功能,是为保障人身安全、防止发生触电事故用的接地保护线。系统中所有设备的外露可导电部分(如金属外壳、金属构架等)通过保护线接地,可以在设备发生接地故障时减小触电危险。

保护中性线(PEN)兼有中性线(N)和保护线(PE)的功能。这种保护中性线在我国称为"零线"。

二、低压配电系统的接地方式

低压电网有三类接地方式:TN 系统、TT 系统、IT 系统。TN 系统又分为 TN-S、TN-C、TN-C-S 三种。

第一个字母表示电源中性点的对地关系,第二个字母表示装置的外露导电部分的对地关系,横线后面的字母表示保护线与中性线的结合情况。T 表示电力网的中性点是直接接地,N 表示电气设备正常运行时不带电的金属外露部分与电力网的中性点采取直接的电气连接,即"保护接零"系统。

1. TN 系统

(1)TN-S 接地系统

TN-S 系统由五条线构成,故也称为五线制系统。其中三根相线分别是 L1、L2、L3,一根零线 N，一根保护线 PE。仅电力系统中性点一点接地，外露可导电部分直接接到 PE 线上，TN-S 系统接地方式如图 3-1 所示。TN-S 系统中的 PE 线在正常运行时无电流通过，电气设备的外露可导电部分无对地电压，当电气设备发生漏电或接地故障时，PE 线中有电流通过，此时保护迅速动作，切除故障，从而保证操作人员的人身安全。一般规定 PE 线不允许断线和进入开关。N 线在接有单相负载时，可能有不平衡电流。

TN-S 系统适用于工业与民用建筑等低压供电系统，是目前我国低压系统中普遍采用的接地方式。

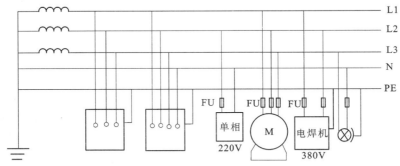

图 3-1　TN-S 系统接地方式

PE 线与 N 线的区别如下：

① PE 线平时没有电流，而 N 线在三相不平衡时有电流；

② PE 线是专用保护接地线，而 N 线是工作零线；

③ PE 线用黄、绿双色表示，N 线用黑色或淡蓝色表示；

④ 导线截面不一定相同，在照明支路中，PE 线必须用铜线，截面不得小于 2.5mm^2，而 N 线则根据计算负荷确定；

⑤ PE 线不得进入漏电开关，N 线则可以。

（2）TN-C 接地系统

TN-C 系统由四条线构成，故也称之为四线制系统。三根相线分别是 L1、L2、L3，一根是中性线与保护线合并的 PEN 线，设备外露可导电部分直接接到 PEN 线上，其接线方式如图 3-2 所示。

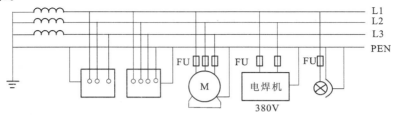

图 3-2　TN-C 系统接地方式

在接线中若存在三相负荷不平衡或者有单相负荷时，保护中性线 PEN 上呈现不平衡电流，电气设备的外露可导电部分有对地电压的存在。由于 N 线不得断线，因而在进入建筑物前 PEN 线应作重复接地。

TN-C 系统适用于正常运行时三相负荷基本平衡的情况，同时也适用于 220V 的单项用电设备及便携式用电设备。

（3）TN-C-S 接地系统

在 TN-C 系统的末端将 PEN 分开为 PE 线和 N 线，分开后不允许再合并，其接线方式如图 3-3 所示。在此系统的前半部分具有 TN-C 系统的特点，在系统的后半部具有 TN-S 系统的特点。

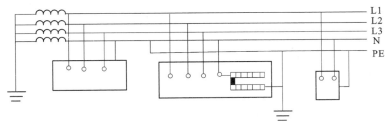

图 3-3　TN-C-S 系统的接线方式

目前在一些民用建筑中在电源进户后，将 PE 线分为 N 线和 PE 线。

该系统适用于工业企业和一般民用建筑。当负荷端装有漏电开关，干线末端装有接零保护时，也可以用于新建住宅小区的供电系统。

（4）TN 系统的基本要求

① 在 TN 系统中，配电变压器中性点应直接接地。所有电气设备的外露可导电部分应采用保护导体（PE）或保护接地中性导体（PEN）与配电变压器中性点相连接。

② 保护导体或保护接地中性导体应在靠近配电变压器处接地，且应在进入建筑物处接地。对于高层建筑等大型建筑物，为在发生故障时，保护导体的电位靠近地电位，需要均匀地设置附加接地点。附加接地点可采用有等电位效能的人工接地极或自然接地极等外界可导电体。

③ 保护导体上不应设置保护电器及隔离电器，可设置供测试用的只有用工具才能断开的接点。

④ 保护导体单独敷设时，应与配电干线敷设在同一桥架上，并应靠近安装。

⑤ 采用 TN-C-S 系统时，当保护导体与中性导体从某点分开后不应再合并，且中性导体不应再接地。

⑥ 所有电气设备的外露可导电部分必须用保护线 PE（或者保护中性线 PEN）与电力系统的接地点相连，且必须能同时将触及电气设备的外露可导电部分接在同一接地装置上。

⑦ 采用 TN-C-S 系统时，当保护线与中性线从某点（一般为近户处）分开后就不能再合并，且中性线的绝缘水平与相线相同。

⑧ 在配电线路中，其接地故障保护装置的动作特性为：

$$Z_0 I_0 \leqslant U_0 \tag{3-1}$$

式中　Z_0——接地故障回路阻抗（Ω）；

　　　I_0——保证保护电器在规定时间内自动切断故障线路的动作电流（A）；

　　　U_0——相线对地的标准电压（V）。

在 220V 系统中，若发生单相接地故障，其接地保护装置切断故障线路的动作时间为配电干线和只供给固定式用电设备的末级配电线路不应小于 0.5s,供给手握式和移动式用电设备的末级配电线路不应小于 0.4s。

⑨ 除了满足条件③以外,当相线与大地发生直接短路故障时,要求保护线和与之相连的电气设备的外露可导电部分对地电压不超过约定接触电压极限值 50V,并满足

$$(R_{\text{B}}/R_{\text{E}}) \leqslant 50/(U_0 - 50) \tag{3-2}$$

式中　R_{B}——所有接地极的并联有效接地电阻(Ω);

　　　R_{E}——不与保护线连接的装置可导电部分的最小对地接触电阻(Ω),若此值未知,可以假定为 10Ω;

　　　U_0——额定相电压(V)。

⑩ 当系统正在运行时,TN-C 系统的外壳电位等于 N 线电位;TN-S 系统外壳电位为零;TN-C-S 系统外壳的电位等于 N 干线电位。

2. TT 系统

三根相线分别为 L1、L2、L3,一根中性线 N 线,用电设备的外露部分采用各自的 PE 线直接接地,如图 3-4 所示。

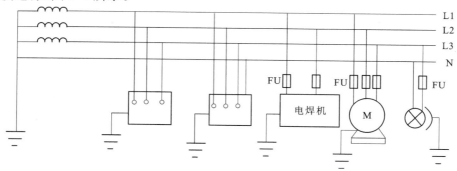

图 3-4　TT 系统的接地方式

在 TT 系统中,当电气设备的金属外壳带电时,接地保护装置可以减少触电危险,但低压断路器不一定跳闸,设备的外壳对地电压可能超过安全电压。当漏电电流较小时,需加漏电保护器。接地装置的接地电阻应满足当单相接地故障时,在规定的时间内切断供电线路的要求,或者使接地电压限制在 50V 以下。

在 TT 系统中,配电变压器中性点应直接接地。电气设备外露可导电部分所连接的接地极不应与配电变压器中性点的接地极相连接。所有电气设备外露可导电部分宜采用保护导体与共用的接地网或保护接地母线、总接地端子相连。

3. IT 系统

IT 系统的主要特征是电力系统的中性点不接地或经过高阻抗接地。由三根相线(L1、L2、L3)构成。用电设备的外露可导电部分采用各自的 PE 线接地,如图 3-5 所示。

在 IT 系统中,当任何一相发生故障接地时,因为大地可以作为相线继续工作,系统可以继续运行。所以在线路中需加单相接地检测、监视装置,在系统发生故障时报警。

在 IT 系统中,所有带电部分应对地绝缘或配电变压器中性点应通过足够大的阻抗接地。电气设备外露可导电部分可单独接地或成组接地。电气设备的外露可导电部分应通过

保护导体或保护接地母线、总接地端子与接地极连接。IT 系统必须装设绝缘监视及接地故障报警或显示装置。在无特殊要求的情况下,IT 系统不宜引出中性导体。

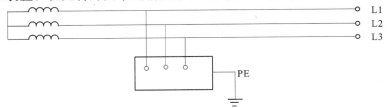

图 3-5　IT 系统的接地方式

　　IT 系统中包括中性导体在内的任何带电部分严禁直接接地。系统中的电源系统对地应保持良好的绝缘状态。

　　在同一低压配电系统中,当全部采用 TN 系统确有困难时,也可部分采用 TT 系统接地形式。采用 TT 系统供电部分均应装设能自动切除接地故障的装置(包括剩余电流动作保护装置)或经由隔离变压器供电。

三、安全电压和人体电阻

　　安全电压就是不致使人直接致死或致残的电压。我国国家标准《特低电压(ELV)限值》(GB/T 3805—2008)规定的安全电压等级见表 3-1。

表 3-1　特低电压(ELV)限值　　　　　　　　　　　　　　　　　　　V

环境状况	电压限值					
	正常(无故障)		单故障		双故障	
	交流	直流	交流	直流	交流	直流
1	0	0	0	0	16	35
2	16	35	33	70	不适用	
3	33[①]	70[②]	55[①]	140[②]	不适用	
4	特殊应用					

注:表中环境状况是指:
　1. 皮肤阻抗和对地电阻均可忽略不计(例如人体浸湿条件)。
　2. 皮肤阻抗和对地电阻降低(如潮湿条件)。
　3. 皮肤阻抗和对地电阻均不降低(例如干燥条件)。
　4. 特殊状况(例如电焊电镀),特殊情况的定义由各有关专业标准化技术委员会规定。
① 对接触面积小于 1cm² 的不可握紧部件,电压限值分别为 66V 和 80V。
② 在电流充电时,电压限值分别为 75V 和 150V。

　　实际上,从电气安全的角度来说,安全电压与人体电阻是有关系的。人体电阻由体内电阻与皮肤电阻两部分组成。体内电阻约为 500Ω,与接触电压无关。皮肤电阻随皮肤表面的干湿洁污状态及接触电压而变。从人体安全的角度考虑,人体电阻一般取下限值 1700Ω(平均为 2000Ω)。若考虑人体在通过 30mA 以下时是安全的,而人体电阻取 1700Ω,因此人体持续接触的安全电压为 50V。所以 50V 称为在一般情况下的允许持续接触的安全电压。

四、低压配电系统的防触电保护

1. 低压配电系统的防触电保护类别

（1）直接触电防护

直接触电防护是指对直接接触正常带电部分的防护,例如对带电导体加隔离栅或者保护罩等。

（2）间接触电防护

间接触电防护是指对故障时可带危险电压而正常时不带电的外露可导电部分（如金属外壳、框架等）的防护,例如将正常不带电的外露可导电部分接地,并装设接地故障保护,用以切除电源或者发出报警信号等。

（3）两者兼顾的触电防护

上述两者兼顾的防触电保护。

2. 直接触电防护措施

（1）将带电体进行绝缘,以防止与带电部分有任何接触可能。被绝缘的设备必须遵守该电气设备国家现行的绝缘标准。

（2）采用遮拦和防护物的保护,遮拦和防护物在技术上必须遵照有关规定进行设置。

（3）采用阻拦物进行保护。阻拦物必须防止如下两种情况发生：

① 身体无意识的接触带电部分；

② 在正常工作中,设备运行期间无意识的触及带电部分。

（4）使设备置于伸臂范围以外的保护。凡能同时触及不同电位的两部位间的距离严禁在伸臂范围以内。在计算伸臂范围时,必须将手持较大尺寸导电物件的情况考虑在内。

（5）用漏电电流动作保护装置作为后备保护。

3. 间接触电防护措施

（1）用自动切断电源的保护（包括漏电电流动作保护）,并辅以总等电位联结。

（2）使工作人员不致同时触及两个不同电位点的保护。

（3）使用双重绝缘或者加强绝缘的保护。

（4）用不接地的局部等电位联结的保护。

（5）采用电气隔离。

4. 直接接触与间接接触的保护,宜采用安全超低压和功能超低压的保护方法来实现。

5. 安全超低压回路的带电部分严禁与大地联结,或与构成其他回路一部分的带电部分或者保护线连接,使用安全超低压的设备外露可导电部分严禁直接接地或通过其他途径与大地联结。

6. 能同时触及的外露可导电部分必须接至同一接地装置。

7. 建筑物内的总等电位连接线必须与下列导电部分互相连接：

（1）保护线干线；

（2）接地干线或者总接地端子；

（3）建筑物内的输送管道及类似的金属件,如水管等；

（4）集中采暖及空气调节系统的升压管；

（5）建筑物金属构件等导电体。

第二节　接地装置与接地电阻

一、概述

电气设备的某部分与大地之间做良好的电气连接,称为接地。埋入地中并直接与大地接触的金属导体,称为接地体,或称接地极。专门为接地而人为装设的接地体,称为人工接地体。兼作接地体用的直接与大地接触的各种金属构件、金属管道及建筑物的钢筋混凝土基础等,称为自然接地体。连接接地体与设备、装置接地部分的金属导体,称为接地线。接地线在设备、装置正常运行情况下是不载流的,但在故障情况下要通过接地故障电流。

接地线与接地体合称为接地装置。若干接地体在大地中相互用接地线连接起来的一个整体称为接地网。其中接地线又分为接地干线和接地支线。如图 3-6 所示,接地干线一般应采用不少于两根导体在不同地点与接地网连接。

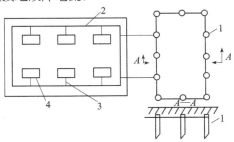

图 3-6　接地网示意图
1—接地体;2—接地干线;3—接地支线;4—电气设备

当电气设备发生接地故障时,电流就通过接地体向大地作半球形散开,这一电流称为接地电流,用 I_E 表示。由于这半球形的球面在距接地体越远的地方球面越大,所以距接地体越远的地方,散流电阻越小。

试验表明,在距单根接地体或接地故障点 20m 左右的地方,实际上散流电阻已趋近于零。这电位为零的地方,称为电气上的"地"或"大地"。电气设备的接地部分,如接地的外壳和接地体等,与零电位的"地"(大地)之间的电位差,就称为接地部分的对地电压。

接触电压是指设备的绝缘损坏时,在身体可同时触及的两部分之间出现的电位差。例如人站在发生接地故障的设备旁边,手触及设备的金属外壳,则手与脚之间所呈现的电位差,即为接触电压。

跨步电压是指在接地故障点附近行走,两脚之间所出现的电位差。在带电的断线落地点附近及雷击时防雷装置泄放雷电流的接地体附近行走时,同样也会出现跨步电压。跨步电压的大小与离接地点的远近及跨步的长短有关,越靠近接地点及跨步越长,跨步电压越大。通常离接地点达 20m 时,跨步电压为零。

二、接地要求

1. 小电流接地系统的电力装置接地要求

(1)小电流接地系统的电力装置的接地电阻,应符合下式要求:

① 高压与低压电力装置共用的接地装置

$$R \leqslant 120/I$$

② 仅用于高压电力装置的接地装置

$$R \leqslant 250/I$$

式中　R——考虑到季节变化的最大接地电阻(Ω);

　　　I——计算用的接地故障电流(A)。

接地电阻不宜超过 10Ω。

（2）在中性点经消弧线圈接地的电力网中,接地装置的接地电阻按上述公式计算时,接地故障电流应按下列规定取值:

① 对装有消弧线圈的配变电所或电力装置的接地装置,计算电流等于接在同一接地装置中同一电力网各消弧线圈额定电流总和的 1.25 倍。

② 对不装消弧线圈的配变电所或电力装置,计算电流等于电力网中断开最大一台消弧线圈时最大可能的残余电流,但不得小于 30A。

（3）确定接地故障电流时,应考虑电力系统未来 5～10 年的发展规划以及本工程的发展规划。

（4）在高土壤电阻率地区,当使接地装置的接地电阻达到上述规定值而在技术经济上却很不合理时,电力设备的接地电阻可提高到 30Ω,配变电所接地装置的接地电阻可提高到 15Ω,但应符合接地装置上最大接触电压和最大跨步电压的要求。

2. 接地电阻

低压电力网中,电源中性点的接地电阻不宜超过 4Ω。由单台容量不超过 100kVA 或使用同一接地装置并联运行,且总容量不超过 100kVA 的变压器或发电机供电的低压电力网中,电力装置的接地电阻不宜大于 10Ω。

高土壤电阻率地区,当达到上述接地电阻值有困难时,可采用具有均压等电位作用的网式接地装置,以满足接地装置上最大接触电压和最大跨步电压要求。

表 3-2 是不同接地装置的接地电阻,表 3-3 为部分电力装置要求的工作接地电阻值。

表 3-2　不同接地装置的接地电阻

接地类别			接地电阻(Ω)
TN、TT 系统中变压器中性点接地	单台容量小于 100kVA		≤10
	单台容量在 100kVA 以上		≤4
0.4kV、PE 线重复接地	电力设备接地电阻为 10Ω		≤30
	电力设备接地电阻为 4Ω		≤10
IT 系统中、钢筋混凝土杆、铁杆接地			≤50
柴油发电机组接地	中性点接地	100kVA 以下	≤10
		100kVA 及以上	≤4
	防雷接地		≤10
	燃油系统设备及管道防静电接地		≤30
电子设备接地	直流地		1～4
	其他交流设备的中性点接地(功率地)		≤4
	保护地		≤4
	防静电接地		≤30
建筑物用避雷带作防雷保护时	一类防雷建筑物的防雷接地		≤10
	二类防雷建筑物的防雷接地		≤20
	三类防雷建筑物的防雷接地		≤30
采用共用接地装置,宜利用建筑物基础钢筋做接地装置时			≤1

表 3-3　部分电力装置要求的工作接地电阻值

电力装置名称	接地的电力装置特点		接地电阻值（Ω）
1kV 以上大接地电流系统	仅用于该系统的接地装置		$\leqslant 2000V/I_K$
1kV 以上小接地电流系统	仅用于该系统的接地装置		$\leqslant 250V/I_E$ 且 $\leqslant 10$
	与 1kV 以下系统共用的接地装置		$\leqslant 120V/I_E$ 且 $\leqslant 10$
1kV 以下系统	与总容量在 100kVA 及以上的发电机或者变压器相连的接地装置		$\leqslant 4$
	与总容量在 100kVA 及以上的发电机或者变压器相连的接地装置的重复接地		$\leqslant 10$
	与总容量在 100kVA 及以下的发电机或者变压器相连的接地装置		$\leqslant 10$
	与总容量在 100kVA 及以下的发电机或者变压器相连的接地装置的重复接地		$\leqslant 30$
避雷装置	独立避雷针和避雷线		$\leqslant 10$
	配变电所装设的避雷器	与总容量在 100kVA 及以上的发电机或者变压器相连的接地装置共用	$\leqslant 4$
		与总容量在 100kVA 及以下的发电机或者变压器相连的接地装置共用	$\leqslant 10$
	线路上装设的避雷器或者保护间隙	与电机无电气连接	$\leqslant 10$
		与电机有电气连接	$\leqslant 5$

3. 架空线和电阻线路

（1）在低压 TN 系统中，架空线路干线和分支线的终端，其 PEN 线或 PE 线应重复接地。电缆线路和架空线路在每个建筑物的进线处，均须重复接地（如无特殊要求，对小型单层建筑，距接地点不超过 50m 可除外）。在装有漏电电流动作保护装置后的 PEN 线也不允许设重复接地，中性线（即 N 线），除电源中性点外，不应重复接地。

低压线路每处重复接地装置的接地电阻不应大于 10Ω，但在电力设备接地装置的接地电阻允许达到 10Ω 的电力网中，每处重复接地的接地电阻值不应超过 30Ω，此时重复接地不应少于 3 处。

（2）在非沥青地面的居民区 3～10kV 高压架空配电线路的钢筋混凝土杆应接地，金属杆亦应接地，接地电阻不宜超过 30Ω。电源中性点直接接地系统的低压架空线路和高低压共杆的线路，其钢筋混凝土杆的铁横担或者铁杆应与 PEN 线连接，钢筋混凝土电杆的钢筋宜与 PE 或者 PEN 线连接。

（3）三相三芯电力电缆的两端金属外皮均应接地，配变电所内电力电缆金属外皮可利用主接地网接地。当采用全塑料电缆时，宜沿电缆沟敷设 1～2 根两端接地的接地线。

三、接地装置

1. 自然接地体的利用

在设计和装设接地装置时，首先应充分利用自然接地体，以节约投资，节约钢材。如果实地测量被利用的自然接地体电阻已能满足要求，而且这些自然接地体又满足热稳定条件时，就不必再装设人工接地装置，否则应装设人工接地装置。

可作为自然接地体的有：与大地可靠连接的建筑物的钢结构和钢筋、行车的钢轨、埋地的非可燃可爆的金属管道及埋地敷设的不少于两根的电缆金属外皮等。对于配变电所来说可利用其建筑物钢筋混凝土基础作为自然接地体。

利用自然接地体时,一定要保证良好的电气连接,在建构筑物结构的结合处,除已焊接者外,凡用螺栓连接或其他方式连接的,都要采用跨接焊接,而且跨接线不得小于规定值。

2. 人工接地体的装设

人工接地体有垂直埋设和水平埋设两种基本结构形式,如图3-7所示。

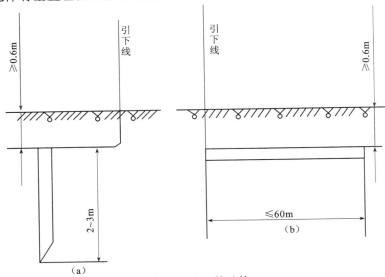

图 3-7 人工接地体
(a)垂直接地体;(b)水平接地体

最常用的垂直接地体为直径50mm、长2.5m的钢管。如果采用的钢管直径小于50mm,则因钢管的机械强度较小,易弯曲,不适于采用机械方法打入土中。如果直径大于50mm,钢材耗用增大,而流散电阻减小甚微,很不合算(例如钢管直径由50mm增大到125mm时,流散电阻仅减小15%)。如果采用的钢管长度小于2.5m时,流散电阻增加很多。如果长度大于2.5m时,则既难于打入土中,而流散电阻减小也不显著。由此可见,采用上述直径为50mm、长为2.5m的钢管是较为经济合理的。

但为了减少外界温度变化对流散电阻的影响,埋入地下的接地体,其顶面埋设深度不宜小于0.6m。

当土壤偏高时,例如土壤电阻率 $\rho \geqslant 300\Omega/m$ 时,为降低接地装置的接地电阻,可采取以下措施:

(1)采用多支线外引接地装置,其外引线长度不宜大于 $2\sqrt{\rho}$,这里的 ρ 为埋设外引线处的土壤电阻率。

(2)如地下较深处土壤的电阻率较低时,可采用深埋式接地体。

(3)局部地进行土壤置换处理。如置换电阻率较低的黏土或黑土,或者进行土壤化学处理,填充降阻剂等。

表3-4为钢接地体和接地线的最小规格。表3-5为埋入土壤内的接地线的最小截面。表3-6为低压电气设备地面上外露的接地线的最小截面。

表 3-4　钢接地体和接地线的最小规格

种类规格及单位		地　　上		地　　下	
		室内	室外	交流回路	直流回路
圆钢直径（mm）		6	8	10	12
扁钢	截面（mm²）	60	100	100	100
	厚度（mm）	3	4	4	6
角钢厚度（mm）		2	2.5	4	6
钢管管壁厚度（mm）		2.5	2.5	3.5	4.5

表 3-5　埋入土壤内的接地线的最小截面

有无防护	有防机械损伤保护	无防机械损伤保护
有防腐蚀保护的	按热稳定条件确定	铜 16　铁 25
无防腐蚀保护的	铜 25	铁 50

表 3-6　低压电气设备地面上外露的接地线的最小截面

名　　　　称	铜	铝
明敷裸导线	4	6
绝缘导线	1.5	2.5
电缆接地芯线或相线包在一起多芯电缆导线的接地线	1	1.5

3. 连接与敷设

（1）凡需进行保护接地的用电设备，必须用单独的保护线与保护干线相连或用单独的接地线与接地体相连。不应把几个应予保护接地的部分互相串联后，再用一根接地线与接地体相连。

（2）保护线及接地线与设备、接地总母线或总接地端子间的连接，应保证有可靠的电气接触。当采用螺栓连接时，应设防松螺帽或防松垫圈，且接地线间的接触面、螺栓、螺母和垫圈均应镀锌。保护线不应接在电机、台扇的风叶壳上。

（3）保护接地的干线应采用不少于两根导体在不同点与接地体相连。

（4）当利用电梯轨道（吊车轨道等）作接地干线时，应将其连成封闭的回路。

当变压器容量为 400～1000kVA 时，接地线封闭回路导线一般采用 40mm×4mm 扁钢；当变压器容量为 315kVA 及以下时，其封闭回路导线采用 25mm×4mm 扁钢。

（5）接地线与接地线，以及接地线与接地体的连接宜采用焊接，如采用搭接时，其搭接长度不应小于扁钢宽度的 2 倍或圆钢直径的 6 倍。接地线与管道等伸长接地体的连接应采用焊接，如焊接有困难，可采用卡箍，但应保证电气接触良好。

（6）直接接地或经消弧线圈接地的变压器、旋转电机的中性点与接地体或接地干线连接时，应采用单独接地线。

4. 等电位接地网

一般用直径 10mm 圆钢或 10mm×4mm 扁钢焊接成接地网，网孔不小于 4m。布置应尽量均匀，使接地网范围内电位尽量相近，在故障时同时触及两点不致造成电击。

5. 等电位措施

（1）总等电位连接

将建筑物内的主保护干线、接地干线、主水管、主煤气管道和集中采暖及空气调节系统的主要管道相互连接。每个建筑物应设总等电位连接线,连接线应不小于保护干线的一半。最小截面 S 为:

铜线 $6\text{mm}^2 \leqslant S \leqslant 25\text{mm}^2$;

铝钱 $6\text{mm}^2 \leqslant S \leqslant 35\text{mm}^2$;

扁钢 $40\text{mm} \times 4\text{mm}$。

图 3-8 是具有共用接地装置的建筑物的总等电位联结。

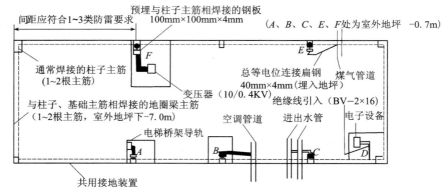

图 3-8　具有共用接地装置的建筑物的总等电位连接

（2）辅助等电位连接

当自动切断电源的间接接触保护条件不能满足时,在所包括范围内将设备的所有能同时触及外露可导电部分和装置外可导电部分与保护线相连。

连接线的截面不小于相应保护线的一半。

四、接地电阻的计算

1. 土壤电阻率

接地电阻由三部分组成。分别是接地线与接地极的电阻、接地体表面与周围土壤之间的接地电阻以及接地体周围土壤具有的电阻值。

不同的土壤具有不同的电阻率,见表 3-7。

表 3-7　土壤电阻率参考值

土壤名称	电阻率($\Omega \cdot \text{m}$)	土壤名称	电阻率($\Omega \cdot \text{m}$)
陶黏土	10	砂质黏土	100
泥炭、泥灰岩	20	黄土	200
捣碎的木炭	40	含砂黏土、砂土	300
黑土、田园土	50	多石土壤	400
黏土	60	砂、砂砾	1000

2. 人工接地体工频接地电阻的计算

在工程设计中,人工接地体的工频接地电阻可采按下列公式计算:

(1)单根垂直管形接地体的接地电阻:

$$R_{E(1)} = \frac{\rho}{L} \qquad (3-3)$$

式中　ρ——土壤电阻率;

　　　L——接地体长度。

(2)多根垂直管形接地体的接地电阻

n 根垂直接地体利用扁钢并联时,由于接地体间屏蔽效应(当有多根接地体相互接近时,入地电流的流散将相互排挤,我们将这种影响入地电流流散的作用称之为屏蔽效应)的影响,使得总的接地电阻 $R_E > R_{E(1)}/n$,实际总的接地电阻为:

$$R_E = \frac{R_{E(1)}}{n\eta_E} \qquad (3-4)$$

式中　η_E——接地体的利用系数;

　　　$R_{E(1)}$——单根接地体的电阻。

垂直管形接地体的利用系数值见表3-8,根据管间距离 a 与管长 L 之比及管子数目 n 去查询。由于该表所列 η_E 未计连接扁钢的影响(连接扁钢之后其接地钢管的利用率),因此实际的 η_E 比表列数值略高。

表 3-8　垂直管形接地体的利用系数值

1. 敷设成一排时(未计入连接扁钢的影响)					
管间距离与管子长度之比 a/l	管子根数 n	利用系数 η_E	管间距离与管子长度之比 a/l	管子根数 n	利用系数 η_E
1		0.84~0.87	1		0.67~0.72
2	2	0.90~0.92	2	5	0.79~0.83
3		0.93~0.95	3		0.85~0.88
1		0.76~0.80	1		0.56~0.62
2	3	0.85~0.88	2	10	0.72~0.77
3		0.90~0.92	3		0.79~0.83

2. 敷设成环形时(未计入连接扁钢的影响)					
管间距离与管子长度之比 a/l	管子根数 n	利用系数 η_E	管间距离与管子长度之比 a/l	管子根数 n	利用系数 η_E
1		0.66~0.72	1		0.44~0.50
2	4	0.76~0.80	2	20	0.61~0.66
3		0.84~0.86	3		0.68~0.73
1		0.58~0.65	1		0.41~0.47
2	6	0.71~0.75	2	30	0.58~0.63
3		0.78~0.82	3		0.66~0.71
1		0.52~0.58	1		0.38~0.44
2	10	0.66~0.71	2	40	0.56~0.61
3		0.74~0.78	3		0.64~0.69

（3）单根水平带形接地体的接地电阻：

$$R_E = 2\frac{\rho}{L} \tag{3-5}$$

式中　ρ——土壤电阻率；

　　　L——接地体长度。

（4）n 根放射形水平接地带（$n \le 12$，每根长度 $L = 60\text{m}$）的接地电阻（单位为 Ω）：

$$R_E = \frac{0.062\rho}{(n+1.2)} \tag{3-6}$$

式中　ρ——土壤电阻率。

（5）环形接地带的接地电阻：

$$R_E = \frac{0.6\rho}{\sqrt{A}} \tag{3-7}$$

式中　ρ——土壤电阻率；

　　　A——环形接地带所包围的面积（m^2）。

3. 自然接地体工频接地电阻的计算

部分自然接地体的工频接地电阻可采用下列公式计算：

（1）电缆金属外皮和水管等的接地电阻：

$$R_E = 2\frac{\rho}{L} \tag{3-8}$$

式中　ρ——土壤电阻率；

　　　L——电缆及水管等的埋地长度。

（2）钢筋混凝土基础的接地电阻：

$$R_E = \frac{0.2\rho}{\sqrt[3]{V}} \tag{3-9}$$

式中　ρ——土壤电阻率；

　　　V——钢筋混凝土基础的体积。

4. 降低接地电阻的措施

（1）换土

用电阻率较低的土壤（黏土、黑土）替换电阻率较高的土壤。

（2）对土壤进行化学处理

常用的化学物有炉渣、木炭、氮肥渣、电石渣、食盐等。

（3）利用长效降阻剂

用于小面积的集中接地、小型接地网时，其降阻效果比较好。

（4）深埋接地体

当地下深处的土壤或水的电阻率较低时，可用深埋接地体来降低接地电阻值。

（5）深井接地

采用钻孔将钢管等接地体打入井孔内，并对钢管内和井内灌满泥浆。

（6）利用水和与水接触的钢筋混凝土内的金属体作为散流介质利用水工建筑物（水井、水池等）及与水接触的混凝土内的金属体作为自然接地体，从水下钢筋混凝土结构物内绑扎成的许多钢筋网中，选择一些纵横交叉点加以焊接，并与接地网连接。

（7）利用低电阻模块

在金属棒外加降阻剂固化制成，可直接埋入土中，与接地线用螺钉或焊接相连。

第三节　接地系统设计实例

一、配变电所接地装置实例

某机械加工厂的主变压器容量为 400kVA，电压为 10/0.4kV，接线方式为 Yyn0 的方式。现在已经知道装置地点的土质为砂质黏土，10kV 侧有电联系的架空线路总长为 160km，电缆线路总长为 10km。现在需要对配变电所公共接地装置的垂直接地钢管和连接扁钢进行设计。

1. 进行接地电阻的确定

根据上述条件及相关设计规范，1kV 以上小电流接地装置与 1kV 以下系统共用的接地装置其总接地电阻 $R_E \leqslant 120/I_E$ 且 $\leqslant 10\Omega$；对于 1kV 以下系统并且是与总容量在 100kVA 以上的发电机或变压器相连的接地装置其总接地电阻 $R_E \leqslant 4\Omega$，我们可知该配变电所公共接地装置的接地电阻应该满足以下两个条件：$R_E \leqslant 120V/I_E$ 且 $R_E \leqslant 4\Omega$。首先进行对地电流的计算：对于中性点不接地系统其对地电流也就是指单相接地电容电流，其计算公式为：

$$I_E = I_C = U_N(L_{oh} + 35L_{cab})/350 \tag{3-10}$$

式中　I_C——系统的单相接地电容电流（A）；

　　　　U_N——系统的额定电压（kV）；

　　　　L_{oh}——同一电压 U_N 的有电联系的架空线路总长度（km）；

　　　　L_{cab}——同一电压 U_N 的有电联系的电缆线路总长度（km）。

$$I_E = I_C = 10 \times (160 + 35 \times 10)/350 = 14.57A$$

因而根据第一个条件：$R_E \leqslant 120V/I_E = 120/14.57 = 8.24\Omega$。

根据比较可知：该配变电所总的接地电阻应该为 $R_E \leqslant 4\Omega$。

2. 接地装置的设计方案

根据现场的实际情况初步考虑围绕配变电所建筑物四周（或者采用外引式，利用两根接地干线将其引到配变电所附近），距离配变电所 3m 打入一圈直径为 50mm、长为 2.5m 的镀锌钢管接地体，每隔 5m 打入一根，管间用 40mm×4mm 的扁钢焊接。

3. 计算单根钢管接地电阻

通过查相关数据可知砂质黏土的土壤电阻率 $\rho = 100\Omega \cdot m$。

单根钢管接地电阻 $R_{E(1)} = 100\Omega \cdot m/2.5 = 40\Omega$。

4. 确定接地钢管数量和最后的接地方案

因为 $R_{E(1)}/R_E = 40/4 = 10$，考虑到接地钢管间的屏蔽效应，初步选择 16 根直径为 50mm、长为 2.5m 的镀锌钢管作接地体。利用 $N = 16$ 和 $a/L = 2$ 去查表 3-8 可知：

利用插值法得 $\eta_E = 0.65$，因而 $N = R_{E(1)}/(\eta_E R_E) = 40/(0.65 \times 4) = 15.38$ 根 ≈ 16 根。

5. 结论：考虑到接地体的对称布置，采用 $40\text{mm} \times 4\text{mm}$ 的扁钢带将各根垂直接地体焊接成环形，如图 3-9 所示。

变压器中性点及配变电所本体均通过接地干线连接到接地网上。

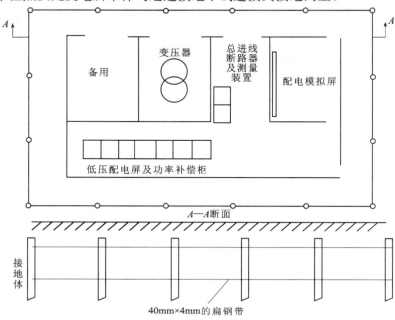

图 3-9　配变电所接地网示意图

二、变压器中性点接地实例

有一个 50kVA 的变压器中性点需要进行接地，可以利用的自然接地体有 20Ω，而接地电阻根据设计规范要求不得大于 10Ω。接地处的土壤电阻率经过测定为 $100\Omega \cdot \text{m}$，单相短路电流为 2kA，短路电流持续时间为 1s。现在需要对人工接地体进行设计。

设计步骤：

在可以利用自然接地体的时候，我们应该尽可能地充分利用自然接地体，只有在自然接地体的电阻不满足设计规范中接地电阻要求的时候，我们才应该考虑利用人工接地体（例如：圆钢、扁钢、角钢、钢管、黄铜板等），并要让人工接地体与自然接地体相并联，以达到降低接地电阻的效果。

1. 确定需要并联的人工接地体的电阻值

$$\frac{1}{20} + \frac{1}{R} = \frac{1}{10} \Rightarrow R = 20\Omega$$

2. 接地方案的初步设计

现初步考虑在变压器的一侧打入一排直径为 50mm、长为 2.5m 的镀锌钢管接地体，每隔 5m 打入一根，管间用 $40\text{mm} \times 4\text{mm}$ 的镀锌扁钢带焊接。

3. 计算单根钢管的接地电阻值

电阻率 $\rho = 100\Omega \cdot \text{m}$

单根钢管的接地电阻 $R_{E(1)} = 100\Omega \cdot m/2.5 = 40\Omega$

4. 确定接地钢管数量

根据 $R_{E(1)}/R_E = 40/20 = 2$ 根,考虑到关键的屏蔽效应,初步采用 3 根接地体。利用 $N = 3$ 根和 $a/L = 2$ 去查表 3-8 可知:利用系数 $\eta_E = 0.87$,则 $N = 40/(\eta_E \cdot R_E) = R_{E(1)}/(\eta_E \cdot R_E) = 40/(0.87 \times 20) = 2.3$ 根,从而取值为 3 根。

5. 最终方案

取 3 根直径为 50mm、长为 2.5m 的钢管做接地体,用 40mm × 4mm 的扁钢焊接,布置成一排,与自然接地体相并联。

三、建筑电气设备火灾原因分析

现代建筑由于级别高、功能复杂、机电设备多,线缆用量大、可燃装饰多,在事故情况下极易诱发火灾。一旦高层建筑失火,损失及伤亡将是极其严重的。因此,对建筑设备火灾原因进行分析是很重要的。一般来讲,引起建筑电气设施火灾原因有如下几个方面。

1. 接触电阻大引起火灾

衡量电气连接接头好坏的标准是接触电阻的大小。容量大的设备要小些,容量小的设备可大些,重要的母线和干线连接处必须符合设计规范,否则易过热、打火,酿成火灾。接触电阻增大的主要原因是铜铝接头发生电化腐蚀,即在铜铝两种导体处形成原电池反应使接头腐蚀加剧,形成接触电阻;或金属接触面长期受接触压力作用产生蠕变;或受磁场和电动力的作用等。

2. 短路故障引起火灾

短路是指电气线路中相线与相线、相线与零线或大地,在未通过负载且电阻很小或无电阻的情况下相碰,造成电气回路中电流大量增加的现象。短路电流使短路处甚至使整个电路过热,会使导线的绝缘层燃烧起来,并引燃周围建筑物内的可燃物。上海市某大楼二层因屋顶内敷设电线接触不良,局部过热,引燃绝缘层,蔓延起火成灾,烧毁 5000m² 内的楼房建筑、家用电器、电子设备和家具等,直接经济损失达 318 万元人民币。大量事实证明,造成电气回路短路火灾的原因是:①电气线路陈旧破损,绝缘击穿;②电气线路敷设不合规范,设备安装不合理;③私接乱拉电气线路及设备;④不注意电气设备的有效寿命,长期使用,内部件绝缘恶化,异物侵入后电动机不转,过电流形成匝间短路。

3. 静电引起火灾及爆炸

静电也是一种"电"现象,它虽被忽视,但它的影响及危害甚大。众所周知,在无人作业的易燃、易爆建筑、机房等场合下,常使用有效的 CO_2 作为防爆灭火措施。但现代火灾研究发现,高压液态 CO_2 高速释放将会产生强烈的带静电现象,在易燃、易爆场合会酿成静电灾害。从 50 年代迄今,国内外均发生过手提式灭火器 CO_2 高速释放而引起的爆炸火灾事故。虽然静电引燃条件较为苛刻,但静电"源"在现代建筑机房中很普遍。无论是静电直接致灾还是静电因电击致伤操作者而诱发衍生灾害,其危害是严重的。因此,控制静电类火灾极为重要。

4. 过负荷引起火灾

电气线路过载常被认为是电气系统火灾的主要原因。线缆的铜芯、铝芯的熔点分别为 1083℃和 668℃,而电气绝缘的熔点远低于此。当线路负载大大超过允许值时,绝缘熔化可导致芯线短路,产生电弧和高温,从而引起火灾;线路过负荷不严重时,绝缘虽未熔化,但长期的过高温度会导致绝缘过早老化(变硬、变脆、失去弹性),同样会导致短路。造成过负荷原因是导线截面选择不当,实际负荷超过了导线的安全载流量。

5. 漏电及接地故障引起火灾

当单相接地故障以弧光短路的形式出现或线路绝缘损坏,将导致供电线路漏电,低压电路的泄漏电流随电路的绝缘电阻、对地静电电容、温湿度等因素的影响而变化,同一电路在不同季节测得数据也不相同,但一般额定电流为 25A 的用电设备,正常时泄漏电流在 0.1mA 以下,在电动机启动瞬间约为正常的 3 倍以上。我国居民 3A 电度表用户的泄漏电流约为 1mA 左右,使用 25A 电度表的用户在阴雨天的泄漏电流可达 6mA 左右。由于泄漏电流不大,保护装置不能动作,但在漏电处热量积蓄到一定值时,就很可能酿成火灾。

本 章 小 结

本章我们主要对低压配电系统的接地方式进行了阐述。低压电网有三类接地方式:TN 系统、TT 系统、IT 系统。TN 系统又分为 TN-S、TN-C、TN-C-S 三种。其中第一个字母表示电源中性点的对地关系;第二个字母表示装置的外露导电部分的对地关系;横线后面的字母表示保护线与中性线的结合情况。T 表示电力网的中性点是直接接地;N 表示电气设备正常运行时不带电的金属外露部分与电力网的中性点采取直接的电气连接,即"保护接零"系统。现在我国 TN-C 系统应用的较多,在电网改造过程中则积极推进了线路改造的进程,大量的推广应用 TN-S 系统,这对加强供电质量,加强用电安全都是具有积极意义的。对相关的概念,比如:保护接零、保护接地、重复接地等也进行了简要介绍。在我国安全电压一般被认为是 50V,但是世界上各国的安全电压都是各不相同的,一般介于 36V 到 60V 之间,并且安全电压在各种不同的场合下也并不是绝对安全的。在实际工作中,从事电业工作的人员都应该严格遵守电业安全操作规程相关部分的规定,做到安全施工和生产。

电气设备的某部分与大地之间做良好的电气连接,称为接地。埋入地中并直接与大地接触的金属导体称为接地体,或称接地极。专门为接地而人为装设的接地体,称为人工接地体;兼作接地体用的直接与大地接触的各种金属构件、金属管道及建筑物的钢筋混凝土基础等,称为自然接地体。连接接地体与设备、装置接地部分的金属导体,称为接地线。接地线在设备、装置正常运行情况下是不载流的,但在故障情况下要通过接地故障电流。在实际中我们进行接地设计时,要首先严格按照相关规范进行接地电阻的设计计算,一般来说在做接地时都要首先充分利用自然接地体,当自然接地体不满足设计要求时,再利用人工接地体(例如:镀锌圆钢、角钢、钢管、扁钢带等)使人工接地体与自然接地体相并联,最终使接地电阻达到设计要求。对于大型建筑物来说,一般通过利用自然接地体就已经满足接地电阻的设计要求,但是对于配变电所、高压线路铁塔的接地,几乎都要用到人工接地体。进行接地设计的方法除了采用人工接地体外,对接地点的土质情况、当地的气候条件等都要有细致的了解。

练 习 题

3-1　什么是 TN 系统？在 TN 系统中进行重复接地有什么意义？

3-2　什么是工频接地电阻？什么是冲击接地电阻？

3-3　接触电压和跨步电压是如何形成的？有何区别？

3-4　什么是保护接地？什么是保护接零？有何区别？

3-5　什么叫接地电阻？人工接地的接地电阻主要指的是哪一部分电阻？

3-6　什么叫做接地体的屏蔽效应？对接地装置有什么影响？

3-7　降低接地电阻的方法主要有哪些？

3-8　有一个 200kVA 的变压器，电压为 10/0.4kV，接线组为 Yyn0，可以利用的自然接地体电阻为 30Ω，要求其接地电阻小于 4Ω。已知装设地点的土质为砂质黏土，10kV 侧有电联系的架空线路长为 120km，电缆线路长为 10km，试设计垂直埋地的钢管和连接扁钢。

3-9　某配变电所装有 6/0.4kV 的变压器，其 6kV 侧为小接地电流系统，在该系统中有电气连接的电缆线路总长度为 8km，架空线路总长度为 40km，0.4kV 侧为中性点直接接地系统，当地土壤为黏土，试设计垂直埋地的钢管和连接扁钢。

第四章 建筑电气照明

学习目标

通过本章的学习应了解建筑电气照明的基本知识,掌握建筑电气照明工程设计、施工的基本内容,包括电光源及其灯具的特性及选型、照度计算、建筑物内及建筑物外照明设计的基本原理;了解建筑电气照明系统工程实施的相关标准和规范。

第一节 照明基础知识

随着社会的发展,人们在生产、生活和工作实践中越来越重视照明;随着科学技术的进步,节能、环保的绿色照明技术已成为当今发展的主流。舒适的光线不但能提高人们的工作效率和生活质量,而且有利于身心健康。本章主要介绍电气照明基础知识,电光源的种类与选择,照明灯具及其特性,灯具的布置与照度计算,建筑物内外照明设计,照明电气线路,建筑物照明智能控制与管理系统,建筑照明系统案例分析等内容。

一、光的基本概念

光一般是指能引起视觉感应的电磁波,也可称之为可见光。这部分电磁波的波长范围约在780nm(红色光)到380nm(紫色光)之间。可见光在电磁波中的位置如图4-1(电磁波谱)所示。

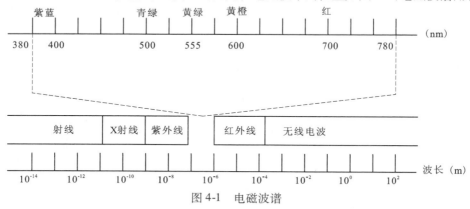

图 4-1 电磁波谱

光具有波粒二象性,它有时表现为波动,有时也表现为粒子(光子),图4-1所示光的电磁波谱图描述了光的波动性。通常波长在780nm至100μm左右的电磁波称为红外线;波长在380nm以下到10nm左右的电磁波称为紫外线。红外线和紫外线不能引起人们的视觉,但可以用光学仪器或摄影来发现这种光线,所以在光学概念上,除了可见光外,光也包括红外线和紫外线。

不同波长的可见光,引起人眼不同的颜色感觉,将可见光波长780~380nm依次展开,可分别呈现红、橙、黄、绿、蓝、靛、紫各色。大致划分见表4-1。

表 4-1　可见光颜色的波长范围 nm

颜色	波长范围	颜色	波长范围
红	780 ~ 622	绿	577 ~ 492
橙	622 ~ 597	蓝、靛	492 ~ 455
黄	597 ~ 577	紫	455 ~ 380

各种颜色之间是连续变化的。发光物体的颜色,由它所发的光内所含波长而定。单一波长的光,表现为一种颜色,称为单色光;多种波长的光组合在一起,在人眼中会引起色光复合而成的复色光的感觉;全部可见光混合在一起,就形成了日光。非发光物体的颜色,主要取决于它对外来照射光中不同波长成分的吸收(光的粒子性)和反射(光的波动性)情况,因此,非发光物体的颜色既与照射光的波长成分有关,又与物质的性质有关。通常所谓物体的颜色,是指它们在太阳光照射下所显示的颜色。

在太阳辐射的电磁波中,大于可见光波长的部分被大气层中的水蒸气和二氧化碳强烈吸收,小于可见光波长的部分被大气层中的臭氧吸收,到达地面的太阳光,其波长正好与可见光相同。这说明了人的视觉反应是在长期的人类进化过程中对自然环境——大气的透射作用逐步适应的结果。

二、常用光度量

无论是建筑照明中的人工照明,还是自然采光,常用的度量单位通常是根据标准作为计数单元。而这些标准的制定通常由国际照明委员会(CIE——英语:International Commission on Illumination,法语:Commission internationale de l'éclairage)通过和确定。该组织成立于1913年,90多年来已成为该领域最具权威的代表,并被ISO承认为国际标准成员。中国照明学会成立于1987年6月1日,学会成立当年即以中华人民共和国照明委员会的名义加入国际照明委员会,成为国际照明委员会成员,并命名为China National Committee of the CIE(简写为ChinaNC – CIE)。

国内有关建筑照明的标准,则是在广泛的调查研究基础上,认真总结了我国民用建筑照明设计的实践经验,参考了有关国际标准和国外先进标准,最终由建设部会同各部门确定。因此本书中所涉及的各种技术术语与标准,均依据国际与国内标准《建筑照明设计标准》(GB 50034—2004)。

1. 光谱光(视)效率

光谱光(视)效率是指标准光度观察者对不同波长单色辐射的相对灵敏度,是用来评价人眼对不同波长光的灵敏度的一项指标。人眼对不同波长的可见光有不同的光感受,这种光感受主要表现在明暗、色彩方面,光谱光(视)效率则是针对标准光度观察者对光的明暗感受、颜色感受而建立的指标。如下面框图所示。

不同波长(不同颜色)的可见光 → 灵敏度(标准光度观察者) → 对光的明暗、颜色感受

通常把这种对光的明暗、颜色的感受分为两种情况,一种是在明视觉条件下(白天或亮度为几个 cd/m² 以上的地方),另一种是在暗视觉条件下(黄昏或亮度小于 10^{-3} cd/m²

的地方）。国际照明委员会提出了 CIE 光度标准观察者光谱光（视）曲线,如图 4-2 所示。图中虚线为暗视觉曲线,实线为明视觉曲线。在明视觉条件下,人眼对波长 555nm 的黄绿色最敏感,其相对光谱光（视）效率为 1,波长偏离 555nm 越远,人眼感光的灵敏度就越低,相对光谱光（视）效率也逐渐变小 。在暗视觉条件下,人眼对波长为 510nm 的绿色光最敏感。

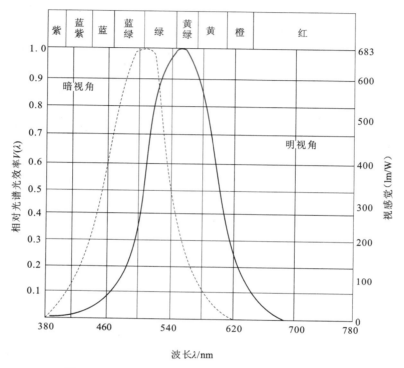

图 4-2　CIE 光度标准观察者光谱光（视）效率曲线图

　　光谱光（视）效率也可以用一公式描述,如公式(4-1),任一波长可见光的光谱光效能 $K(\lambda)$ 与最大光谱光效能 K_m 之比,称为该波长的光谱光（视）效率 $V(\lambda)$:

$$V(\lambda) = \frac{K(\lambda)}{K_m} \tag{4-1}$$

式中　$K(\lambda)$——任一波长可见光所引起视觉能力的量称为光谱光效能(lm/W);

　　　　K_m——最大光谱光效能(lm/W)。在单色光辐射时,明视觉条件下的 K_m 值为 683lm/W($\lambda = 555$nm 时),见图 4-2。

　　2. 光通量

　　光源以辐射形式发射、传播出去并能使标准光度观察者产生光感的能量,称为光通量。即能使人的眼睛有光明感觉的光源辐射的部分能量与时间的比值。用符号 Φ 表示,单位是流明,符号为 lm。流明是国际单位制单位,1lm 等于一个具有均匀分布 1cd(坎德拉)发光强度的点光源在一球面度(单位为 sr)立体角内发射的光通量。其公式为:

$$\Phi = K_m \cdot \int_0^\infty \frac{\mathrm{d}\Phi_e(\lambda)}{\mathrm{d}\lambda} \cdot V(\lambda)\mathrm{d}\lambda \qquad (4\text{-}2)$$

式中　$\mathrm{d}\Phi_e(\lambda)/\mathrm{d}\lambda$——辐射通量的光谱分布。

　　光通量是光源的一个基本参数,是说明光源发光能力的基本量。通常该参数在产品出厂的技术参数表中给定(详见第三节)。例如 220V/40W 普通白炽灯的光通量为 350lm,而 220V/40W 荧光灯的光通量大于 2000lm,是白炽灯的几倍,简单地说,光源光通量越大,人们对周围环境的感觉越亮。

　　3. 发光效率

　　光源的发光效率通常简称为光效,或光谱光效能,即前面讨论光谱光(视)效率和光通量两个参数中出现的光谱光效能 $K(\lambda)$ 和最大光谱光效能 K_m,若针对照明灯而言,它是指光源发出的总光通量与电灯消耗电功率的比值,也就是单位功率的光通量。例如一般白炽灯的发光效率约为 $7.1 \sim 17 \ \mathrm{lm/W}$,荧光灯的发光效率约为 $25 \sim 67 \ \mathrm{lm/W}$,荧光灯的发光效率比白炽灯高,发光效率越高,说明在同样的亮度下,可以使用功率小的光源,即可以节约电能。

　　4. 发光强度

　　一个光源在给定方向上立体角元内发射的光通量 $\mathrm{d}\Phi$ 与该立体角元 $\mathrm{d}\Omega$ 之商,称为光源在这一方向上的发光强度,以 I 表示,单位为坎德拉,符号为 cd。坎德拉是国际单位制单位,它的定义是一光源在给定方向上的发光强度,该光源发出频率为 $540 \times 10^{12} \ \mathrm{Hz}$ 的单色辐射,且在此方向上的辐射强度为 $(1/683)\mathrm{W}$ 每球面度。其公式为(4-3):

$$I = \frac{\mathrm{d}\Phi}{\mathrm{d}\Omega} \qquad (4\text{-}3)$$

式中　I——发光强度$[\mathrm{cd}(1\mathrm{cd} = 1\mathrm{lm/1sr})]$;

　　　　$\mathrm{d}\Omega$——球面上某一面积元对球心形成的立体角元(sr)。对于整个球体而言,它的球面度 $\Omega = 4\pi$。

　　工程上,光源或光源加灯具的发光强度常见于各种配光曲线图,它表示空间各个方向上光强的分布情况。

　　5. 照度

　　表面上一点的照度等于入射到该表面包含这点的面元上的光通量与面元的面积之商。照度以 E 表示,单位是勒克斯,符号为 lx。勒克斯也是国际单位制单位,1lm 光通量均匀分布在 $1\mathrm{m}^2$ 面积上所产生的照度为 1lx,即 $1\mathrm{lx} = 1\mathrm{lm/m}^2$。计算公式为(4-4):

$$E = \frac{\mathrm{d}\Phi}{\mathrm{d}A} \qquad (4\text{-}4)$$

式中　E——照度(lx);

　　　　Φ——光通量(lm);

　　　　A——面积(m^2)。

　　照度是工程设计中的常见量,它说明了被照面或工作面上被照射的程度,即单位面积上的光通量的大小,对照度的感性认识,可参见表 4-2 的照度对比。在照明工程的设计中,常常要根据技术参数中的光通量,以及国家标准给定的各种照度标准值进行各种灯具样式、位置、数量的选择。

各种情况照度对比	照度
夏季阴天中午室外	8000~20000
晴天中午阳光下室外	80000~120000
40W 白炽灯 1m 处	30

表 4-2　照度对比　　　　　　　　　　lx

6. 亮度

表面上一点在给定方向上的亮度,是包含这点的面元在该方向的发光强度 dI 与面元在垂直于给定方向上的正投影面积 dAcosθ 之商。亮度以 L 表示,单位是坎德拉每平方米,符号为 cd/m^2。亮度定义图示见图 4-3。计算公式为(4-5)。

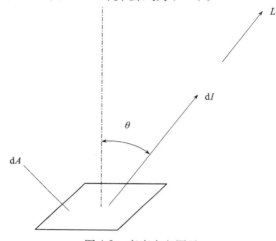

图 4-3　亮度定义图示

$$L = \frac{dI}{dA\cos\theta} \quad (4-5)$$

式中　L——亮度(cd/m^2);

　　　I——发光强度(cd);

　　　A——发光面积(m^2);

　　　θ——表面法线与给定方向之间的夹角(°)。

对于均匀漫反射表面,其表面亮度 L 与表面照度 E 有以下关系:

$$L = \frac{\rho E}{\pi} \quad (4-6)$$

对于均匀漫透射表面,其表面亮度与表面照度则有:

$$L = \frac{\tau E}{\pi} \quad (4-7)$$

式中　L——表面亮度(cd/m^2);

　　　ρ——表面反射比;

　　　τ——表面透射比;

　　　E——表面照度(lx);

　　　π——常数,π = 3.1416。

一个物体的亮暗程度是不能用照度来描述的,因为被照物体表面的照度,不能直接表达人眼的视觉感觉,只有眼睛的视网膜上形成的照度,才能感觉出物体的亮度,公式 4-5 说明发光面积上直接射入人眼的光强部分才能反映物体的明亮程度,公式 4-6 和公式 4-7 则反映被照物体经过对光的折射、反射、透射等作用后,进入人眼部分的照度,令人感觉出物体的明亮程度。目前有些国家将亮度作为照明设计的内容之一。

以上介绍了 6 个常用的光度单位,它们从不同的侧面表达了物体的光学特征。光谱光(视)效率用来评价人眼对不同波长光的灵敏度,即不同生物对不同波长的光具有不同的灵敏度;光通量是针对光源而言,是表征发光体辐射光能的多少,不同的发光体具有不同的能量;发光效率也是针对光源而言,表示光源发光的质量和效率,根据这个参数可以判别光源是否节能;发光强度也是针对光源而言,表明光通量在空间的分布状况,工程上用配光曲线图加以描述;照度是针对被照物而言,表示被照面接受光通量的面密度,用来鉴定被照面的照明情况;亮度则表示发光体在视线方向上单位面积的发光强度,它表明物体的明亮程度。

三、光与颜色

美国光学学会把颜色定义为:颜色是除了空间的和时间的不均匀性以外的光的一种特性,即光的辐射能刺激视网膜而引起观察者通过视觉而获得的景象。国家标准《颜色术语》(GB/T 5698—2001)中将颜色的定义为:光作用于人眼引起除空间属性以外的视觉特性。根据这一定义,色是一种物理刺激作用于人眼的视觉特性,而人的视觉特性是受大脑支配的,也是一种心理反应。所以,色彩感觉不仅与物体本来的颜色特性有关,而且还受时间、空间、外表状态、该物体的周围环境、各人的经历、记忆力、看法和视觉灵敏度等各种因素的影响。

1. 色彩的种类

丰富多样的颜色可以分成无彩色系和有彩色系两个大类:

(1)无彩色系

无彩色系是指白色、黑色和由白色黑色调合形成的各种深浅不同的灰色。无彩色按照一定的变化规律,可以排成一个系列,由白色渐变到浅灰、中灰、深灰到黑色,色度学上称此为黑白系列。纯白是理想的完全反射的物体,纯黑是理想的完全吸收的物体,在现实生活中并不存在纯白与纯黑的物体。无彩色系的颜色只有一种基本性质——明度。它们不具备色相和纯度的性质,也就是说它们的色相与纯度在理论上都等于零。色彩的明度可用黑白度来表示,越接近白色,明度越高;越接近黑色,明度越低。

(2)有彩色系

彩色是指红、橙、黄、绿、青、蓝、紫等颜色。不同明度和纯度的红、橙、黄、绿、青、蓝、紫色调都属于有彩色系。

2. 色彩的基本特性

有彩色系的颜色具有三个基本特性:色相、纯度(也称彩度、饱和度)、明度。在色彩学上也称为色彩的三大要素或色彩的三属性。

(1)色相(色调或色别)

色相是有彩色系的最大特征。所谓色相是指能够比较确切地表示某种颜色色别的名称。如玫瑰红、橘黄、柠檬黄、钴蓝、群青、翠绿等。从光学物理上讲,各种色相是由射入人眼光线的光谱成分决定的。对于单色光来说,色相的面貌完全取决于该光线的波长;对于混合色光来说,则取决于各种波长光线的相对量。物体的颜色是由光源的光谱成分和物体表面反射(或透射)的特性决定的。例如:用白光——由红(700nm)、蓝(546.1nm)、绿(435.8nm)三原色光组成——照射某一物体表面,若该物体表面将绿光和蓝光吸收,将红光反射,这一物体表面将呈现红色。

(2)纯度(彩度、饱和度)

色彩的纯度是指色彩的纯净程度,它表示颜色中所含有色成分的比例。含有色彩成分的比例越大,则色彩的纯度越高,含有色成分的比例越小,则色彩的纯度也越低。可见光谱的各种单色光是最纯的颜色,为极限纯度。当一种颜色掺入黑、白或其他彩色时,纯度就会产生变化。当掺入的颜色达到很大的比例时,在眼睛看来,原来的颜色将失去本来的光彩,而变成掺和的颜色了。当然这并不等于说在这种被掺和的颜色里已经不存在原来的色素,而是由于大量地掺入其他彩色而使得原来的色素被同化,人的眼睛已经无法感觉出来了。

有色物体色彩的纯度与物体的表面结构有关。如果物体表面粗糙,其漫反射(反射光不规则地分布在所有方向上)作用将使色彩的纯度降低;如果物体表面光滑,那么,全反射作用将使色彩比较鲜艳。

(3)明度

明度是指色彩的明亮程度。各种有色物体由于它们的反射光量的区别而产生颜色的明暗强弱。色彩的明度有两种情况:一是同一色相不同明度。如同一颜色在强光照射下显得明亮,弱光照射下显得较灰暗模糊;同一颜色加黑或加白掺以后也能产生各种不同的明暗层次。二是各种颜色的不同明度。每一种纯色都有与其相应的明度。黄色明度最高,蓝紫色明度最低,红、绿色为中间明度。色彩的明度变化往往会影响到纯度,如红色加入黑色以后明度降低了,同时纯度也降低了;如红色加白色则明度提高了,纯度却降低了。

有色色相、纯度和明度三特征是不可分割的,应用时必须同时考虑这三个因素。

3. 色彩效应

色彩效应即是指由于人的生理特点和人的知觉、联想等原因而对色彩产生的心理反应。

(1)冷暖感觉

红色、橙色和黄色产生温暖的感觉,称为暖色;青绿、青蓝、青紫颜色产生凉爽的感觉,称为冷色;黑、白、灰称为中性色。

(2)胀缩感觉

明度高的暖色给人以向外散射和膨胀的感觉,明度低的冷色给人以向内紧缩的感觉,面积相同的色块,黄色看起来膨胀感最大,其他依次为橙、绿、红、蓝、紫色。

(3)动静感觉

暖色给人以动的感觉和兴奋的感觉,冷色给人以沉静的感觉。彩度越高,该特性越明显;彩度越低,该特性减弱。

(4)前进后退感

前进后退感除与波长有关,还与色彩对比的知觉度有关,凡对比度强的色彩具有前进感,对比度弱的色彩具有后退感;膨胀的色彩具有前进感,收缩的色彩具有后退感;明快的色彩具有前进感,暧昧的色彩具有后退感;高纯度之色具有前进感,低纯度之色具有后退感。

（5）轻重感觉

色彩的重量感主要取决于明度。明度高的颜色给人以轻飘的感觉,称轻色;明度低的颜色给人以沉重的感觉,称重色。明度相同,彩度高的显轻,彩度低的显重。

（6）软硬感觉

倾向白色、明度高的颜色给人以柔软的感觉;倾向黑色、彩度高的颜色给人以坚硬的感觉。

（7）华丽与朴素感觉

彩度高或明度高的颜色给人以华丽的感觉;彩度低或明度低的给人以朴素的感觉。

4. 光源色温

不同的光源,由于发光物质不同,其光谱能量分布也不相同。一定的光谱能量分布表现为一定的光色,我们用色温来描述光源的光色变化。

如果一个物体能够在任何温度下全部吸收任何波长的辐射,那么这个物体称为绝对黑体。绝对黑体的吸收本领是一切物体中最大的,加热时其辐射能力也最强。

黑体辐射的本领只与温度有关。严格地说,一个黑体若被加热,其表面按单位面积辐射光谱能量的大小及其分布完全决定于它的温度。因此我们把任一光源发出的光的颜色与黑体加热到一定温度下发出的光的颜色相比较,来描述光源的光色。所以色温可以定义为:"当某一种光源的色度与某一温度下的绝对黑体的色度相同时绝对黑体的温度。"因此,色温是以温度的数值来表示光源颜色的特征。色温用绝对温度"K"表示,绝对温度等于摄氏温度加273。例如温度为 2000K 的光源发出的光呈橙色,3000K 左右呈橙白色,4500～7000K 近似白色。

在人工光源中,只有白炽灯灯丝通电加热与黑体加热的情况相似。对白炽灯以外的其他人工光源的光色,其色度不一定准确地与黑体加热时的色度相同。所以只能用光源的色度与最相接近的黑体的色度的色温来确定光源的色温,这样确定的色温叫相对色温。

表4-3、表4-4列出了一些常见的光源色温,表4-3为天然光源色温,表4-4为常见人工光源色温。如表4-3中全阴天室外光具有色温为6500K,就是说黑体加热到6500K时发出的光的颜色与全阴天室外光的颜色相同。

表4-3　天然光源色温　　　　　　K

光源	色温	光源	色温
晴天室外光	13000	全阴天室外光	6500
白天直射日光	5550	45°斜射日光	4800
昼光色	6500	月光	4100

表4-4　常见人工光源色温　　　　　　K

光　源	色　温	光　源	色　温
蜡烛	1900～1950	高压钠灯	2000
白炽灯(40W)	2700	荧光灯	3000～7500
碳弧灯	3700～3800	氙灯	5600
碳精灯	5500～6500		

光源既然有颜色,就会带给人们冷暖感觉,这种感觉可由光源的色温高低确定,通常色温小于3300K时产生温暖感,大于5000K时产生冷感,3300~5000K时产生爽快感。所以在照明设计安装时,可根据不同的使用场合,采用具有不同色温的光源,使人们身临其境时,达到最佳舒适感。

5. 光源的显色性

随着照明技术的发展,许多新光源在不断地开发利用,人们也会经常在不同的环境下工作和娱乐,辨认颜色则是日常生活中最常见的活动,人们会发现在不同的灯光下,物体的颜色会发生不同的变化,或在某些光源下观察到的颜色与日光下看到的颜色是不同的,这就涉及光源的显色性问题。

同一个颜色样品在不同的光源下可能使人眼产生不同的色彩感觉,而在日光下物体显现的颜色是最准确的,因此,可以将日光作为标准的参照光源。我们将人工待测光源的颜色同参照光源下的颜色相比较,显示同色能力的强弱定义为该人工光源的显色性。国家标准《光源显色性评价方法》(GB/T 5702—2003)中规定用普朗克辐射体(色温低于5000K)和组合日光(色温高于5000K)做参照光源。为了检验物体在待测光源下所显现的颜色与在参照光源下所显现的颜色相符的程度,采用"一般显色性指数"作为定量评价指标,用符号 Ra 表示。显色性指数最高为100。显色性指数的高低,就表示物体在待测光源下"变色"和"失真"的程度。光源的显色性是由光源的光谱能量分布决定的。日光、白炽灯具有连续光谱,连续光谱的光源均有较好的显色性。白炽灯光谱能量分布如图4-4(a)所示。

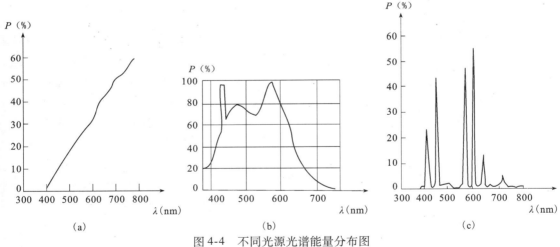

图4-4 不同光源光谱能量分布图
(a)白炽灯;(b)荧光灯(白光色);(c)荧光高压汞灯

通过对新光源的研究发现,除连续光谱的光源具有较好的显色性外,由几个特定波长色光组成的混合光源也有很好的显色效果。如450nm的蓝光、540nm的绿光、610nm的橘红光以适当比例混合所产生的白光,如图4-4(b)所示,虽然为高度不连续光谱,但却具有良好的显色性。用这样的白光去照明各色物体,都能得到很好的显色效果。光源的显色性一般以显色性指数 Ra 值区分,Ra 值为100~75时,显色优良;75~50表示显色一般;50以下则说明显色性较差。我国生产的部分电光源的色温及显色指数见表4-5。

表 4-5　部分电光源的色温及显色指数表

光源名称	色温（K）	显色指数 Ra
白炽灯	2900	95～100
荧光灯	6600	70～80
荧光高压汞灯	5500	30～40
镝灯	4300	85～95
高压钠灯	2000	20～25

从表 4-5 中可以看出灯光的颜色与日光很相似，如荧光灯、汞灯等，由于其光谱能量分布与日光有很大的差别，如图 4-4（c）所示，其相应的显色性略差，在这种灯光下辨别颜色会出现失真现象，原因是这些光源的光谱中缺少某些波长的单色光成分。

光源显色性和色温是光源的两个重要的颜色指标，色温是衡量光源色的指标，而显色性是衡量光源视觉质量的指标。

四、照明方式与种类

1. 照明方式

照明方式是指照明设备按其安装部位或使用功能而构成的基本制式。按照国家制定的设计标准区分，有工业企业照明和民用建筑照明。按照照明设备安装部位区分，有建筑物外照明和建筑物内照明。

建筑物外照明，可根据实际使用功能分为建筑物泛光照明、道路照明、区街照明、公园和广场照明、溶洞照明、水景照明等，每种照明方式都有其特殊的要求。

建筑物内照明，按照使用功能区分，有一般照明、分区一般照明、局部照明和混合照明。工作场所通常应设置一般照明；同一场所内的不同区域有不同照度要求时，应采用分区一般照明；对于部分作业面照度要求较高，只采用一般照明不合理的场所，宜采用混合照明；在一个工作场所内不应只采用局部照明。

（1）一般照明

不考虑特殊部位的需要，为照亮整个场地而设置的照明方式称一般照明。它可使整个场地都能获得均匀的照度，适用于对光照方向无特殊要求或不适合安装局部照明和混合照明的场所。如仓库、某些生产车间、办公室、会议室、教室、候车室、营业大厅等。

（2）分区一般照明

根据需要，提高特定区域照度的一般照明方式称分区一般照明。对照度要求比较高的工作区域，灯具可以集中均匀布置，提高其照度值，其他区域仍采用一般照明的布置方式，如工厂车间的组装线、运输带、检验场地等。

（3）局部照明

为满足某些部位的特殊需要而设置的照明方式。如在很小范围的工作面上，通常采用辅助照明设施来满足这些特殊工作的需要。像车间内机床灯、商店橱窗的射灯、办公桌上的台灯等。在需要局部照明的场所，应采用混合照明方式，不应只装配局部照明而无一般照明，因为这样会造成亮度分布不均匀而影响视觉。

（4）混合照明

由一般照明与局部照明组成的照明方式。即在一般照明的基础上再增加局部照明，这样有利于提高照度和节约电能。

2. 照明种类

工作场所均应设置正常照明；正常照明因故障熄灭后，需确保正常工作或活动继续进行的场所，应设置备用照明；正常照明因故障熄灭后，需确保人员安全疏散的出口和通道，应设置疏散照明；大面积场所宜设置值班照明；有警戒任务的场所，应根据警戒范围的要求设置警卫照明；有危及航行安全的建筑物、构筑物上，应根据航行要求设置障碍照明。

（1）按光照的形式不同分类

① 直接照明

将灯具发射的90%～100%的光通量直接投射到工作面上的照明。常用于对光照无特殊要求的整体环境照明，如裸露装设的白炽灯、荧光灯均属此类。

② 半直接照明

将灯具发射的60%～90%的光通量直接投射到工作面上的照明。

③ 均匀漫射照明

将灯具发射的40%～60%的光通量直接投射到工作面上的照明。

④ 半间接照明

将灯具发射的10%～40%的光通量直接投射到工作面上的照明。

⑤ 间接照明

将灯具发射的10%以下的部分光通量直接投射到工作面上的照明。

⑥ 定向照明

光线主要从某一特定方向投射到工作面和目标上的照明。

⑦ 重点照明

为突出特定的目标或引起对视野中某一部分的注意而设的定向照明。

⑧ 漫射照明

投射在工作面或物体上的光，在任何方向上均无明显差别的照明。

⑨ 泛光照明

通常由投光灯来照射某一情景或目标，且其照度比其周围照度明显高的照明。

（2）按照明的用途不同分类

① 正常照明

永久安装的、正常工作时使用的照明。

② 应急照明

在正常照明电源因故障失效的情况下，供人员疏散、保障安全或继续工作用的照明。应急照明必须采用能快速点亮的可靠光源，一般采用白炽灯或卤钨灯。

③ 疏散照明

应急照明的组成部分，用以确保安全出口通道能有效地辨认和应用，使人们安全撤离建筑物。

④ 安全照明

应急照明的组成部分，确保处于潜在危险之中人员安全的照明。

　　⑤ 备用照明

　　应急照明的组成部分,用以确保正常活动继续进行。

　　⑥ 值班照明

　　供值班人员使用的照明为值班照明。值班照明可利用正常照明中能单独控制的一部分,设置专用控制开头。

　　⑦ 警卫照明

　　根据警卫任务需要而设置的照明。

　　⑧ 障碍照明

　　装设在障碍物上或附近,作为障碍标志用的照明称为障碍照明。如高层建筑物的障碍标志灯、道路局部施工、管道人井施工、航标灯等。

　　⑨ 装饰照明

　　为美化、烘托、装饰某一特定空间环境而设置的照明。如建筑物轮廓照明、广场、绿地照明等。

　　⑩ 广告照明

　　以商品的品牌或商标为主,配以广告词和其他图案,用内照式广告牌、霓虹灯广告牌、电视墙等灯光形式,渲染广告的主题思想,同时又为夜幕下的街景增添了情趣。

　　⑪ 艺术照明

　　通过运用不同的光源、不同的灯具、不同的投光角度、不同的灯光颜色,营造出一种特定的空间气氛的照明。

第二节　照明标准与质量

一、照度标准

　　照度的正确选择与计算是电气照明设计的重要任务。在照明工程中,照度的设计计算应按照国家标准进行。《建筑照明设计标准》(GB 50034—2004)是我国现行的建筑照明设计标准,为国家强制性标准。

　　工业建筑和民用建筑照明的照度标准值均按以下系列分级:0.5lx,1lx,2lx,3lx,5lx,10lx,15lx,20lx,30lx,50lx,75lx,100lx,150lx,200lx,300lx,500lx,750lx,1000lx,1500lx,2000lx,3000lx,5000lx。

　　1. 建筑照明标准

　　《建筑照明设计标准》(GB 50034—2004)规定了 14 类建筑的照明标准,主要包括照度标准值、显色指数和统一眩光值(Unified Glare Rating——UGR)三个指标。建筑照明标准的照度值是指作业面或参考平面上的维持平均照度值,各类房间或场所的维持平均照度值、显色指数和统一眩光值见表 4-6 ~ 表 4-21。

　　(1)居住建筑照明标准值(表 4-6)

　　(2)图书馆建筑照明标准值(表 4-7)

表 4-6　居住建筑照明标准值

房间或场所		参考平面及其高度	照度标准值（lx）	Ra
起居室	一般活动	0.75m 水平面	100	80
	书写、阅读		300 *	
卧室	一般活动	0.75m 水平面	75	80
	床头、阅读		150 *	
餐厅		0.75m 餐桌面	150	80
厨房	一般活动	0.75m 水平面	100	80
	操作台	台面	150 *	
卫生间		0.75m 水平面	100	80

* 宜用混合照明。

表 4-7　图书馆建筑照明标准值

房间或场所	参考平面及其高度	照度标准值（lx）	UGR	Ra
一般阅览室	0.75m 水平面	300	19	80
国家、省市及其他重要图书馆的阅览室	0.75m 水平面	500	19	80
老年阅览室	0.75m 水平面	500	19	80
珍善本、舆图阅览室	0.75m 水平面	500	19	80
陈列室、目录厅（室）、出纳厅	0.75m 水平面	300	19	80
书库	0.25m 垂直面	50	—	80
工作间	0.75m 水平面	300	19	80

（3）办公建筑照明标准值（表 4-8）

表 4-8　办公建筑照明标准值

房间或场所	参考平面及其高度	照度标准值（lx）	UGR	Ra
普通办公室	0.75m 水平面	300	19	80
高档办公室	0.75m 水平面	500	19	80
会议室	0.75m 水平面	300	19	80
接待室、前台	0.75m 水平面	300	—	80
营业厅	0.75m 水平面	300	22	80
设计室	实际工作面	500	19	80
文件整理、复印、发行室	0.75m 水平面	300	—	80
资料、档案室	0.75m 水平面	200	—	80

（4）商业建筑照明标准值（表4-9）

表4-9　商业建筑照明标准值

房间或场所	参考平面及其高度	照度标准值（lx）	UGR	Ra
一般商业营业厅	0.75m 水平面	300	22	80
高档商业营业厅	0.75m 水平面	500	22	80
一般超市营业厅	0.75m 水平面	300	22	80
高档超市营业厅	0.75m 水平面	500	22	80
收款台	台面	500	—	80

（5）影剧院建筑照明标准值（表4-10）

表4-10　影剧院建筑照明标准值

房间或场所		参考平面及其高度	照度标准值（lx）	UGR	Ra
门厅		地面	200	—	80
观众厅	影院	0.75m 水平面	100	22	80
	剧场	0.75m 水平面	200	22	80
观众休息厅	影院	地面	150	22	80
	剧场	地面	200	22	80
排演厅		地面	300	22	80
化妆室	一般活动区	0.75m 水平面	150	22	80
	化妆台	1.1m 高处垂直面	500	—	80

（6）旅馆建筑照明标准值（表4-11）

表4-11　旅馆建筑照明标准值

房间或场所		参考平面及其高度	照度标准值（lx）	UGR	Ra
客房	一般活动区	0.75m 水平面	75	—	80
	床头	0.75m 水平面	150	—	80
	写字台	台面	300	—	80
	卫生间	0.75m 水平面	150	—	80
中餐厅		0.75m 水平面	200	22	80
西餐厅、酒吧间、咖啡厅		0.75m 水平面	100	—	80
多功能厅		0.75m 水平面	300	22	80
门厅、总服务台		地面	300	—	80
休息厅		地面	200	22	80
客房层走廊		地面	50	—	80
厨房		台面	200	—	80
洗衣房		0.75m 水平面	200	—	80

（7）医院建筑照明标准值（表 4-12）

表 4-12　医院建筑照明标准值

房间或场所	参考平面及其高度	照度标准值（lx）	UGR	Ra
治疗室	0.75m 水平面	300	19	80
化验室	0.75m 水平面	500	19	80
手术室	0.75m 水平面	750	19	80
诊　室	0.75m 水平面	300	19	80
候诊室、挂号厅	0.75m 水平面	200	22	80
病　房	地面	100	19	80
护士站	0.75m 水平面	300	—	80
药　房	0.75m 水平面	500	19	80
重症监护室	0.75m 水平面	300	19	80

（8）学校建筑照明标准值（表 4-13）

表 4-13　学校建筑照明标准值

房间或场所	参考平面及其高度	照度标准值（lx）	UGR	Ra
教　室	课桌面	300	19	80
实验室	实验桌面	300	19	80
美术教室	桌　面	500	19	90
多媒体教室	0.75m 水平面	300	19	80
教室黑板	黑板面	500	—	80

（9）博物馆建筑照明标准值（表 4-14）

表 4-14　博物馆建筑照明标准值

类　别	参考平面及其高度	照度标准值（lx）
对光特别敏感的展品：纺织品、织锈品、绘画、纸制物品、彩绘、陶（石）器、染色皮革、动物标本等	展品面	50
对光敏感的展品：油画、蛋清画、不染色皮革、角制品、骨制品、象牙制品、竹木制品和漆器等	展品面	150
对光不敏感的展品：金属制品、石质器物、陶瓷器、宝石玉器、岩矿标本、玻璃制品、搪瓷制品、珐琅器等	展品面	300

注：1. 陈列室一般照明应按展品照度值的 20% ~30% 选取。

　　2. 陈列室一般照明 UGR 不宜大于 19。

　　3. 辨色要求一般的场所 Ra 不应低于 80；辨色要求高的场所，Ra 不应低于 90。

（10）展览馆展厅照明标准值（表 4-15）

表 4-15　展览馆展厅照明标准值

房间或场所	参考平面及其高度	照度标准值（lx）	UGR	Ra
一般展厅	地面	200	22	80
高档展厅	地面	300	22	80

注：高于 6m 的展厅 Ra 可降低到 60。

（11）交通建筑照明标准值（表 4-16）

表 4-16　交通建筑照明标准值

房间或场所		参考平面及其高度	照度标准值（lx）	UGR	Ra
售票台		台面	500	—	80
问讯处		0.75m 水平面	200	—	80
候车（机、船）室	普通	地面	150	22	80
	高档	地面	200	22	80
中央大厅、售票大厅		工作面	200	22	80
海关、护照检查		工作面	500	—	80
安全检查		地面	300	—	80
换票、行李托运		0.75m 水平面	300	19	80
行李认领、到达大厅、出发大厅		地面	200	22	80
通道、连接区、扶梯		地面	150	—	80
有棚站台		地面	75	—	20
无棚站台		地面	50	—	20

（12）无彩电转播的体育建筑照度标准值（表 4-17）

表 4-17　无彩电转播的体育建筑照度标准值

运动项目	参考平面及其高度	照度标准值（lx）	
		训练	比赛
篮球、排球、羽毛球、网球、手球、田径（室内）、体操、艺术体操、技巧、武术	地面	300	750
棒球、垒球	地面	—	750
保龄球	置瓶区	300	500
举重	台面	200	750
击剑	台面	500	750
柔道、中国摔跤、国际摔跤	地面	500	1000

续表

运动项目			参考平面及其高度	照度标准值(lx)	
				训练	比赛
拳击			台面	500	2000
乒乓球			台面	750	1000
游泳、蹼泳、跳水、水球			水面	300	750
花样游泳			水面	500	750
冰球、速度滑冰、花样滑冰			冰面	300	1500
围棋、中国象棋、国际象棋			台面	300	750
桥牌			桌面	300	500
射击	靶心		靶心垂直面	1000	1500
	射击位		地面	300	500
足球、曲棍球	观看距离	120m	地面	—	300
		160m		—	500
		200m		—	750
观众席			座位面	—	100
健身房			地面	200	—

注:足球和曲棍球的观看距离是指观众席最后一排到场地边线的距离。

(13)有彩电转播的体育建筑照度标准值(表4-18)

表4-18　有彩电转播的体育建筑照度标准值

运动项目	参考平面及其高度	照度标准值(lx)		
		最大摄影距离(m)		
		25	75	150
A组:田径、柔道、游泳、摔跤等项目	1.0m 垂直面	500	750	1000
B组:篮球、排球、羽毛球、网球、手球、体操、花样滑冰、速度滑冰、垒球、足球等项目	1.0m 垂直面	750	1000	1500
C组:拳击、击剑、跳水、乒乓球、冰球等项目	1.0m 垂直面	1000	1500	—

(14)体育建筑照明质量标准值(表4-19)

表4-19　体育建筑照明质量标准值

类别	GR	Ra
无彩电转播	50	65
有彩电转播	50	80

注:GR值仅适用于室外体育场地。

（15）工业建筑一般照明标准值（表4-20）

表4-20 工业建筑一般照明标准值

房间或场所		参考平面及其高度	照度标准值（1x）	UGR	*Ra*	备注
1. 通用房间或场所						
试验室	一般	0.75m 水平面	300	22	80	可另加局部照明
	精细	0.75m 水平面	500	19	80	可另加局部照明
检验	一般	0.75m 水平面	300	22	80	可另加局部照明
	精细,有颜色要求	0.75m 水平面	750	19	80	可另加局部照明
计量室、测量室		0.75m 水平面	500	19	80	可另加局部照明
变配电站	配电装置室	0.75m 水平面	200	—	60	—
	变压器室	地面	100	—	20	—
电源设备室,发电机室		地面	200	25	60	—
控制室	一般控制室	0.75m 水平面	300	22	80	—
	主控制室	0.75m 水平面	500	19	80	—
电话站、网络中心		0.75m 水平面	500	19	80	—
计算机站		0.75m 水平面	500	19	80	防光幕反射
动力站	风机房、空调机房	地面	100	—	60	—
	泵房	地面	100	—	60	—
	冷冻站	地面	150	—	60	—
	压缩空气站	地面	150	—	60	—
	锅炉房、煤气站的操作层	地面	100	—	60	锅炉水位表照度不小于50lx
仓库	大件库（如钢坯、钢材、大成品、气瓶）	1.0m 水平面	50	—	20	—
	一般件库	1.0m 水平面	100	—	60	货架垂直照度不小于50lx
	精细件库（如工具、小零件）	1.0m 水平面	100	—	620	油表照度不于小50lx
2. 机、电工业						
机械加工	粗加工	0.75m 水平面	200	22	60	可另加局部照明
	一般加工（公差≥0.1mm）	0.75m 水平面	300	22	60	应另加局部照明
	精密加工（公差<0.1mm）	0.75m 水平面	500	19	60	应另加局部照明
机电仪表装配	大件	0.75m 水平面	200	25	80	可另加局部照明
	一般件	0.75m 水平面	300	25	80	可另加局部照明
	精密	0.75m 水平面	500	22	80	应另加局部照明
	特精密	0.75m 水平面	750	19	80	应另加局部照明

149

续表

房间或场所		参考平面及其高度	照度标准值（1x）	UGR	Ra	备注
电线、电缆制造		0.75m 水平面	300	25	60	—
线圈绕制	大线圈	0.75m 水平面	300	25	80	—
	中等线圈	0.75m 水平面	500	22	80	可另加局部照明
	精细线圈	0.75m 水平面	750	19	80	应另加局部照明
线圈浇注		0.75m 水平面	300	25	80	—
焊接	一般	0.75m 水平面	200	—	60	—
	精密	0.75m 水平面	300	—	60	—
钣金		0.75m 水平面	300	—	60	—
冲压、剪切		0.75m 水平面	300	—	60	—
热处理		地面至 0.5m 水平面	200	—	20	—
铸造	熔化、浇铸	地面至 0.5m 水平面	200	—	20	—
	造型	地面至 0.5m 水平面	300	25	60	—
精密铸造的制模、脱壳		地面至 0.5m 水平面	500	25	6	—
锻工		地面至 0.5m 水平面	200	—	20	—
电镀		0.75m 水平面	300	—	80	—
喷漆	一般	0.75m 水平面	300	—	80	—
	精细	0.75m 水平面	500	22	80	—
酸洗、腐蚀、清洗		0.75m 水平面	300	—	80	—
抛光	一般性装饰	0.75m 水平面	300	22	80	防频闪
	精细	0.75m 水平面	500	22	80	防频闪
复合材料加工、铺叠、装饰		0.75m 水平面	500	22	80	—
机电修理	一般	0.75m 水平面	200	—	60	可另加局部照明
	精细	0.75m 水平面	300	22	60	可另加局部照明

3. 电子工业

电子元器件	0.75m 水平面	500	19	80	应另加局剖照明
电子零部件	0.75m 水平面	500	19	80	应另加局部照明
电子材料	0.75m 水平面	300	22	80	应另加局部照明
酸、碱、药液及粉配制	0.75m 水平面	300	—	80	—

续表

房间或场所		参考平面及其高度	照度标准值（lx）	UGR	*Ra*	备注
4. 纺织、化纤工业						
纺织	选毛	0.75m 水平面	300	22	80	可另加局部照明
	清棉、和毛、梳毛	0.75m 水平面	150	22	80	—
	前纺:梳棉、并条、粗纺	0.75m 水平面	200	22	80	—
	纺纱	0.75m 水平面	300	22	80	—
	织布	0.75m 水平面	300	22	80	—
织袜	穿综箱、缝纫、量呢、检验	0.75m 水平面	300	22	80	可另加局部照明
	修补、剪毛、染色、印花、裁剪、熨烫	0.75m 水平面	300	22	80	可另加局部照明
化纤	投料	0.75m 水平面	100	—	60	—
	纺丝	0.75m 水平面	150	22	80	—
	卷丝	0.75m 水平面	200	22	80	—
	平衡间、中间贮存、干燥间、废丝间、油剂高位槽间	0.75m 水平面	75	—	60	—
	集束间、后加工车间、打包间、油剂调配间	0.75m 水平面	100	25	60	—
	组件清洗间	0.75m 水平面	150	25	60	—
	拉伸、变形、分级包装	0.75m 水平面	150	25	60	操作面可另加局部照明
	化验、检验	0.75m 水平面	200	22	80	可另加局部照明
5. 制药工业						
制药生产:配制、清洗、灭菌、超滤、制粒、压片、混匀、烘干、灌装、轧盖等		0.75m 水平面	300	22	80	—
制药生产流转通道		地面	200	—	80	—
6. 橡胶工业						
炼胶车间		0.75m 水平面	300	—	80	—
压延压出工段		0.75m 水平面	300	—	80	—
成型裁断工段		0.75m 水平面	300	22	80	—
硫化工段		0.75m 水平面	300	—	80	—
7. 电力工业						
火电厂锅炉房		地面	100	—	40	—
发电机房		地面	200	—	60	—
主控室		0.75m 水平面	500	19	80	—

续表

房间或场所		参考平面及其高度	照度标准值（1x）	UGR	Ra	备注
8. 钢铁工业						
炼铁	炉顶平台、各层平台	平台面	30	—	40	—
	出铁场、出铁机室	地面	100	—	40	—
	卷扬机室、碾泥室、煤气清洗配水室	地面	50	—	40	—
炼钢及连铸	炼钢主厂房和平台	地面	150	—	40	—
	连铸浇注平台、切割区、出坯区	地面	150	—	40	—
	静整清理线	地面	200	25	60	—
轧钢	钢坯台、轧机区	地面	150	—	40	—
	加热炉周围	地面	50	—	20	—
	重绕、横剪及纵剪机组	0.75m 水平面	150	25	40	—
	打印、检查、精密、分类、验收	0.75m 水平面	200	22	80	—
9. 制浆造纸工业						
	备料	0.75m 水平面	150	—	60	—
	蒸煮、选洗、漂白	0.75m 水平面	200	—	60	—
	打浆、纸机底部	0.75m 水平面	200	—	60	—
	纸机网部、压榨部、烘缸、压光、卷取、涂布	0.75m 水平面	300	—	60	—
	复卷、切纸	0.75m 水平面	300	25	60	—
	选纸	0.75m 水平面	500	22	60	—
	碱回收	0.75m 水平面	200	—	40	—
10. 食品及饮料工业						
食品	糕点、糖果	0.75m 水平面	200	22	80	—
	肉制品、乳制品	0.75m 水平面	300	22	80	—
	饮料	0.75m 水平面	300	22	80	—
啤酒	糖化	0.75m 水平面	200	—	80	—
	发酵	0.75m 水平面	150	—	80	—
	包装	0.75m 水平面	150	25	80	—
11. 玻璃工业						
	备料、退火、熔制	0.75m 水平面	150	—	60	—
	窑炉	地面	100	—	20	—
12. 水泥车间						
	主要生产车间（粉碎、原料粉磨、烧成、水泥粉磨、包装）	地面	100	—	20	—

续表

房间或场所		参考平面及其高度	照度标准值（lx）	UGR	Ra	备注
储存		地面	75	—	40	—
输送走廊		地面	30	—	20	—
粗坯成型		0.75m 水平面	300	—	60	—
13. 皮革工业						
原皮、水浴		0.75m 水平面	200	—	60	—
轻毂、整理、成品		0.75m 水平面	200	22	60	可另加局部照明
干燥		地面	100	—	20	—
14. 卷烟工业						
制丝车间		0.75m 水平面	200	—	60	—
卷烟、接过滤嘴、包装		0.75m 水平面	300	22	80	—
15. 化学、石油工业						
厂区经常操作的区域，如泵压缩机、阀门、电操作柱		操作位高度	100	—	20	—
装置区现场控制和检测点，如指示仪表、液位计等		测控点高度	75	—	60	—
人行通道、平台、设备顶部		地面或台面	30	—	20	—
装卸站	装卸设备顶部和底部操作位	操作位高度	75	—	20	—
	平台	平台	30	—	20	—
16. 木业和家具制造						
一般机器加工		0.75m 水平面	200	22	60	防频闪
精细机器加工		0.75m 水平面	500	19	80	防频闪
锯木区		0.75m 水平面	300	25	60	防频闪
模型区	0.75m 水平面	0.75m 水平面	300	22	60	—
	0.75m 水平面	0.75m 水平面	750	22	60	—
胶合、组装		0.75m 水平面	300	25	60	—
磨光、异形细木工		0.75m 水平面	750	22	80	—

注：需增加局部照明的作业面，增加的局部照明值宜按该场所一般照明照度值的 1.0～3.0 倍选取。

（16）公用场所照明标准值（表 4-21）

表 4-21　公用场所照明标准值

房间或场所		参考平面及其高度	照度标准值（lx）	UGR	Ra
门厅	普通	地面	100	—	60
	高档	地面	200	—	80
走廊、流动区域	普通	地面	50	—	60
	高档	地面	100	—	80

续表

房间或场所		参考平面 及其高度	照度标准值 （lx）	UGR	Ra
楼梯、平台	普通	地面	30	—	60
	高档	地面	75	—	80
自动扶梯		地面	150	—	60
厕所、盥洗室、浴室	普通	地面	75	—	60
	高档	地面	150	—	80
电梯前厅	普通	地面	75	—	60
	高档	地面	150	—	80
休息室		地面	100	22	80
储藏室、仓库		地面	100	—	60
车库	地面	地面	75	29	60
	地面	地面	200	25	60

2. 维护系数

维护系数综合了由于光源的流明衰减、灯具减光和房间表面陈旧积灰所造成的光损失。因此,如果将造成光衰的因素中的每一项都以一个特定的使用周期内(由照明器擦洗次数所限定)形成的相关系数定量表示,则三个系数的总乘积就等于维护系数。

维护系数＝灯的流明衰减系数×灯具减光系数×房间表面光损失系数

本标准中的照度标准值为维护照度值,维护照度为维护周期末的照度,设计的初始照度乘以维护系数等于维护照度。在进行照度计算时,应根据光源的光通衰减、灯具积尘和房间表面污染引起照度值降低的程度,乘以表4-22中的维护系数值。

表4-22　维护系数

环境污染特征		房间或场所举例	灯具最少 擦拭次数 （次/年）	维护系数值
室 内	清洁	卧室、办公室、餐厅、阅览室、教室、病房、客房、仪器仪表装配间、电子元器件装配间、检验室等	2	0.80
	一般	商店营业厅、候车室、影剧院、机械加工车间、机械装配车间、体育馆等	2	0.70
	污染严重	厨房、锻工车间、铸工车间、水泥车间等	3	0.60
室外		雨蓬、站台	2	0.65

3. 照度标准值的选取

照明工程设计时,宜以照度标准值为基准进行初步计算。在一般情况下,设计照度值与照度标准值相比较,可有 -10% ~ +10% 的偏差。

(1)符合下列条件之一及以上时,作业面或参考平面的照度,可按照度标准值分级提高一级。

1)视觉要求高的精细作业场所,眼睛至识别对象的距离大于500mm 时;

2)连续长时间紧张的视觉作业,对视觉器官有不良影响时;

3）识别移动对象，要求识别时间短促而辨认困难时；

4）视觉作业对操作安全有重要影响时；

5）识别对象亮度对比小于0.3时；

6）作业精度要求较高，且产生差错会造成很大损失时；

7）视觉能力低于正常能力时；

8）建筑等级和功能要求高时。

（2）符合下列条件之一及以上时，作业面或参考平面的照度，可按照度标准值分级降低一级。

1）进行很短时间的作业时；

2）作业精度或速度无关紧要时；

3）建筑等级和功能要求较低时。

（3）作业面邻近周围的照度可低于作业面照度，但不宜低于表4-23的数值。

表 4-23　作业面邻近周围照度

作业面照度（lx）	作业面邻近周围照度值（lx）
≥750	500
500	300
300	200
≤200	与作业面照度相同

注：邻近周围是指作业面外0.5m范围之内。

二、照明质量

优良的照明质量主要由以下五个要素构成：一是适当的照度水平；二是舒适的亮度分布；三是宜人的光色和良好的显色性；四是没有眩光干扰；五是正确的投光方向与完美的造型立体感。

1. 照度水平

在为特定的用途选择照度水平时，要考虑视觉功效、视觉满意程度、经济水平和能源的有效利用。视觉功效是人借助视觉器官完成作业的效能，通常用工作的速度和精度来表示。增加亮度，视觉功效随之提高，但达到一定的亮度以后，视觉功效的改善就不明显了。在非工作区，不能用视觉功效来确定照度水平，而采用视觉满意程度，创造愉悦和舒适的视觉环境。无论根据视觉功效还是视觉满意程度来选择照度，都要受经济条件和能源供应的制约，所以要综合考虑，选择适当的标准。表4-24是国际照明委员会（CIE）对不同区域或活动推荐的照度范围。

表 4-24　CIE 对不同区域或活动推荐的照度范围

推荐照度范围（lx）	区域或活动类型	推荐照度范围（lx）	区域或活动类型
20～30～50	室外交通区和工作区	500～750～1000	有相当费力的视觉要求
50～75～100	交通区或短暂访视	750～1000～1500	有很困难的视觉作业
100～150～200	非连续使用的工件房间	1000～1500～2000	有特殊视觉要求的作业
200～300～500	有简单视觉要求的作业	＞2000	非常精细的视觉作业
300～500～750	有中等视觉要求的作业	—	—

2. 照度均匀度

要选择适当的亮度分布，既不要使亮度分布不当损害视觉功效，又不要使亮度差别过大而产生不适眩光。照度均匀度应满足以下要求。

（1）公共建筑的工作房间和工业建筑作业区域内的一般照明照度均匀度，不应小于0.7，而作业面邻近周围的照度均匀度不应小于0.5。

（2）房间或场所内的通道和其他非作业区域的一般照明的照度值不宜低于作业区域一般照明照度值的1/3。

（3）在有彩电转播要求的体育场馆，其主摄像方向上的照明应符合下列要求：

1）场地垂直照度最小值与最大值之比不宜小于0.4；

2）场地平均垂直照度与平均水平照度之比不宜小于0.25；

3）场地水平照度最小值与最大值之比不宜小于0.5；

4）观众席前排的垂直照度不宜小于场地垂直照度的0.25。

3. 光源颜色

根据不同的应用场所，选择适当的相关色温以适应不同场所的要求。就光源的光色提出了典型的适用场所，如表4-25所示。

表 4-25 光源色表分组

色表分组	色表特征	相关色温（K）	适用场所举例
I	暖	<3300	客房、卧室、病房、酒吧、餐厅
II	中间	3300~5300	办公室、教室、阅览室、诊室、检验室、机加工车间、仪表装配
III	冷	>5300	热加工车间、高照度场所

4. 眩光限制

眩光是由于视野中的亮度分布或亮度范围不适宜，或存在极端的对比，以致引起不舒适感觉或降低观察细部或目标能力的视觉现象。眩光分为直接眩光（由高亮度光源直接引起的）、间接眩光、反射眩光（由高反射系数表面，如镜面反射亮度引起的）和光幕眩光（反射直接进入眼睛产生视觉困难）。

眩光效应的严重程度取决于光源的亮度和大小、光源在视野内的位置、观察者的视线方向、照度水平和房间表面的反射比等诸多因素，其中光源的亮度是最主要的。眩光会产生不舒适感，严重的还会损害视觉功效，所以工作必须避免眩光干扰。可用下列方法防止或减少光幕反射和反射眩光：

（1）避免将灯具安装在干扰区内；

（2）采用低光泽度的表面装饰材料；

（3）限制灯具亮度；

（4）照亮顶棚和墙表面，但避免出现光斑；

（5）直接型灯具的遮光角不应小于表4-26的规定；

表 4-26　直接型灯具的遮光角

光源平均亮度（kcd/m²）	遮光角（°）	光源平均亮度（kcd/m²）	遮光角（°）
1~20	10	50~500	20
20~50	15	≥500	30

（6）有视觉显示终端的工作场所照明应限制灯具中垂线以上等于和大于65°高度角的亮度。灯具在该角度上的平均亮度限值宜符合表4-27的规定。

表 4-27 灯具平均亮度限值

屏幕分类,见 ISO 9241-7	I	II	III
屏幕质量	好	中等	差
灯具平均亮度限值	≤1000cd/m²		≤200cd/m²

注:1. 本表适用于仰角小于等于15°的显示屏。
　　2. 对于特定使用场所,如敏感的屏幕或仰角可变的屏幕,表中亮度限值应用在更低的灯具高度角(55°)上。

但有时为了使照明环境具有某种气氛,也利用一些金属造成一些眩光效果,以提高环境的魅力。

统一眩光值(Unified Glare Rating——UGR)是度量处于室内视觉环境中的照明装置发出的光对人眼引起不舒适感主观反应的心理参量,可按 CIE 统一眩光值公式计算,其最大允许值宜符合表 4-7 ~ 表 4-16、表 4-20 ~ 表 4-21 的规定。

眩光值(GR)是度量室外体育场和其他室外场地照明装置对人眼引起不舒适感主观反应的心理参量,可按 CIE 眩光值公式计算,其最大允许值宜符合表 4-17 ~ 表 4-19 的规定。

5. 造型立体感

造型立体感是说明三维物体被照明表现的状态,它主要由光的主投射方向及直射光与漫射光的比例决定的。要选择合适的造型效果,既使人赏心悦目,又美化环境。

第三节　照明电光源的种类与选择

人类最早发明的电光源是弧光灯和白炽灯。1807 年英国的戴维制成了碳极度弧光灯。1878 年,美国的布拉许利用弧光灯在街道和广场照明中取得了成功。1879 年 10 月 22 日,美国著名电学家和发明家爱迪生点燃了第一盏真正有广泛实用价值的电灯,揭开了电应用于日常生活的序幕。随着科学技术突飞猛进的发展,各种新光源产品不仅在数量上,而且在质量上产生了质的飞跃,发光效率高、显色性好、使用寿命长的新型电光源产品不断应用于建筑照明中。本节主要介绍热辐射电光源、气体放电光源等电光源的工作原理、技术参数以及电光源的比较和应用。

一、电光源的分类

根据发光原理,电光源可分为热辐射发光光源、气体放电发光光源和其他发光光源。电光源分类如图 4-5 所示。

1. 热辐射发光光源

热辐射发光光源也可称为固体发光光源,是利用灯丝通过电流时被加热而发光的一种光源。白炽灯和卤钨灯都是以钨丝作为辐射体,被电流加热到白炽程度时产生热辐射。

2. 气体放电光源

气体放电光源的发光原理完全不同于普通的白炽灯类热辐射光源。主要是利用电流通过气体时放电而发射光的光源,如通过灯管中的水银蒸气放电,辐射出肉眼看不到的波长为254nm 为主的紫外线,然后照射到管内壁的荧光物质上,再转换为某个波长段的可见光。正常状态下气体不是导体。当气体原子受到具有一定能量的电子碰撞时会被激发和电离而发光。

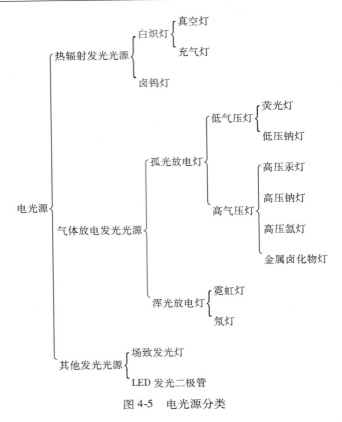

图 4-5　电光源分类

气体放电光源又可按放电的形式分为弧光放电灯和辉光放电灯,弧光放电灯又称热阴极灯,主要利用弧光放电柱产生光,放电时阴极位降较小;辉光放电灯又称冷阴极灯,由辉光放电柱产生光,放电时阴极发射电子远大于热电子发射且位降较大。

常用的弧光放电灯有荧光灯、钠灯、氙灯、汞灯和金属卤化物灯,辉光放电灯有霓虹灯、氖灯。气体放电光源工作时需要很高的电压,其特点是具有发光效率高、表面亮度低、亮度分布均匀、热辐射小、寿命长等诸多优点,目前已成为市场销售量最大的光源之一。

3. 其他发光光源

常见的有场致发光灯(屏)和 LED 发光二极管。场致发光灯(屏)是利用场致发光现象制成的发光灯(屏),可用在指示照明、广告等场所。LED 发光二极管是一种能够将电能转化为可见光的半导体,它改变了白炽灯钨丝发光与节能灯荧光粉发光的原理,而采用电场发光。足够多的导带电子和价带空穴在电场作用下复合而产生光子。LED 具有非常明显的寿命长、光效高、无辐射与低功耗等特点,是一种非常有发展前景的节能型光源。LED 的光谱几乎全部集中于可见光频段,其发光效率可达 80% ~ 90%。LED 光源是国家倡导的绿色光源,具有广阔的发展前景,尤其当大功率的 LED 研制出来而成为照明光源时,它将大面积取代现有的白炽灯与节能灯而"占领"整个市场。

二、电光源的命名方法

白炽光源的型号命名一般包括三部分,如下所示。

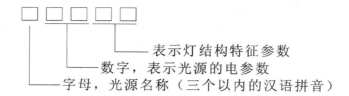

表示灯结构特征参数
数字,表示光源的电参数
字母,光源名称(三个以内的汉语拼音)

型号标注由五部分组成。自左至右,第一部分为字母,由表示电光源名称主要特征的三个以内的汉语拼音字母组成;第二部分和第三部分一般为数字,主要表示光源的电参数。有些名称、参数相同,但结构形式不同的灯泡,则需增加第四部分和第五部分,由表示灯结构特征的 1~2 个词头的汉语拼音字母或有关数字组成。第四和第五部分作为补充部分,可在生产或流通领域中使用时灵活取舍。

型号名称举例详见表4-28。例如 PZ220-100-E27,PZ 表示普通照明,220 表示额定工作电压 220V,100 表示额定功率 100W,E 表示螺口式灯头(B 表示插口),27 表示灯头直径为 27mm。

表 4-28　常用白炽灯光源型号命名表

电光源名称	型号的组成			举例
	第一部分	第二部分	第三部分	
白炽普通照明灯泡	PZ	额定电压	额定功率	PZ220-40
反射照明灯泡	PZF			PZF24-40
装饰灯泡	ZS			ZS220-40
摄影灯泡	SY			SY6
卤钨灯	LJG			LJG220-500

气体放电光源的型号命名一般由三部分组成,如下所示。

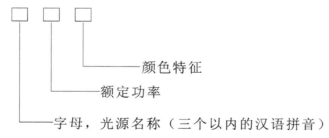

颜色特征
额定功率
字母,光源名称(三个以内的汉语拼音)

第一部分为字母,由表示光源名称主要特征的三个以内的汉语拼音字母组成;第二部分表示额定功率;第三部分表示颜色特征。例如:YH40RR,YH 表示环形荧光灯管,40 表示额定功率 40W,RR 表示日光色。命名举例详见表4-29。

型号的各部分按顺序直接编排。当相邻部分同为数字时,用短横线"-"分开;同一部分有多组数字时,用斜线"/"分开;相邻同为字母时,用圆点"."分开。

表 4-29　常用气体放电光源型号命名表

电光源名称	型 号 的 组 成			举 例
	第一部分	第二部分 额定功率	第三部分 颜色特征	
直管型荧光灯	YZ			YZ40RR
U 型荧光灯管	YU			YU40RL
环型荧光灯管	YH			YH40RR
自镇流荧光灯管	YZZ			YZZ40
紫外线灯管	ZW			ZW40
荧光高压汞灯泡	GGY			GGY50
自镇流荧光高压汞灯	GYZ	15～2000W	RR 日光色 RL 冷光色 RN 暖光色	GYZ250
低压钠灯	ND			ND100
高压钠灯	NG			NG200
管型氙灯	XG			XG1500
球型氙灯	XQ			XQ1000
金属卤化物灯	ZJD			ZJD100
管型镝灯	DDG			DDG1000

三、白炽灯

1. 白炽灯的工作原理与分类

白炽灯泡是利用钨丝通过电流时被加热而发光的一种热辐射光源。钨丝会随着工作时间的延长而逐渐蒸发变细,细到一定程度就会损坏。为了防止钨丝氧化,抑制钨丝蒸发,常在大功率白炽灯泡的玻璃壳中充入惰性气体,增加白炽灯的寿命。

白炽灯按其用途和使用场合分为普通白炽灯、装饰灯、舞台灯、照相灯、信号灯、指示灯;按定向发光性能分为聚光灯、反射灯;按玻璃壳特性分为磨砂灯泡、涂白灯泡、乳白灯泡、彩色灯泡;按是否充入气体分为真空灯泡、充气灯泡;按使用电压高低分为市电灯泡、低压灯泡、经济灯泡等,低压灯泡额定电压 12～36V,经济灯泡电压在 1.5～8V。

2. 白炽灯泡的结构

白炽灯泡是由灯头、玻璃泡、支架、钨丝和惰性气体构成。普通白炽灯结构如图 4-6 所示。几种白炽灯灯头的外形如图 4-7 所示。

3. 白炽灯的技术参数

普通照明灯泡、双螺旋灯丝普通照明灯泡、局部照明灯泡的技术参数见表 4-30～表 4-32。

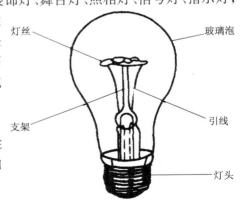

图 4-6　普通白炽灯结构图

(a)

(b)

(c)

(d)

图 4-7　几种白炽灯灯头的外形图
(a)螺口灯头;(b)插口灯头;(c)聚焦灯头;(d)特种灯头

表 4-30　普通照明灯泡技术参数

型　号	额定电压 (V)	功率 (W)	光通量 (lm)	显色指数 Ra	色温 (K)	平均寿命 (h)	外形尺寸 (直径×长度,mm)	灯头型号
PZ220-15		15	110					
PZ220-25		25	220					E27/27 或 B22d/25×26
PZ220-40		40	350				$\phi61×110(108.5)$	
PZ220-60		60	630					
PZ220-100	220	100	1250	95~99	2400~ 2950	1000		
PZ220-150		150	2090				$\phi81×175$	E27/35×30
PZ220-200		200	2920					
PZ220-300		300	4610				$\phi111.5×240$	E40/45
PZ220-500		500	8300					
PZ220-1000		1000	18600				$\phi131.5×281$	

注:灯泡的玻璃壳可根据用户的需要,制成磨砂、内涂白色或乳白色,其光通量允许较上表降低:磨砂玻璃壳为3%,乳白色玻璃壳为25%,内涂白色玻璃壳为15%。表中外形尺寸括号内数为插口灯头灯泡长度值。

表 4-31　双螺旋灯丝普通照明灯泡技术参数

型　　号	额定电压 (V)	功率 (W)	光通量 (lm)	显色指数 Ra	色温 (K)	平均寿命 (h)	外形尺寸 (直径×长度,mm)	灯头型号
PZ220-60	220	60	660~ 700	95~99	2400~ 2950	1000	$\phi61×108.5$	B22d/25×26 或 E27/27
PZ220-100		100	1250~ 1350					

表 4-32　局部照明灯泡的技术参数

型　　号	额定电压 (V)	功率 (W)	光通量 (lm)	显色指数 Ra	色温 (K)	平均寿命 (h)	外形尺寸 (直径×长度,mm)	灯头型号
JZ6-10	6	10	120					
JZ6-20		20	260					
JZ12-15		15	180	95~99	2400~ 2950	1000	$\phi61×110$	E27/27
JZ12-25	12	25	325					
JZ12-40		40	550					
JZ12-60		60	850					

续表

型　　号	额定电压（V）	功率（W）	光通量（lm）	显色指数 Ra	色温（K）	平均寿命（h）	外形尺寸（直径×长度，mm）	灯头型号
JZ36-15		15	135					
JZ36-25		25	250					
JZ36-40	36	40	500	95～99	2400～2950	1000	ϕ61×110	E27/27
JZ36-60		60	800					
JZ36-100		100	1550					

表中的各项技术参数表明了白炽灯的基本特性。

（1）光源的额定电压

是指光源及其附件所组成的回路所需电源电压的额定值。它说明光源（灯泡）只有在额定电压下工作，才能获得各种规定的特性。

（2）光源的额定功率

是指光源自身消耗的功率，也是指所设计的灯泡在额定电压下工作时应能输出的功率。

（3）光通量

是指灯泡在额定电压下工作时，光源所辐射出的光通量是额定光通量。不同型号白炽灯的光通量，是随着额定功率的增加而变大，但会随着使用时间的增长而衰减。

（4）白炽灯的寿命

从表中可知，不同型号白炽灯的平均寿命都是1000h，这是在规定条件下，同批寿命实验所测得的寿命算术平均值，光源的平均寿命是光源有效寿命的平均值，但是在工作时，由于使用情况比较复杂，条件不尽相同，致使每个灯泡的使用寿命是不一样的。白炽灯对电压的变化比较敏感，如果低于额定电压值，光源的寿命可延长，但发光强度不足，发光效率降低；如果高于额定电压值，发光强度变强，但寿命将缩短。白炽灯的寿命都是随电压的增加降低，所以影响灯泡使用寿命的主要因素是电压。

光源寿命分有效寿命和全寿命两种。有效寿命指光源光通量衰减到初始值70%时的寿命。全寿命是指光源从开始点亮一直到点不亮时的寿命。

（5）色温、显色指数

白炽灯的色温较低，一般为2400～2950K，但显色性较高，显色指数 Ra 高达95～99。

白炽灯的主要特性指标与电压的关系如图4-8所示。图中 Φ、P、U 为白炽灯的光通、功率、电压；Φ_e、P_e、U_e 为白炽灯的额定光通、额定功率、额定电压。由图中曲线可知，白炽灯的光效和寿命都是随电压的增加而降低。

4. 白炽灯的特点及应用

白炽灯是目前应用比较广泛的光源之一，它具有结构简单、成本低、显色性好、使用方便、调光性能好、无频闪现象等优点，适用于日常生活照明、工矿企业照明、剧场、宾馆、商店等照明。但普通照明灯泡的发光效率很低，通常在 7.3～18.6 lm/W 之间。

装饰白炽灯是利用玻璃壳的外形和色彩的不同，起到一定的照明和装饰作用。反射型灯泡是在玻璃壳内壁上涂有部分反射层，能使光线定向反射。反射型白炽灯适用于灯光广告、橱窗、展览馆等需要光线集中的场合。

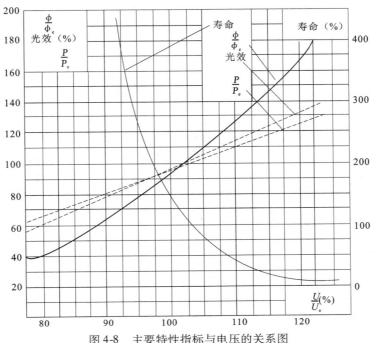

图 4-8　主要特性指标与电压的关系图

　　白炽灯的缺点是光效低,大部分白炽灯会把消耗能量中的 90% 转化成热能,只有少于 10% 的能量会转换成为光。随着节能型电光源应用的日益普及,为了节能和环保,2011 年 11 月 1 日,国家发展改革委、商务部、海关总署、国家工商总局、国家质检总局联合印发《关于逐步禁止进口和销售普通照明白炽灯的公告》,制定了逐步淘汰白炽灯的计划,决定从 2012 年 10 月 1 日起,按功率大小分阶段逐步禁止进口和销售普通照明白炽灯。见表 4-33。

表 4-33　中国淘汰白炽灯计划阶段实施表

步骤	实施期限	目标产品	额定功率	实施范围 与方式	备　注
1	2011 年 10 月 1 日—2012 年 9 月 30 日	过渡期为一年			发布公告及路线图
2	2012 年 10 月 1 日起	普通照明用白炽灯	≥100 W	禁止进口、国内销售	—
3	2014 年 10 月 1 日起	普通照明用白炽灯	≥60 W	禁止进口、国内销售	发布卤钨灯能效标准,禁止生产、进口与销售低于能效限定值的卤钨灯
4	2015 年 10 月 1 日—2016 年 9 月 30 日	进行中期评估,调整后续政策			
5	2016 年 10 月 1 日起	普通照明用白炽灯	≥15 W	禁止进口、国内销售	最终禁止的目标产品和时间,以及是否禁止生产视 2015 年的中期评估结果而定

四、卤钨灯

1. 卤钨灯的发光原理与分类

卤钨灯属于热辐射光源,工作原理基本上与普通白炽灯一样,属于卤钨循环白炽灯。它是在白炽灯的基础上改进而得,最突出的差别就是卤钨灯泡内所填充的气体含有部分卤族元素或卤化物。当充入卤素物质的灯泡通电工作时,从灯丝蒸发出来的钨,在灯泡壁区域内与卤素化合,形成一种挥发性的卤钨化合物。卤钨化合物在灯泡中扩散运动,当扩散到较热的灯丝周围区域时,卤钨化合物分解成卤素和钨,释放出来的钨沉积在灯丝上,而卤素再继续扩散到其温度较低的灯泡壁区域与钨化合,形成卤钨循环。由于卤钨循环有效地抑制了钨的蒸发,延长了卤钨灯的使用寿命,有效地改善了普通白炽灯的黑化现象,同时可以进一步提高灯丝温度,获得较高的光效和减少了使用过程中的光通量的衰减。

卤钨灯按充入灯泡内的不同卤素可分为碘钨灯和溴钨灯;按灯泡外壳材料的不同可分为硬质玻璃卤钨灯、石英玻璃卤钨灯。按工作电压的高低不同可分为市电型卤钨灯和低电压型卤钨灯(6V/12V/24V);按灯头结构的不同可分为双端、单端卤钨灯;按色温的高低可分为高色温 3000K 以上,中色温 2800 ~ 3000K,低色温 2800K 以下的灯;按应用领域可分为室内照明、泛光照明、舞台照明、放映、幻灯、投影以及电影、电视、新闻摄影等;按外形分类可分为管形卤钨灯泡和柱形卤钨灯泡。

2. 卤钨灯的结构及型号

(1)管形卤钨灯

① 管形卤钨灯的典型结构如图 4-9 所示。

钼箔　　　支架　　　灯丝

图 4-9　管形卤钨灯的外形

卤钨灯由钨丝、充入卤素的玻璃泡和灯头等构成。管状卤钨灯一般功率为 100 ~ 2000W,灯管的直径为 8 ~ 10mm,长为 80 ~ 330mm。

② 管形卤钨灯的型号示例如下所示。

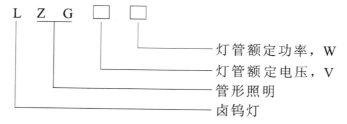

L Z G □ □

灯管额定功率,W

灯管额定电压,V

管形照明

卤钨灯

③ 管形灯管的主要尺寸和灯头型号见表 4-34。

(2)柱形卤钨灯

① 柱形卤钨灯的典型结构如图 4-10 所示。

表 4-34 灯管的主要尺寸和灯头型号

灯管型号	Z标称值允差 ±1.6	B 最大值	L 最小值	L 最大值	C 最大值	A 最大值	T标称值[1]	P最大值[2]	D最大值	灯头型号	图号
LZG220/110-200							—				
LZG220/110-300	114.2	117.6	126.5	130.7	141.0	121	—				
LZG220/110-500							—				
LZG220/110-1000	185.7	189.1	—	—	212.5	192.5	157.7	10.2	12.0	R7s,RX7s 或 Fa4	图1 或 图2
LZG220/110-1000	250.7	254.1			277.5	257.5					
LZG220/110-1500	250.7	254.1			277.5	257.5	222.7				
LZG220/110-2000	327.4	330.8	319.9	324.1	334.4	313.8	299.4				
LSY220/110-500	—	138	—	—	160	140	—				
LSY220/110-800	74.9	78.3			101.7	81.1		13.5	18.0		
LSY220/110-1000	—	138					—				
LSY220/110-1250	—	138			160	140	—	10.2	12.0		
LLSY220/110-1300	—	138									
LSY220/110-2000	—	228			250	230					
LHW110-500	—	155	—	—	179	159	—	10.2	12.0	R7s 或 Fa4	图1 或 图2
LHW220-500	—	223			246	226	—				
LHW220-1000	—	318			340	320	—				
LHW220-2000	—	—	—	—	540	—	—	—	13.0		

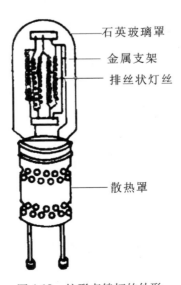

图 4-10 柱形卤钨灯的外形

　　这类柱状卤钨灯的功率一般有 75W、100W、150W 和 250W 等规格,玻璃壳有磨砂的和透明的,灯头采用 E27 型。

　　② 柱形卤钨灯的型号示例如下图所示。

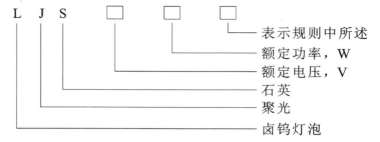

　　③ 柱形灯管的主要尺寸和灯头型号见表 4-35。

表 4-35　部分柱形灯管的主要尺寸和灯头型号

灯泡型号	主要尺寸			灯丝		灯泡图号	灯头型号
	D	L	H	型号	$A \times B$		
	不大于				不大于		
LJS15 – 350	16	70	33 ±2	SC6	15 ×8	3	E10
LJS110 – 250	18	90	40 ±2	(S)DB1	14 ×11	4	G6.35 – 20
LJS110 – 500	27	115	60.3 ±2	(S)DB1	16 ×12	6	G9.5
LJS110 – 650	25	65	32 ±2	SH5	14 ×12	5	GY9.5
LJS110 – 1000	35	140	63.5 ±2	(S)DB1	20 ×20	9	G22
LJS110 – 2000	40	210	127 ±2	DB1	25 ×24	10	G38
LJS110 – 3000	60	220	127 ±2	DB1	25 ×31		
LJS110 – 3000z	55	220	127 ±2	DB1	21 ×21		
LJS110 – 5000	77	290	165 ±2	DB1	31 ×36		
LJS110 – 5000z	60	220	127 ±2	DB1	24 ×24	11	
LJS110 – 10000	85	410	254 ±2	DB1	40 ×55		
LJS110 – 15000	100	335	200 ±2	DB1	50 ×62	12	
LJS110 – 20000	115	410	254 ±2	DB1	60 ×70		
LJS220 – 300	18	90	40 ±2	DB1	13 ×14	4	G6.35 – 20
LJS220 – 500x	21	80	40 ±2	(S)DB1	13.5 ×12.5	4	G6.35 – 25
LJS220 – 500wⅠ	25	105	60.3 ±2	SC7	28 ×7	7	G9.5
LJS220 – 500wⅡ	25	98	55 ±2	SC7	21 ×7	7	

3. 卤钨灯的主要技术参数

　　(1) 管形卤钨灯主要技术参数见表 4-36、表 4-37。

表 4-36　卤钨灯管的主要技术参数

灯管型号	额定电压（V）	功率（W）		优质品		一级品		合格品		色温（K）
		额定值	极限值	光通量（lm）	平均寿命（h）	光通量（lm）	平均寿命（h）	光通量（lm）	平均寿命（h）	
LZG220/110－200	220/110	200	216	3300	1000	3000	800	2800	800	2800±50
LZG220/110－300	220/110	300	324	4800	1500	4500	1000	4000		
LZG220/110－500	220/110	500	540	8500		8000		7480		2850±50
LZG220/110－1000	220/110	1000	1080	22000	2000	20000	1500	17600	1500	
ZG220/110－1500	220/110	1500	1620	33000		30000	2000	28000		
ZG220/110－2000	220/110	2000	2160	44000		40000	1500	37000	1000	

表 4-37　卤钨灯管的主要技术参数

灯管型号	额定电压（V）	功率（W）		色温（K）		光通量 lm	平均寿命（h）		
		额定值	极限值	额定值	极限值		优质品	一级品	合格品
LSY220/110－500	220/110	500	540	3200	3100	12500	100	75	50
LSY220/110－800	220/110	800	832			21000	75		
LSY220/100－10000	220/110	1000	1080			24000		50	30
LSY220/110－1250	220/110	1250	1350			31000	100		
LSY220/110－1300	220/110	1300	1404			33000			
LSY220/110－2000	220/110	2000	2160			50000		75	50
LHW220/110－500	220/110	500	540	2450	—	—	—	3000	—
LHW220/110－1000	220/100	1000	1080					5000	

（2）柱形卤钨灯的主要技术参数见表 4-38。

表 4-38　卤钨灯泡的主要技术参数

灯泡型号	额定值				极限值			燃点位置	平均寿命（h）		
	电压（V）	功率（W）	色温（K）	光通量（lm）	功率（W）	色温（K）	光通量（lm）		优质品	一等品	合格品
LJS15－350	15	350	3200	8050	392	3100	7080		15	10	4
JS110－250	110	250	3200	5750	270	3100	5060		150	110	70
LJS110－500		500	3200	13000	540	3100	11400		150	110	70
LJS110－650		650	3200	16900	702	3100	14870	垂直±90°	100	75	50
LJS110－1000		1000	3200	28000	1080	3100	24600		250	175	100
LJS110－2000		2000	3200	56000	2160	3100	49300		300	200	100
LJS110－3000		3000	3200	82000	3240	3100	72200		400	250	100
LJS110－3000z		3000	3300	90000	3240	3200	79200		100	70	35
LJS110－5000		5000	3200	145000	5400	3100	127600		400	250	100
LJS110－5000z		5000	3300	150000	5400	3200	132000	垂直±45°	100	70	35
LJS110－10000		10000	3200	290000	10800	3100	255000		300	200	100
LJS110－15000		15000	3200	435000	16200	3100	383000		150	110	70
LJS110－20000		20000	3200	580000	21600	3100	510000		150	110	70

续表

灯泡型号	额定值				极限值			燃点位置	平均寿命(h)		
	电压(V)	功率(W)	色温(K)	光通量(lm)	功率(W)	色温(K)	光通量(lm)		优质品	一等品	合格品
LJS220 – 300	220	300	3200	6600	324	3100	5810	垂直±90°	150	100	50
LJS220 – 500x		500	3200	13000	540	3100	11400		150	100	50
LJS220 – 500w Ⅰ		500	3200	13000	540	3100	11440	—	150	100	50
LJS220 – 500w Ⅱ											
LJS220 – 500w Ⅲ											
LJS220 – 500w Ⅳ		500	2950	11000	540	2850	9680	垂直±90°	300	200	100
LJS220 – 500w Ⅴ											
LJS220 – 500		500	3200	13000	540	3100	11440		150	100	50
LJS220 – 650		650	3200	17500	702	3100	14870		100	75	50
LJS220 – 750w Ⅰ		750	3200	19500	810	3100	17160	—	150	100	50
LJS220 – 750w Ⅱ		750	3200								
LJS220 – 750w Ⅲ		750	3200								
LJS220 – 750w Ⅳ		750	3000	15000	810	2900	13200		750	525	300
LJS220 – 850		850	3200	22500	918	3100	19800		150	100	50
LJS220 – 1000w Ⅰ		1000	3200	26000	1080	3100	22900	—	150	100	50
LJS220 – 1000w Ⅱ							22700				
LJS220 – 1000w Ⅲ							—				
LJS220 – 1000w Ⅳ			2950	22000	1080	2850	19360	垂直±90°	400	250	100
LJS220 – 1000			3200	26000	1080	3100	22900		200	150	100
LJS220 – 2000		2000	3200	54000	2160	3100	47500		400	250	100
LJS220 – 3000		3000	3200	80000	3240	3100	70400				
LJS220 – 5000		5000	3200	135000	5400	3100	118800	垂直±45°			
LJS220 – 10000		10000	3200	270000	10800	3100	238000		300	200	100
LJS220 – 15000		15000	3200	405000	16200	3100	356000		150	110	70
LJS220 – 20000		20000	3200	540000	21600	3100	475000				

从卤钨灯的技术参数表中可知,卤钨灯具有比白炽灯功率更大,光通量更高的光源,它的色温最低在2800K,最高在3200K,属低色温光源,与白炽灯相比,色温略高一些,因此比白炽灯光色更白,色调更冷。卤钨灯的显色指数 $Ra = 100$,所以显色性很好,也略高于白炽灯。

4. 卤钨灯的特点及应用

通过本节技术参数表与白炽灯进行的分析比较,总体上说,卤钨灯与白炽灯相比,具有体积小、输出功率大、光通量稳定、光色好、光效高和寿命长的特点。特别是发光效率,要比普通白炽灯高出许多倍。另外,由于卤钨灯工作时是采用卤钨循环原理,较好地抑制了钨的蒸发,从而防止卤钨灯泡的发黑,使得卤钨灯在寿命期内的光维持率基本维持在100%。在色温和显色性方面,与普通白炽灯相比,光色更白一些,色调更冷一些,但显色性较好。卤钨灯的缺点是对电压波动比较敏感,耐振性较差。

由于上述的特点,卤钨灯目前在各个照明领域中都具有广泛的应用,尤其是被广泛地应用在大面积照明与定向投影照明场所,如建筑工地施工照明、展厅、广场、舞台、影视照明和商店橱窗照明及较大区域的泛光照明等。

卤钨灯在使用时应注意以下几个问题。

(1)卤钨灯不适用于低温场合;

(2)双端卤钨灯工作时,灯管应水平安装,其倾斜角度不得超过 4°;否则会缩短其使用寿命;

(3)卤钨灯工作时产生高达 600℃ 左右的高温,因此,卤钨灯附近不准放易燃物质,灯脚引入线应使用耐高温的导线;

(4)卤钨灯灯丝细长又脆,卤钨灯使用时,要避免振动和撞击,也不宜作为移动照明灯具。

五、荧光灯

1. 荧光灯的工作原理及分类

(1)荧光灯的结构

荧光灯是低压汞蒸气放电灯,其大部分光是由放电产生的紫外线激活管壁上的荧光粉涂层而发射出来的。下面以有启动器和镇流器的荧光灯为例,介绍其工作原理。荧光灯电路接线图如图 4-11 所示。其中,并联在电源两端的电容器 C 的作用是提高负载的功率因数。

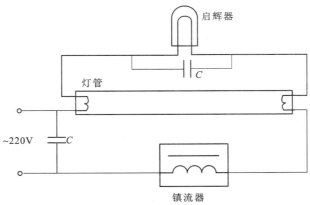

图 4-11　荧光灯电路接线图

① 启动器

启动器也称为启辉器,图 4-12 为启动器的外观结构图。启动器的作用是使电路接通和自动断开。它是一个充有氖气的玻璃泡,里面装有一个固定的静触片和用双金属片制成 U 形的动触片。图 4-13 是启动器的电路图。为避免启动器两触片断开时产生火花将触片烧坏,所以在氖气管旁有一只纸质电容器(C)与触片并联。启动器的外壳(S)是铝质圆筒,起保护作用。

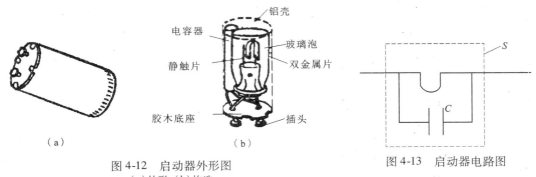

图 4-12 启动器外形图
(a)外形;(b)构造

图 4-13 启动器电路图

② 镇流器

镇流器有两个作用,一是在启动时产生瞬时高电压,促使灯管放电并使灯点亮;另外,在工作时起限制灯管中电流的作用。

荧光灯属于气体放电光源,为了限制电流,保持荧光灯稳定的正常运行,必须在荧光灯的供电电路上串接参数符合设计要求的镇流器。但是,荧光灯镇流器自身的功率损耗和功率因数指标是影响荧光灯照明节能的重要因数。

荧光灯镇流器有电感式镇流器和电子式镇流器两大类,电子式镇流器又包括可调光电子式镇流器和不可调光电子式镇流器两种。对于自镇流荧光灯,现在大多数都配用电子式镇流器。电感式镇流器的自身功耗与功率因数等技术指标均比电子式镇流器差,因此,在荧光灯的照明应用中,推广使用电子式镇流器。而可调光的电子式镇流器,在应用智能照明控制系统后,具备更为优秀的照明节能性能,因此是目前荧光灯照明的发展方向。

(2)荧光灯的工作原理

① 启动器工作

当电路接通电源,灯管尚未放电,启动器的触片处在断开位置。此时,电路中没有电流,电源电压全部加在启动器的两个触片上,使氖管中产生辉光放电而发热,由于温度上升使启动器动、静触片接触,将电路接通。

② 镇流器工作

启动器接通后,电流流过镇流器和灯管两端的灯丝,使灯丝加热并发射电子,这时启动器内辉光放电已停止,双金属片冷却缩回,两触片分开,使流过镇流器和灯丝的电流中断,在此瞬间,镇流器产生了相当高的自感电动势,它和电源电压串联后加在灯管两端引起弧光放电,灯管点燃。

③ 灯管发射荧光

灯管在弧光放电点燃灯管后,汞蒸气辐射出紫外线,在紫外线的照射下,灯管内壁的荧光粉被激发而发出可见光。同时,管内汞蒸气游离并辐射紫外线照射到灯管内壁荧光粉而发射荧光。荧光粉的化学成分可决定其发光颜色,有日光色、暖白色、白色、蓝色、黄色、绿色、粉红色等。

④ 灯管正常工作

灯光发光后进入正常工作状态,此时一半以上的电压降落在镇流器上,灯管两端的电压也就是启动器两触片之间的电压较低,不足以引起启动器氖管的辉光放电,因此它的两个触片仍保持断开状态。

（3）荧光灯的分类

荧光灯按其形状不同可分为直管形和紧凑形荧光灯；按电源加电端可分为单端荧光灯和双端荧光灯；按启动方式分为预热启动、快速启动和瞬时启动等类型。

① 预热启动式

预热启动是荧光灯中用量最大的一种，这种荧光灯在工作时，需要有镇流器、启辉器附件组成的工作电路。预热式荧光灯有 T12、T8 和 T5 等几种。T12 管径 35mm 的功率范围为 20～125W。T8 管径 25mm 的有用电感式镇流器的功率范围为 15～70W；有用高频电子式镇流器的，功率范围为 16～50W。T5 管径 5mm 灯用电子式镇流器，功率范围为 14～35W。

② 快速启动式

快速启动是在灯管的内壁涂敷透明的导电薄膜，提高极间电场。在镇流器内附加灯丝预热回路，且镇流器的工作电压设计得比启动电压高，所以在电源电压施加后的 1s 就可启动。

③ 瞬时启动荧光灯

这种荧光灯不需要预热，可以采用漏磁变压器产生的高压瞬时启动灯管。

2. 荧光灯的外形结构及型号

（1）双端荧光灯

① 双端荧光灯的结构

双端荧光灯主要由灯管和电极组成，如图 4-14 所示。

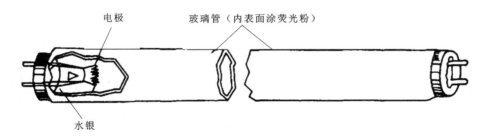

图 4-14 双端荧光灯的结构

② 双端荧光灯的型号编写规则如下所示。

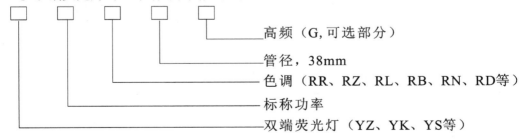

其中，RR 表示日光色（6500 K）；RZ 表示中性白色（5000 K）；RL 表示冷白色（4000 K）；RB 表示白色（3500K）；RN 表示暖白色（3000 K）；RD 表示白炽灯色（2700 K）。

YZ 表示普通直管型；YK 表示快速启动型；YS 表示瞬时启动型。G 表示高频荧光灯。

例如:YZ36RR26 表示管径 26 mm,功率 36 W,日光色普通直管型荧光灯。

　　　YK20RN32 表示管径 32 mm,功率 20 W,暖白色快速启动型荧光灯。

（2）单端荧光灯

① 单端荧光灯的结构

根据单端荧光灯的放电管数量及形状分为单管、双管、四管、多管、方形、环形荧光灯等类型。常见的单端荧光灯如图 4-15 所示。

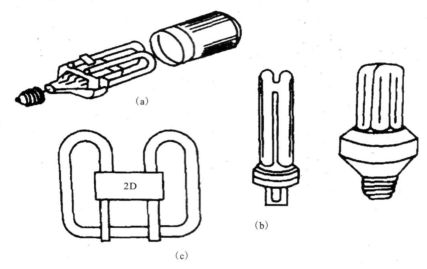

图 4-15　常见的单端荧光灯
(a)双曲灯;(b)H 灯;(c)双 D 灯

② 型号编写规则

单端管型荧光灯的型号编写规则如下所示。

例如:YDN9-2U·RR 表示 9W2U 型日光色单端内启动荧光灯。

　　　YDW16-2D·RN 表示 16W2D 型暖白色单端外启动荧光灯。

环型荧光灯的型号编写规则如下。

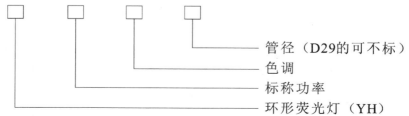

例如:YH32RR 表示管径为 29mm 的 32W 日光色环形荧光灯。

YH55RZ16 表示管径为 16mm 的 55W 中性白色环形荧光灯。

3. 荧光灯的主要技术参数

(1)双端荧光灯主要技术参数

部分直管型荧光灯技术参数见表 4-39。

表 4-39　部分直管型荧光灯技术参数

型 号	额定电压(V)	功率(W)	工作电压(V)	工作电流(A)	光通量(lm)	显色指数 Ra	色温(K)	平均寿命(h)	外形尺寸(直径×长度,mm)	灯头型号
YZ6RR					160		6750			
YZ6RL		6	50	0.14	175		4200		$\phi16\times226.7$	
YZ6RN					180		3100	1500		G5
YZ8RR					250		6750			
YZ8RL		8	60	0.15	280		4200		$\phi16\times302.4$	
YZ8RN					285		3100			
YZ15RR					450		6750			
YZ15RL		15	51	0.33	490		4200		$\phi38\times451.6$	
YZ15RN					510		3100	3000		
YZ20RR	220				775	70~80	6750			
YZ20RL		20	57	0.37	835		4200		$\phi38\times604.0$	
YZ20RN					880		3100			G13
YZ30RR					1295		6750			
YZ30RL		30	81	0.41	1415		4200		$\phi38\times908.8$	
YZ30RN					1465		3100	5000		
YZ40RR					2000		6750			
YZ40RL		40	103	0.43	2200		4200		$\phi38\times1213.6$	
YZ40RN					2285		3100			

表 4-40 为飞利浦标准直管荧光灯参数。标准直管荧光灯管内使用特殊氖气,采用高效荧光粉,装有防止两端发黑的内保护环和特殊三螺旋灯丝,寿命达 8000h 以上。优点是节能、高效、长寿、光色好,耗电量比普通荧光灯管节省 10%,亮度比普通荧光灯管高出 20%,寿命比普通荧光灯管长 30%,显色性高。适合一般场合使用,应用范围广泛,如家居照明、高级写字楼、商业照明,可配合各类格栅、支架等荧光灯具使用。

表 4-40　飞利浦标准直管荧光灯参数

产品型号	显色指数	功率(W)	光通量(lm)	色温(K)	灯头型号	平均寿命(h)	直径(mm)	全长(mm)	包装(个/箱)
TLD 18W/29	51	18	1150	2900	G13	8000	26	604	25
TLD 18W/33	63	18	1150	4100	G13	8000	26	604	25

产品型号	显色指数	功率（W）	光通量（lm）	色温（K）	灯头型号	平均寿命（h）	直径（mm）	全长（mm）	包装（个/箱）
TLD 18W/54	72	18	1050	6200	G13	8000	26	604	25
TLD 30W/29	51	30	2350	2900	G13	8000	26	908.8	25
TLD 30W/33	63	30	2300	4100	G13	8000	26	908.8	25
TLD 30W/54	72	30	2000	6200	G13	8000	26	908.8	25
TLD 36W/29	51	36	2850	2900	G13	8000	26	1213.6	25
TLD 36W/33	63	36	2850	4100	G13	8000	26	1213.6	25
TLD 36W/54	72	36	2500	6200	G13	8000	26	1213.6	25

（2）单端荧光灯主要技术参数

单端荧光灯的光通量见表4-41。

表4-41 单端荧光灯的光通量

灯的类别	标称功率（W）	额定值（lm）	
		RR，RZ	RL，RB，RN，RD
双管类	5	230	240
	7	350	380
	9	540	580
	11	820	880
	18	1120	1200
	24	1600	1700
	28	1930	2050
	36	2510	2670
	40	2910	3000
	55	3970	4100
四管类	10	560	600
	13	840	890
	18	1120	1200
	26	1680	1780
多管类	13	840	890
	18	1120	1200
	26	1680	1780
	32	1930	2080
	42	2540	2730

续表

灯的类别		标称功率(W)	额定值(lm)	
			RR、RZ	RL、RB、RN、RD
方形		10	590	630
		16	960	1050
		21	1270	1380
		28	1800	1850
		38	2600	2630
环形	D29* D32*	22	980	1115
		32	1560	1835
		40	2225	2580
	D16*	22	1710	1800
		40	3000	3200
		55	3800	4000

* D16、D29、D32 表示标称管径为 16mm、29mm 和 32mm。

表 4-42 为飞利浦节能灯参数。其特点是耗电量低,采用进口三色基稀土荧光粉及特殊配方,其显色彩指数可达 80 以上,170~250V 宽电压设计。优点是比普通白炽灯泡节电 80%,寿命长,光衰慢、显色度特高,使被照物体表现更逼真,层次更分明。宽电压设计更适合中国电网的实际情况,更加安全可靠,有保障。与飞利浦镇流器配合,可适用于宾馆、酒店、商场、居室及公共照明。

表 4-42　飞利浦节能灯参数

产品型号	显色指数	功率(W)	光通量(lm)	色温(K)	灯头型号	平均寿命(h)	直径(mm)	全长(mm)	包装(个/箱)
小功率型(2 针)									
PL - S 7W/827	>80	7	400	2700	G23	8000	28	135	60
PL - S 7W/865	>80	7	400	6500	G23	8000	28	135	60
PL - S 9W/827	>80	9	600	2700	G23	8000	28	167	60
PL - S 9W/865	>80	9	600	6500	G23	8000	28	167	60
PL - S 11W/827	>80	11	900	2700	G23	8000	28	236	60
PL - S 11W/865	>80	11	900	6500	G23	8000	28	236	60
大功率型(4 针)									
PL - L 18W/827	>80	18	1200	2700	2G11	8000	40	227	25
PL - L 18W/830	>80	18	1200	3000	2G11	8000	40	227	25
PL - L 18W/840	>80	18	1200	4000	2G11	8000	40	227	25
PL - L 24W/827	>80	24	1800	2700	2G11	8000	40	322	25
PL - L 24W/830	>80	24	1800	3000	2G11	8000	40	322	25
PL - L 24W/840	>80	24	1800	4000	2G11	8000	40	322	25
PL - L 36W/827	>80	36	2900	2700	2G11	8000	40	417	25

续表

产品型号	显色指数	功率（W）	光通量（lm）	色温（K）	灯头型号	平均寿命（h）	直径（mm）	全长（mm）	包装（个/箱）
PL－L 36W/830	>80	36	2900	3000	2G11	8000	40	417	25
PL－L 36W/840	>80	36	2900	4000	2G11	8000	40	417	25
四头型（2针）									
PL－C 10W/827	>80	10	600	2700	G24d－1	8000	28	118	40
PL－C 10W/830	>80	10	600	3000	G24d－1	8000	28	118	40
PL－C 10W/840	>80	10	600	4000	G24d－1	8000	28	118	40
PL－C 13W/827	>80	13	900	2700	G24d－1	8000	28	140	40
PL－C 13W/830	>80	13	900	3000	G24d－1	8000	28	140	40
PL－C 13W/840	>80	13	900	4000	G24d－1	8000	28	140	40
PL－C 18W/827	>80	18	1200	2700	G24d－2	8000	28	152	40
PL－C 18W/830	>80	18	1200	3000	G24d－2	8000	28	152	40
PL－C 18W/840	>80	18	1200	4000	G24d－2	8000	28	152	40
PL－C 26W/827	>80	26	1800	2700	G24d－2	8000	28	173	40
PL－C 26W/830	>80	26	1800	3000	G24d－2	8000	28	173	40
PL－C 26W/840	>80	26	1800	4000	G24d－2	8000	28	173	40

上述技术参数表既有国内产品,也有国外产品,从表中可知,荧光灯的色温范围基本在2700～6750K,因此色调范围较广,包括RR(日光色)、RZ(中性白色)、RL(冷白色)、RB(白色)、RN(暖白色)、RD(白炽灯色),从显色性来看,既有显色性一般的光源,如表4-39显色指数 $Ra=70～80$,表4-40中光源的显色指数 $Ra=51～72$,次于白炽灯与卤钨灯,也有显色性较高的光源,如表4-42中光源的显色指数 $Ra>80$。

4. 荧光灯的特点及应用

荧光灯具有发光效率高、显色性较好、寿命长、眩光影响小,光谱接近日光等特点,广泛用于家庭、学校、研究所、工业、商业、办公室、控制室、设计室、医院、图书馆等照明。近年推出的直管 T5 型荧光灯,较 T8、T12 型荧光灯光效高、省材料,更具有环保、节能效果;环形荧光灯具有光源集中、照度均匀及造型美观等优点,可用于民用建筑家庭居室照明;紧凑型节能荧光灯是 20 世纪 80 年代起国际上流行的最新节能产品,该灯采用三基色荧光粉,集白炽灯和荧光灯的优点,具有光效高、耗能低、寿命长、显色性好、使用方便等特点,它与各种类型的灯具配套,可制成造型新颖别致的台灯、壁灯、吊灯、吸顶灯和装饰灯,适用于家庭、宾馆、办公室等照明之用。

荧光灯的缺点是功率因数较低,发光效率与电源电压、频率及环境温度有关,有频闪效应,附件多,噪声大,不宜频繁开关。

荧光灯光电特性与电压关系如图4-16所示。从图中可以看出,电压的变化对荧光灯光电参数是有影响的,电压增高时,灯管的电流变大,电极过热,加速灯管两端过早发黑,使用寿命缩短。电压过低时,灯管启动困难,不仅影响照明效果,而且也会缩短灯管寿命。

荧光灯发光效率与电源频率关系如图4-17所示。图中曲线说明环境温度的变化对荧光灯的工作也有较大影响,温度过低时会使荧光灯难以启燃。这主要是荧光灯发出的光通量与汞蒸气放电激发紫外线的强度有关,紫外线强度又与汞蒸气压有关,汞蒸气压力与灯管直径、冷端温度(冷端温度与环境温度有关)等因素有关。一般对直管型荧光灯,在环境温度 20～30℃,冷端温度 38～40℃时发光效率最高。环境温度低于 10℃会使灯管启动困难。

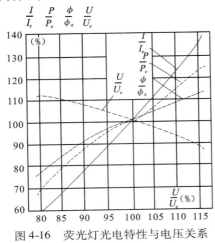

图 4-16 荧光灯光电特性与电压关系

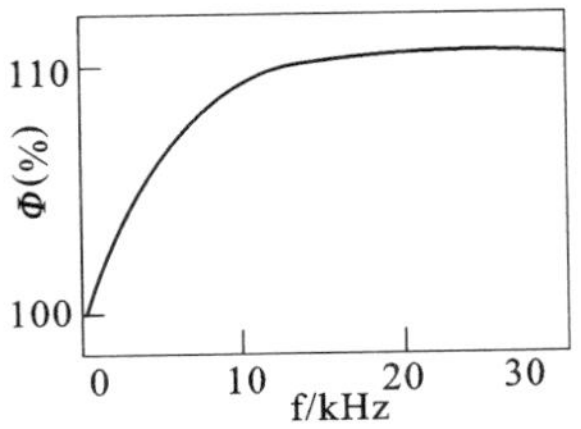

图 4-17 发光效率与电源频率关系

荧光灯发光效率与环境温度关系如图 4-18 所示。随着供电电源频率的变化,荧光灯发出的光线会有闪烁感。这是因为在正弦交流电作用下,当电流每次过零时,光通量即为零,由此会产生闪烁感。由于电流变化较快,加之荧光粉的余辉作用,使得人们的感觉不甚明显,只有在灯管老化时才能较明显地感觉出来。由于频闪效应的客观存在,对照明要求较高的场所应采取必要的补偿措施,如在大面积照明场所以及在双管、三管灯具中采用分相供电,即可明显地消除频闪效应。

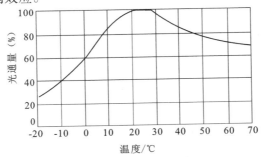

图 4-18 发光效率与环境温度关系

六、钠灯

钠灯是利用钠蒸气放电发光的光源,按钠蒸气工作压力的高低分为高压钠灯和低压钠灯两大类。低压钠灯发出的是单色黄光,各种有色物体进入低压钠灯照明的灯光下都会变色,照到人的脸上便会变成灰黄色。高压钠灯的光色比低压钠灯好,观看各种有色物体的颜色比较自然。

1. 高压钠灯

高压钠灯是一种高压钠蒸气放电灯泡,其放电管采用抗钠腐蚀的半透明多晶氧化铝陶瓷管制成,工作时发出金白色光。它具有发光效率高、寿命长、透雾性能好等优点,是一种理想的节能光源。

(1)工作原理

与荧光灯工作原理相类似,钠灯也必须有与之相应的专用镇流器、触发器,其接线原理图如图4-19所示。

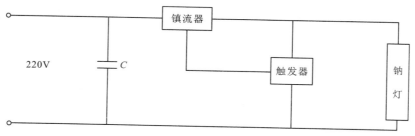

图 4-19　高压钠灯接线原理图

① 触发器的工作方式

高压钠灯可分为内触发高压钠灯或外触发高压钠灯,并分别选用相应的工作电路,如灯泡加镇流器,或者灯泡加镇流器加触发器的工作电路,方可达到高压钠灯正常工作的要求。

内触发高压钠灯是在灯泡壳内安装一双金属片开关和加热电阻丝。其工作原理是当接通电源时,电流经过加热电阻丝和双金属片开关时温度升高,触点分离,在分离的瞬间,在镇流器电感线圈上产生数千伏自感电动势加在灯的两端,将钠灯点亮。灯工作后,由于电弧管的热辐射,外壳内温度升高,使开关触点维持在断开状态。

外触发高压钠灯泡是采用电子触发器,在电源接通瞬间灯管两端获得高压脉冲将灯管点燃。目前常用的触发器有两端倍压式电子触发器、双向晶闸管触发器和三端电子触发器。与灯泡配套使用的镇流器有电感式镇流器和电子式镇流器两种。触发器的最低开始工作电压控制在145V以上;而照明低压线路的末端电压应不低于180V。

② 放电管工作过程

在放电管内充有氙气的高压钠灯,当触发器触发时,附件和镇流器在放电管两端产生约2500V左右的高电压,使两电极通过氙气和汞气放电。此时灯的光色由很暗的白色辉光,很快变为蓝色光,这表明放电管内的汞蒸发已有足够的压力,激发和电离主要在汞蒸气中发生;随后发出单一的黄色光,说明在较低的钠蒸气压力下钠产生了共振辐射;随着钠蒸气压力的提高,灯发出金白色光启动过程结束。此启动过程表现在电参数上的变化是,电流值从较大的启动电流逐步降低到接近工作电流;灯泡的工作电压从零逐步升高到接近工作电压。当工作电流、工作电压均稳定在额定值附近时,启动过程结束。

高压钠灯按泡壳分为普通型和漫射椭圆型两种,漫射椭圆型灯泡壳体上涂以白色漫射层,以使光线柔和。按触发方式可分为内启动和外触发两种,内启动型不需要触发器,目前大部分采用外触发方式。

(2)高压钠灯的结构

高压钠灯由放电管、玻璃外壳、灯头、电极、金属支架等构成。如图4-20所示。

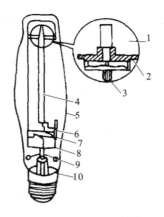

图 4-20　高压钠灯结构
1—金属排气管；2—银帽；3—电极；
4—放电管；5—玻璃外壳；6—管脚；7—双金属片；
8—金属支架；9—钡消气剂；10—焊锡。

放电管采用半透明多晶氧化铝制成。氧化铝能耐受高温,抗钠腐蚀。氧化铝管的两端用氧化铝陶瓷帽封接,老产品用铌帽封接。在氧化铝管内,除充钠以外,还充入一定量的汞和氙气。

放电管是高压钠灯的关键部件。放电管工作时,高温高压的钠蒸气腐蚀性极强,一般的抗钠玻璃和石英玻璃均不能胜任;而采用半透明多晶氧化铝和陶瓷管做放电管管体较为理想。它不仅具有良好的耐高温和抗钠蒸气腐蚀性能,还有良好的可见光穿透能力。

玻璃壳是选用高温的硬料玻璃制造。玻璃壳与灯芯的喇叭口经高温火焰熔融封口,然后抽真空或充入惰性气体后,再装上灯头,整个灯泡基本成型。由于电弧管在高温状态下工作,其外裸的金属极易氧化、变脆,就必须将放电管置于真空或惰性气体的外壳内。这样还可减少电弧管热量损失,提高冷端温度,提高发光效率。

灯头的作用是方便灯泡与灯座、电路相连接。长寿命灯泡要求灯头与玻璃壳连接应牢固,不能有松动和脱落现象。

玻璃壳内抽成真空后,其真空度(压强远小于一个大气压的气态空间)仅为 6.6×10^{-2} Pa ,仍可使金属零件氧化,影响灯泡稳定地工作;所以在玻璃壳内放置适量消气剂,可将灯泡内真空度提高到 1.4×10^{-4} Pa 高真空状态。目前,高压钠灯一般采用钡消气剂,它是把钡钛合金置于金属环内,再将其固定在消气剂蒸散后不影响光输出的位置。

高压纳灯的放电管内除钠外,还必须充入汞。汞常态时呈液态状,具有银白色镜面光泽。在放电管中加入汞可提高灯管工作电压,降低工作电流,减小镇流器体积,改善电网的功率因数,增高电弧温度,提高辐射功率。

此外高压钠灯放电管中还充入帮助启动的惰性气体,一般充入氩或氙,氙气是一种稀有气体,它在灯泡中的作用是帮助启动和降低启动电压。氙气压的高低还将影响灯泡的发光效率。

（3）高压钠灯主要技术参数

高压钠灯启动后,在初始阶段是汞蒸气和氙气的低气压放电。这时候,灯泡工作电压很低,电流很大;随着放电过程的继续进行,电弧温度渐渐上升,汞、钠蒸气压由放电管最冷端温度所决定,当放电管冷端温度达到稳定,放电便趋向稳定,灯泡的光通量、工作电压、工作电流和功率也处于正常工作状态。

高压钠灯的主要技术参数见表 4-43、表 4-44、表 4-45 和表 4-46。

表 4-43　普通高压钠灯技术参数

型　号	额定电压（V）	功率（W）	工作电压（V）	工作电流（A）	启动电压（V）	光通量（lm）	启动时间（min）	显色指数 Ra	色温（K）	平均寿命（h）	外形尺寸（直径×长度,mm）	灯头型号
NG70T	220	70	90	0.98	≤198	2250	≤5	35	1900	16000	φ39×155	E27
NG100T1		100	95	1.20		8500		35	1900	18000	φ39×180	E27
NG100T2		100	95	1.20		8500		35	1900	18000	φ49×210	E40
NG110T		110	105	1.30		10000		25	2000	16000	φ39×180	E27
NG150T1		150	100	1.80		16000		25	2000	18000	φ49×210	E40
NG150T2		150	100	1.80		16000		25	2000	18000	φ39×180	E27
NG215T		215	115	2.25		23000		25	2000	16000	φ49×259	E40
NG250T		250	100	3.00		28000		25	2000	18000	φ49×259	E40
NG360T		360	125	3.40		40000		25	2000	16000	φ49×287	E40
NG400T		400	100	4.60		48000		25	2000	18000	φ49×287	E40
NG1000T		1000	100	10.30		130000		25	2000	18000	φ67×385	E40

注:表中数据为上海某灯泡厂产品数据。

表 4-44　内启动普通高压钠灯技术参数

型　号	额定电压（V）	功率（W）	工作电压（V）	工作电流（A）	启动电压（V）	启动电流（A）	光通量（lm）	显色指数 Ra	色温（K）	平均寿命（h）	外形尺寸（直径×长度,mm）	灯头型号
NG35N	220	35	90	0.53	≤198	0.75	2250	23	2000	16000	φ38×154	E27
NG50N		50	90	0.76		1.1	4000	23	2000	16000	φ38×154	E27
NG70N		70	90	0.98		1.35	6000		2000	18000	φ38×160	E27
NG100N		100		1.2		1.8	9000		2000	18000	φ38×170	E27
NG150N		150	100	1.8		2.7	16000	25	2000	18000	φ47×210	E40
NG250N		250	100	3		4.2	28000	25	2100	24000	φ47×257	E40
NG400N		400	100	4.6		7.0	48000	25	2100	24000	φ47×285	E40
NG1000N		1000	110	10.3		15.5	130000	25	2100	24000	φ67×380	E40

注:表中数据为南京某电子管厂产品数据。

表 4-45　普通高压钠灯配件参数

灯泡型号	功率（W）	镇流器型号	触发器型号	熔体电流（A）	实耗功率（W）	功率因数	有补偿电容器时 电容量（μF）	有补偿电容器时 功率因数
NG35	35	ZL-35		1.0	≤41	0.38	4~6	
NG50	50	ZL-50		1.25	≤60	0.37	8~10	

续表

灯泡型号	功率（W）	镇流器型号	触发器型号	熔体电流（A）	实耗功率（W）	功率因数	有补偿电容器时	
							电容量（μF）	功率因数
`NG70	70	ZL－70		1.5	≤83	0.38	10～12	
NG75	75	GYZ－80		1.5	≤81	0.46	8～10	
NG100	100	ZL－100		2.0	≤116	0.43	13～15	
NG110	110	GYZ－125		2.0	≤135	0.53	12～14	
NG150	150	ZL－150	WQ－3B	3.0	≤175	0.44	20～22	≥0.85
NG215	215	GYZ－250		4.0	≤255	0.54	23～25	
NG250	250	ZL－250		4.5	≤288	0.44	34～36	
NG360	360	GYZ－400		6.0	≤400	0.56	35～37	
NG400	400	ZL－400		7.0	≤458	0.45	53～55	
NG1000	1000	ZL－1000		18.0	≤1110	0.49	120～122	

注:表中数据为南京某电子管厂产品数据。

表 4-46　内启动普通高压钠灯配件参数

灯泡型号	功率（W）	镇流器型号	熔体电流（A）	实耗功率（W）	功率因数	有补偿电容器时	
						电容量（μF）	功率因数
NG35N	35	ZL－35	1.0	≤41	0.38	4～6	
NG50N	50	ZL－50	1.25	≤60	0.37	8～10	
NG70N	70	ZL－70	1.5	≤83	0.38	10～12	
NG100N	100	ZL－100	2.0	≤116	0.43	13～15	
NG150N	150	ZL－150	3.0	≤175	0.44	20～22	≥0.85
NG250N	250	ZL－250	4.5	≤288		34～36	
NG400N	400	ZL－400	7.0	≤458	0.45	53～55	
NG1000N	1000	ZL－1000	18.0	≤1110	0.49	120～122	

注:表中数据为南京某电子管厂产品数据。

从技术参数表中可知,高压钠灯的光效高,光通量大,可从 2250～130000K,平均寿命远大于荧光灯,但是色温较低,且显色性较差。

（4）高压钠灯的主要特点及应用

高压钠灯在工作时发出金白色光,具有发光效率高、寿命长、透雾性能好等优点,被广泛用于道路、机场、码头、车站、广场、体育场及工矿企业等照明场所。

高压钠灯的缺点是受电源电压影响较大,电压波动在－8%～＋6%的范围内可正常工作,电源电压过高或过低,将会影响灯泡的正常燃点及寿命。高压钠灯各参数与电压的关系如图 4-21 所示。

高压钠灯在使用时应注意以下几点:

① 灯泡必须按线路图正确接线,方能正常使用。

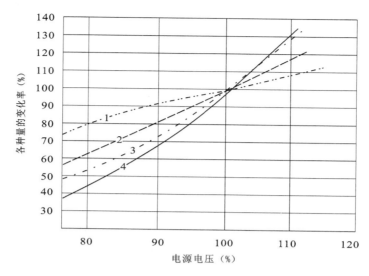

图 4-21　高压钠灯各参数与电压的关系
1—灯管电流;2—灯管电压;3—功率;4—总光通量

② 灯泡必须与相应的专用镇流器、触发器配套使用。

③ 在点灯线路图中,电源线上端应接相线,若接错成中线.将会降低触发器所产生的脉冲电压,有可能不能使灯启动。

④ 灯泡均采用螺旋式灯头,工作时带电,在维修调换灯泡时应切断电源,注意安全。

⑤ 灯泡需要配用适合的灯具。在燃点时,经灯具反射的光不应集中到灯泡上,以免影响灯泡的正常燃点及寿命;同时,不应使灯头温度高于 250℃。在重要场合及安全性要求高的场合使用时,应选用密封型、防爆型或其他专用工具。

⑥ 点燃的灯泡关闭或熄灭后,必须冷却十五分钟待灯泡温度降下来,才能接通电源再次启动。热态启动容易使灯泡损坏或烧毁。

⑦ 灯泡在使用过程中如自行熄灭,应检查电路各接点和灯座内接触片是否良好,电源电压是否波动大,镇流器、触发器有无损坏,如正常,可再次启动;如仍熄灭,说明灯泡已不能继续工作,必须调换灯泡。

⑧ 本产品在点燃时应避免与水或冷物接触,否则引起破壳爆裂。不同规格的高压钠灯必须配用相应规格的镇流器,灯泡与镇流器不能任意配用,尤其小功率灯泡配用大功率镇流器后,导致灯泡工作电流过大,缩短使用寿命,甚至会使灯泡烧毁。

2. 低压钠灯

（1）低压钠灯的工作原理

低压钠灯是一种钠蒸气放电管,钠原子在低压蒸气放电中被激发而发光,辐射出波长为 589nm 和 589.6nm 的接近于黄色的单色光光源,与人眼视觉最灵敏的辐射波长非常接近。放电时大部分辐射能量都集中在共振线上,所以光效极高,可达 450lm/W。低压钠灯一般采用高阻抗的漏磁变压器提供触发所需的电压,触发电压在 400V 以上。漏磁变压器的体积大,其自身功耗也大,使全电路的效率降低。低压钠灯从启动到稳定需要 8～10min,才能达到全部光输出。

（2）低压钠灯的结构

低压钠灯由玻璃壳、放电内管、电极和灯头构成，如图 4-22 所示。

图 4-22　低压钠灯的结构
1—固定弹簧；2—外玻璃壳；3—放电管；4—电极；5—灯头

为了缩小灯泡尺寸，并且减少放电管的散热，将放电管弯曲成 U 形。U 形放电管两端各封接一只三螺旋钨丝氧化物电极，U 形管的弯曲处接排气管用以抽真空与充入钠和惰性气体。低压钠灯充入的气体为氖气和氩气，选用氖气是因为放电时氖气的体积损耗正好达到钠蒸气所需要的管壁温度。在纯氖气中加入 1% 氩气，两种气体混合可以降低灯泡启动电压。

（3）低压钠灯的主要技术参数

低压钠灯的主要技术参数见表 4-47。

表 4-47　低压钠灯的主要技术参数

型　号	功率（W）	电压（V）	光通量（lm）	全长（mm）	外径（mm）	灯头型号
ND18	18	220	1800	216	54	BY22d
ND35	35		4800	311		
ND55	55		8000	425		
ND90	90		12500	528		
ND135	135		21500	775	68	
ND180	180		31500	1120		
SXO－E18	18	220	1800	216	52	BY22
SXO－E26	26		3700	310		
SXO－E36	36		5700	425		
SXO－E66	66		10700	528		
SXO－E91	91		17000	775	68	
SXO－E131	131		26000	1120		
SXO－35	35		4800	—	—	
SXO－55	55		8000	—	—	
SXO－90	90		13500	—	—	
SXO－135	135		22500	—	—	
SXO－180	180		33000	—	—	

（4）低压钠灯的特点及应用

低压钠灯具有发光效率高、视觉敏感度高、寿命长、耗电少、穿透云雾能力强等优点,常用于海岸、码头、公路、隧道以及广场、景观等照明场所,同时低压钠灯也是一种科学仪器光源。低压钠灯的缺点是显色性差,几乎不能分辨颜色;应水平方向安装,如果灯泡垂直或倾斜太大,会使光色变红,光效下降。

七、汞灯

汞灯是利用汞蒸气放电发光原理而制成的灯。按汞蒸气压和用途的不同,可分成低压汞灯、低压水银荧光灯、高压汞灯、超高压汞灯等。

低压汞灯在汞蒸气压比较低时,电流通过汞蒸气时会产生波长为253.7nm的共振辐射,这一波长的辐射效率达60%,而可见辐射则很少,仅占输入电能的2%左右。所以低压汞灯是效率很高的紫外线光源。一般紫外线灯具都是采用低压汞灯作光源。

低压水银荧光灯,也就是我们讲过的日光灯,这里不再赘述。

超高压汞灯主要有球形超高压汞灯和毛细管超高压汞灯。球形超高压汞灯工作气压在 10 ~ 15 个大气压,亮度达到 $10^9 cd/m^2$,发光效率为 30 ~ 50lm/W。毛细管超高压汞灯的工作气压在 50 ~ 200 个大气压,灯管的温度极高,必须用水或压缩空气冷却。

高压汞灯品种、规格比较多,主要有荧光高压汞灯、反射型高压汞灯、自镇流荧光高压汞灯和管型高压汞灯。下面主要介绍荧光高压汞灯。

1. 荧光高压汞灯的结构

荧光高压汞灯由放电管、电极、外玻璃壳和灯头等主要零部件构成。如图 4-23 所示。

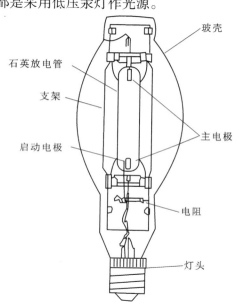

图 4-23　荧光高压汞灯的结构

（1）放电管

高压汞灯的放电管由耐高温的透明石英管制造,管内充有少量氩气,启动时先建立主电极与辅助电极之间的放电,然后再建立主电极之间的弧光放电,放电管工作时管壁温度可达到1000K,内部汞蒸气压强高达 0.2 ~ 0.4MPa,并要求放电管能够透射紫外线以激发外玻璃壳内壁上的荧光物质而发光。

（2）电极

放电管两端各有一个放电电极,其结构是在顶端磨尖的钨杆外面套上双层钨丝螺旋,螺旋间涂覆钡、锶、钙氧化物电子发射材料。内层螺旋间隙绕制,螺旋之间可以充填尽可能多的电子发射物质,外层螺旋密绕防止电子发射物质脱落,同时减少离子轰击。

（3）外玻璃壳

荧光高压汞灯是一种双层玻璃壳灯泡,石英放电管外面另有一个椭球形外玻璃壳。外玻璃壳中充入数百托(1 托 = 133.32Pa)氩气,氩气防止钼箔和金属零部件氧化,并且保持放电管温度稳定。外玻璃壳还可以截断石英放电管的紫外线保证照明安全,荧光高压汞灯的外玻璃壳内壁的荧光粉把紫外线转变为红色光,改善显色性,提高发光效率。外玻璃壳多用热稳定性能优良的硬质玻璃制成,避免室外使用时雨雪淋溅引起炸裂。

(4)灯头

荧光高压汞灯采用标准的 E40 螺口灯头便于安装使用。由于灯泡工作温度很高,寿命很长,所以多采用无焊泥的机械式夹紧灯头。

2. 荧光高压汞灯的工作原理

荧光高压汞灯就是普通照明高压汞灯,其发光原理与荧光灯相同,启动方式采用辅助电极法,图 4-24 为荧光高压汞灯的电路图。

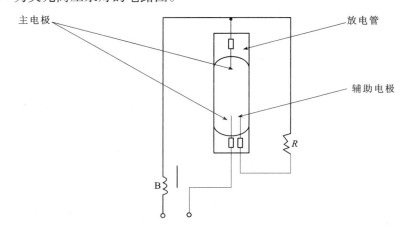

图 4-24　荧光高压汞灯工作电路

荧光高压汞灯工作过程如下:

当电源接通后,镇流器 B 在放电管两端主电极之间加上电源电压,该电压同时通过启动电阻 R 施加在一端主电极和邻近启动电极之间。由于启动电极与邻近主电极之间的间距很小,因此首先在此主电极与辅助电极之间建立起氩气放电,氩气放电给放电管中提供充分的带电粒子,放电电弧过渡到放电管两端主电极之间,随着主电极受热温度升高形成热电子发射,电弧电压下降,汞蒸气压强上升,灯泡逐渐过渡到稳定的高压汞蒸气弧光放电。普通照明高压汞灯的汞蒸气压强约为 0.2~0.4MPa,发光效率约为 50 lm/W。高压汞灯的可见光谱线包括 404.7nm、435.8nm、546.1nm 和 579.0nm,缺少 590~760nm 范围的橙红色光谱。所以高压汞灯光色青蓝,显色性较差,一般显色指数 Ra 仅 25 左右。

3. 荧光高压汞灯的主要技术参数

我国生产的荧光高压汞灯功率 80W 以下的光效均为 35lm/W,125W 以上的约在 35~60lm/W。显色指数也低(Ra = 30~40),显色性较差。荧光高压汞灯的主要技术参数见表 4-48。

表 4-48 荧光高压汞灯的主要技术参数

型号	额定功率（W）	管径（mm）	管长（mm）	电源电压（V）	工作电流（A）	启动电流（A）	再启动时间（min）	光通量（lm）	寿命（h）	灯头型号
GGY－50	50	56	130±3		0.62	1.0		1500		E27/27
GGY－80	80	71	165±3		0.85	1.3		2800		E27/35×30
GGY－125	125	81	184±7		1.25	1.8		4700		E40/45
GGY－175	175	91	215±7	220	1.50	2.3	5～10	7000	2500	
GGY－250	250	91	227±7		2.15	3.7		10500		E40/55×47
GGY－400	400	122	392±10		3.25	5.7		20000	5000	或
GGY－700	700	152	385		5.45	10.0		35000		E40/75×64
GGY－1000	1000	182	400±10		7.50	13.7		50000		
GYZ160	160	81	184±7		0.75	0.95		2560	2500	E27
GYZ250	250	91	227±7	220	1.20	1.75	10	4900	3000	E40
GYZ450	450	122	292±10		2.25	3.50		11000	3000	E40

注：本表最后 3 项的 GYZ 型号为自镇流荧光高压汞灯。

4. 荧光高压汞灯的特点及应用

（1）荧光高压汞灯所发射的光谱包括线光谱和连续光谱,其光色为蓝绿色,缺乏红色成分,显色指数较低,显色性差,其光谱相对辐射能量如图 4-25 所示。

（2）荧光高压汞灯使用交流电源,自镇流荧光高压汞灯,可直接接入 220V、50Hz 的交流电路上,初始投资少。荧光高压汞灯光通量输出随电源的周期变化而变化,电源电压低时,光通量减少,电压高时,光通量增加。荧光高压汞灯的特性与电源电压的关系如图 4-26 所示。

（3）荧光高压汞灯的寿命很高。其有效寿命可达到 5000h 左右,而国际先进水平达 24000h。荧光高压汞灯启动时间较长,故不宜用在频繁开关或比较重要的场所,也不宜接在电压波动较大的供电线路上。频繁开关对灯的寿命很不利,启动次数多,灯的寿命就要减小。启动一次对寿命的影响相当于燃点 5～10h。启动电流和工作电流大时寿命减短,影响启动电流和工作电流的因素主要是镇流器的特性和线路电压。启动时间长也要影响寿命。

荧光高压汞灯再启动的时间长,需要 5～10 分钟,不能用于事故照明和要求迅速点亮的场所。

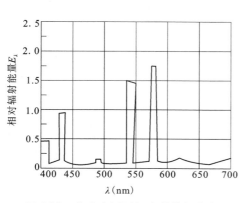

图 4-25 荧光高压汞灯光谱能量分布

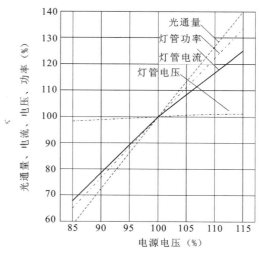

图 4-26 荧光高压汞灯的特性与电源电压的关系

（4）环境温度变化对荧光高压汞灯的启动有显著影响。当气温过低时，水银蒸气压力下降，使启动电压增高，造成启动困难。在低温下改善启动的方法一般可采用两个辅助极，或放电管充混合气体，以及降低限流电阻、增加启动电流等方法。荧光高压汞灯启动电压与环境温度的关系如图 4-27 所示。

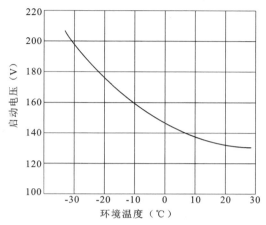

图 4-27　荧光高压汞灯启动电压与环境温度的关系

　　（5）荧光高压汞灯一般对点燃位置无特殊要求，可以水平、垂直以及任意位置点燃。但是当外电压波动时，由于电压下降使汞灯熄灭，此熄灭电压则与点燃位置有关，水平安装较垂直安装容易熄灭，垂直安装时电源供电电压波动最低，允许值为 100V，水平安装时应再提高 7% ~ 8%。

　　（6）玻璃外壳温度较高，必须配用足够大的灯具，以便散热。否则将影响性能和寿命。

八、金属卤化物灯

　　20 世纪 60 年代后期开发成功的金属卤化物灯逐步替代了高压汞灯，扩大了高强度气体放电灯的使用范围。光谱学原理证明，不同金属蒸气放电时产生波长不同的特征光谱谱线，因此人们在高压汞灯放电管中加入某些金属元素，利用它们的蒸气放电时产生的谱线填补汞谱线的空白区域，使显色指数大大提高，从而改善高压汞灯的光色。与高压汞灯类似，金属卤化物灯的放电管中除充有汞和氩气以外还充有金属卤化物，如碘化钠、碘化铊、碘化铟、碘化钪和碘化镝等。

　　1. 金属卤化物灯工作原理与分类

　　金属卤化物灯工作原理同高压汞灯，电路中需要有镇流器和触发器，工作线路图如图 4-28 所示。

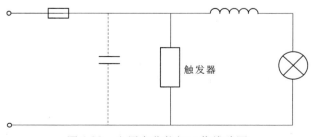

图 4-28　金属卤化物灯工作线路图

当放电管工作时,管壁温度可达 700～1000℃,管内金属卤化物被汽化,并向电弧中心扩散。在接近电弧中心高温处被分解成金属和卤素原子。因金属原子的激发电位和电离电位比汞原子的激发电位低得多,所以金属原子被激发并辐射出特征谱线远远超过汞的谱线,因此可大大提高光效,光谱能量分布也大为改进。金属原子和卤素原子向温度较低的管壁扩散时,又重新化合成金属卤化物。在这种光源内,虽然汞也提供部分光,但光主要由这些添加金属产生。金属卤化物灯的工作原理与前面提到的卤钨灯中的卤钨循环过程两者有着本质区别,在卤钨灯中发光的是白炽化的钨丝,而在金属卤化物灯中,则是金属原子放电发光。

使用不同金属卤化物和利用金属共振辐射谱线,还可以获得纯度很高的各种颜色的灯,以适用于某些特殊场所,如碘化铊汞灯发出的光为绿色,钠铊铟灯发出的光为白色,镝灯为日光型光源,铟灯发出蓝色光等。

金属卤化物灯按结构可分为:带外壳和不带外壳两类;按充填物质可分为:钪钠系列、钠铊烟系列、镝铊系列、锡系列等。

2. 金属卤化物灯结构

金属卤化物灯外形结构同高压汞灯,主要由石英放电管、电极、外玻璃壳和灯头组成,如图 4-29 所示。

(1)石英放电管

金属卤化物灯的放电管用熔融石英管制成,与相同功率的高压汞灯放电管相似,但几何尺寸略小。放电管内充入氩、汞和金属卤化物,一般充入金属碘化物。为了减少放电管端头部位的热损失。维持端部温度,两端涂覆白色保温涂层。

(2)电极

与高压汞灯一样,放电管两端封接有工作电极和启动电极。金属卤化物灯的电极处在化学性质活泼的金属和碘蒸气之中,常采用钍—钨或氧化钍—钨阴极。

(3)外玻璃壳

金属卤化物灯外玻璃壳由硼硅硬质玻璃吹制而成。为了进一步改善灯泡的显色性,可以在外玻璃壳内壁涂覆适当的荧光粉。

(4)灯头

照明用金属卤化物灯配用标准螺口灯头。因为金属卤化物灯工作温度高,寿命长,灯头与外玻璃壳联结不能采用胶粘剂而使用机械紧固式灯头。

3. 金属卤化物灯主要技术参数

金属卤化物灯主要技术参数见表 4-49。

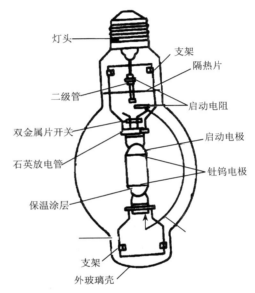

图 4-29　金属卤化物灯结构图

灯头
支架
隔热片
二级管
启动电阻
双金属片开关
启动电极
石英放电管
钍钨电极
保温涂层
支架
外玻璃壳

表 4-49　金属卤化物灯主要技术参数

型号	额定功率(W)	管径(mm)	管长(mm)	电源电压(V)	工作电流(V)	工作电流(A)	色温(K)	光通量(lm)	寿命(h)	灯头型号
ZJD150	150	80	90		115	1.50	4300	11500	10000	E27
ZJD175	175	90	222		130	1.50	4300	14000	10000	E40
ZJD250	250	90	222	220	135	2.15	4300	20500	10000	E40
ZJD400	400	120	290		135	3.25	4000	30000	10000	E40
ZJD1000	1000	180	296		265	4.10	3900	110000	10000	E40
ZJD1500	1500	180	296		270	6.20	3600	155000	3000	E40

4.金属卤化物灯的特点及应用

（1）金属卤化物灯尺寸小，功率大，发光效率高，光色好。这种灯的发光效率约为 65 ~ 106lm/W。

（2）金属卤化物灯是弧光电灯，需要镇流器才能稳定工作，它的启动电压比较高，启动电流较低，启动时间长。如国产 400W 钠铊铟灯启动电流为额定电流的 1.7 倍，1000W 约 1.4 倍。较高的启动电压可以借助变压器或谐振电路取得，也可用能产生高频高压脉冲的电路取得，在 4 ~ 8min 启动时间过程中，灯的各个光电参数均发生变化，完全达到稳定需 15min。金属卤化物灯在关闭或熄灭后，须等待约 10min 左右才能再次启动，这是由于灯管的工作温度很高，放电管气压很高，启动电压升高，只有待灯管冷却到一定程度后才能再启动。采用特殊的高频引燃设备可以使灯管迅速再启动，但灯的接入电路却因此而复杂。

（3）环境温度降低，使金属卤化物灯的启动电压升高，灯泡启动困难。

（4）灯泡工作时外壳温度不应超过 400℃，灯头温度不应超过 210℃。无玻璃外壳的金属卤化物灯，由于紫外线辐射较强，灯具应加玻璃罩，无玻璃罩时，悬挂高度不宜低于 14m。

（5）金属卤化物灯的寿命与启动频繁程度关系密切，频繁启动将显著缩短灯泡寿命。

（6）电源电压变化对金属卤化物灯的工作参数有直接影响，如图 4-30 所示。

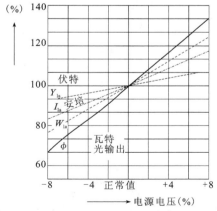

图 4-30　电压变化对金属卤化物灯工作参数的影响

金属卤化物灯由于尺寸小、功率大、光效高、光色好、所需启动电流小、抗电压波动稳定性比较高，因而是一种比较理想的光源，常用于体育馆、高大厂房、繁华街道及车站、码头、立交桥的高杆照明，对于要求高照度、显色性好的室内照明，如美术馆、展、饭店等也常采用。

并且还可以满足拍摄彩色电视的要求。

金属卤化物灯在使用时应注意:电源电压波动限制在±5%;金属卤化物灯在安装或设计造型时应注意,该灯有向上、向下和水平安装方式,要注意参考使用说明书的要求;这类灯的安装高度一般都比较高,如NTY型灯的安装高度最低要求为10m,最高要求为25m。

九、氙灯

氙灯是最常用的惰性气体放电光源,其光色好、功率大、光效高,被人们称作"人造小太阳"。

1.氙灯的工作原理及分类

氙灯是一种弧光放电灯,光的辐射包括了在放电过程氙被激发而产生的线光谱辐射和被电离的离子与电子复合产生的连续光谱辐射。氙灯的光谱能量分布如图4-31所示。因此,氙灯的辐射光谱是在连续光谱上重叠着线光谱,光谱能量分布特性接近日光,以至色温高,显色指数高,光色好。氙灯在常温下气压很高,所以需要触发器帮助启动。触发器是一个产生高压脉冲的装置,在足够高的脉冲电压下使灯击穿放电,因触发功率足够大使灯的电极局部发热形成热电子发射,从而过渡到主回路弧光放电,灯启动后触发器停止工作。

氙灯根据其性能可分为:直管形氙灯、水冷式氙灯、管形汞氙灯和管形氙灯;按氙灯的工作气压可分为:脉冲氙灯(工作气压低于100kPa)、长弧氙灯(工作气压约为100kPa)和短弧氙灯(工作气压约为500~3000kPa)等三类。按其供电方式分为直流供电氙灯和交流供电氙灯,在交流下工作会产生频闪现象,在直流下工作则可避免频闪。

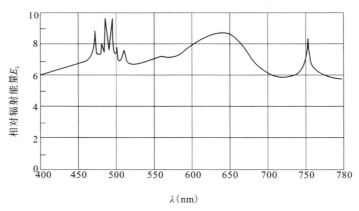

图4-31 氙灯的光谱能量分布

2.氙灯的结构

氙灯主要由电极、外玻璃壳、灯头等组成,如图4-32所示是短弧氙灯的结构图。

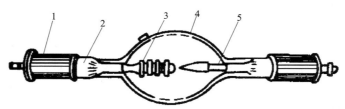

图4-32 短弧氙灯的结构

1—灯头;2—钼箔;3—钨阳极;4—石英玻璃壳;5—铈钨阳极

这是一种球形强电流弧光放电灯,两电极间距仅为几 mm,管内充 5 ~ 10 个大气压氙气,点灯后气压可达 20 ~ 30 个大气压。它与长弧氙灯一样,能瞬时启动,关熄后无需冷却又能启动。它是亮度很高的点光源。长弧氙灯外形像日光灯管,因此又称之为管形氙灯。

3. 氙灯的主要技术参数

氙灯光色很好,色温为 5500 ~ 6000K,平均显色指数为 94,寿命比钠灯、汞灯短,接近于白炽灯仅为 1000h 左右。短弧氙灯和长弧氙灯的主要技术参数见表 4-50、表 4-51。

表 4-50　短弧氙灯的主要技术参数

型　号	功率(W)	电源电压(V)	色温(K)	光通量(lm)	寿命(h)	灯头型号
XQ1000	1000	不低于 65		30000	1000	G22
XQ2000	2000	不低于 65	6000	70000	800	
XQ3000	3000	不低于 75		110000	800	G28

表 4-51　长弧氙灯的主要技术参数

型号	电参数		光参数	主要尺寸(mm)		寿命(h)
	电源电压(V)	功率(W)	光通量(lm)	直径	全长	
XG1500		1500	30000	22	350	1000
XG3000		3000	60000	15 ± 1	720 ± 10	500
XG6000	220	6000	120000	19 ± 1	1070 ± 10	
XG10000		10000	250000	25 ± 1	1420 ± 30	1000
XG20000		20000	540000	38 ± 1	1700 ± 30	
XSG6000（水冷）		6000	120000	9 ± 4	425 ± 8	500

4. 氙灯的主要特点及应用

(1) 对工作环境、工作状态要求不高,容易满足要求;

(2) 能瞬时启动,氙灯在点燃的瞬间就有 80% 的光输出;

(3) 氙灯的光谱能量分布与日光比较接近,并且光谱能量分布不随电流的变化而改变,故被称作小太阳;

(4) 光效低,只有 20 ~ 50lm/W,使用寿命可达 1000h 以上,平均寿命为 1000h;

(5) 启燃时需要较高的电压,要有触发器帮助启动。

氙灯由于功率大、体积小、显色性好,常用于建筑施工现场、广场、车站、码头等需要高照度、大面积照明场所。

由于氙灯紫外线辐射比较大,禁止眼睛直接注视,作一般照明使用时,要装设滤光玻璃。氙灯的悬挂高度,根据功率大小而定,当用 3000W 灯管时不低于 12m,当用 10000W 灯管时不低于 20m,当用 20000W 灯管时,不低于 25m,以达到大面积均匀照明的目的。

十、霓虹灯

1. 霓虹灯的工作原理

霓虹灯是一种冷阴极辉光放电灯,由电极、引入线以及灯管组成。霓虹灯工作电路如图 4-33 所示。

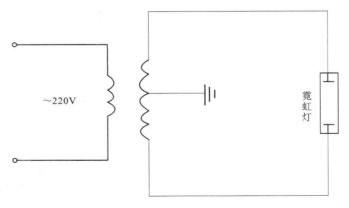

图 4-33　霓虹灯工作电路

霓虹灯工作在高电压、小电流状态,一般通过特殊设计的漏磁式变压器给霓虹灯供电。当电源接通后,变压器次级产生的高电压使灯管内气体电离,发出彩色的辉光。灯的启动电压与灯管长度成正比,与管径大小成反比,并与所充气体的种类和气压有关。

正常工作时由霓虹灯变压器来限制灯管回路中通过的最大电流。根据安全要求,一般霓虹灯变压器的次级空载电压不大于 15000V,次级短路电流比正常运行电流高 15% ~ 25%。常用霓虹灯变压器的容量为 450VA,初级电压 220V,电流 2A;次级电压 15000V,电流 24mA,次级短路电流 30mA。它能点亮管径 $\phi 12mm$、展开长度为 12m 的灯管。

2. 霓虹灯的特点

(1)霓虹灯发光效率与管径有关,灯管直径小,发光效率高;灯管直径大,发光效率低,其关系见表 4-52。

表 4-52　灯管直径与发光效率的关系

色彩	灯管直径(mm)	电流(mA)	每米灯管光通量(lm)	每米灯管消耗功率(W)	发光效率(lm/W)
红	11	25	70	5.7	12.3
	15		36	4.0	9.0
蓝	11	25	36	4.6	7.8
	45		18	3.8	4.7
绿	11	25	20	4.6	4.3
	45		8	3.8	2.1

(2)霓虹灯管径通常较小,一般为 6 ~ 20mm 不等,灯管通常很长,其作用是为了获得较大的电压降,以增加灯的光效。较长的灯管和较大的电压降,使得霓虹灯通常要配备高压变压器(次级电压 6 ~ 15kV)。

(3)霓虹灯能发出各种鲜艳的色彩,主要是由于灯管抽成真空后充入氖气或少量氩、氦、氩等惰性气体或少量汞,有时还在灯管内壁涂以各种颜色的荧光粉或各种透明颜色。霓虹灯的色彩与管内所充气体、玻璃管颜色及荧光粉颜色的关系见表 4-53。

表 4-53　霓虹灯的色彩与管内所充气体及荧光粉颜色的关系

灯光色彩	管内气体	荧光粉颜色	灯光色彩	管内气体	荧光粉颜色
红色 橘黄色 橘红色 玫瑰色	氖	无色 奶黄色 绿色 蓝色	白色 奶黄色 玉色 淡玫瑰红 金黄色 淡绿色	氩、少量汞	白色 奶色 玉色 淡玫瑰红 金黄色加奶黄色 绿白混合色
蓝色 绿色	氩、少量汞	蓝色 绿色			

（4）霓虹灯的图案变化、闪光效果，可用霓虹高压转机或霓虹低压滚筒而实现，这种方法主要是借助通断式触点导致高压电的通端或电触点滑动导致高压电通断，使得点燃灯管的次序发生变化，造成灯光闪烁的效果。这种方法控制简单，成本低廉，缺点是易产生电火花，造成对无线电的高频干扰，通断电工作方式影响使用寿命，可靠性也比较差。若使用电子程序控制器或微处理器控制器，并采用可控硅无触点开关，可使霓虹灯根据不同的需要，构成各种复杂的引人注目的图案，而且变化形式无穷。

3. 霓虹灯的应用及注意事项

霓虹灯的灯管细而长，可以根据装饰的需要弯成各种图案或文字，用作装饰性的营业广告或作为指示标记牌最为适宜。在霓虹灯电路中接入必要的电子控制装置，产生多种循环变化的灯光彩色图案，可以增加城市的动感气氛，加强广告的效果。所以目前在城市中霓虹灯的使用日趋广泛，因此在安装和使用霓虹灯时应注意以下事项。

（1）霓虹灯变压器的次级电压较高，故二次回路与所有金属构架，建筑物等必须完全绝缘。

（2）霓虹变压器应尽量靠近霓虹灯安装，一般安放在支撑霓虹灯的构架上，并用密封箱子作防水保护；变压器中性点及外壳必须可靠接地；霓虹灯管和高压线路不能直接敷设在建筑物或构架上，与它们至少需保持 50mm 的距离，这可用专用的玻璃支持头支撑来获得。两根高压线之间间距也不宜小于 50mm。

（3）高压线路离地应有一定高度，以防止人体触及。

（4）霓虹灯变压器电抗大，线路功率因数低，约在 0.2～0.5 之间，为改善功率因数，需配备相应的电容器进行补偿。

（5）灯管内充有少量汞，破碎的灯管应妥善处理，防止污染。

十一、其他照明光源

1. 场致发光灯（屏）

场致发光灯（屏）是利用场致发光（又称电致发光）现象制成的发光灯（屏）。场致发光屏在电场的作用下，自由电子被加速到具有很高的能量，从而激发发光层，使之发光。场致发光屏的厚度仅为几十 μm，发光效率为 15lm/W，寿命长，而且耗电少。场致发光屏可以通过分割做成各种图案与文字，可用在指示照明、广告、电脑显示屏等照度要求不高的场所。

2. LED 发光二极管

LED 发光二极管是一种半导体光源，主要由电极、P-N 结芯片和封装树脂组成，如图4-34所示，P-N 结芯片安装在管座上，P 型 N 型材料分别由引线接至正负电极，然后封装在环氧树脂帽中。环氧树脂可以是白色、红色、绿色、黄色等彩色树脂,主要取决于发光二极管的光色。环氧树脂帽的几何形状可以控制光线,类似于灯具的反射器和透镜。此外封装环氧树脂可以保护芯片,延长其使用寿命。表4-54列出了几种常见发光二极管的材料和特性。

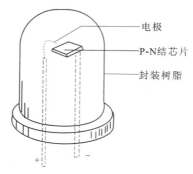

图4-34　发光二极管的结构

表4-54　常见发光二极管的材料和特性

材料	颜色	色坐标 (x,y)	峰值波长 (nm)	半宽度 (nm)	光效 (lm/W)
InGaN/YAG	白(6500K)	0.31,0.32	460/555	—	10
InGaN	蓝	0.13,0.08	465	30	5
InGaN	蓝~绿	0.08,0.40	495	35	11
InGaN	绿	0.10,0.55	505	35	14
InGaN	绿	0.17,0.70	520	40	17
CaP–N	黄~绿	0.45,0.55	565	30	2.4
AlInGaP	黄~绿	0.46,0.54	570	12	6
AlInGaP	黄	0.57,0.43	590	15	20
AlInGaP	红	0.70,0.30	635	18	20
GaAlAs	红	0.72,0.28	655	25	6.6

LED发光二极管工作时,P-N结加上正向偏压,即P层加正向电压,N层加负向电压,电子和空穴将克服P-N结处的势垒,分别迁入P层和N层,当电子与空穴结合时其能量将以光子的形式释放出来,发出可见光。

半导体发光二极管由于具有很多优势被誉为继白炽灯、荧光灯和高强度气体放电灯之后的第四代光源。

LED光源具有很长的理论寿命,节约电能,光效高(发光效率已超出了100lm/W,约为白炽灯的6~8倍),易于控制光污染,运行可靠性高,发光色彩纯正,光色丰富多彩,可控性好,体积小巧,重量轻盈,结构紧凑,供电简单,并且再供电电压的适应能力强。图4-35、图4-36为LED光源及灯具的部分实例示意图。

大功率LED　　　　　　　　　　　小功率LED

图4-35　部分LED光源实例

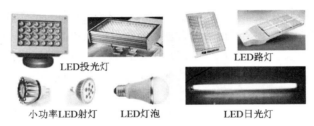

LED投光灯　　　　　　　　　LED路灯

小功率LED射灯　　LED灯泡　　　　　　LED日光灯

图 4-36　部分 LED 灯具实例

LED 常用产品有单个 LED 发光器、LED 组合模块、LED 灯具。目前,LED 光源不但成功地应用于指示灯、显示器、交通信号灯、汽车灯、舞台型聚光灯、红外线灯等多种场所,而且已经开始进入到普通照明领域。

十二、照明光源的选择

1. 选择光源的基本原则

选择光源时,应在满足显色性、启动时间等条件下,根据光源、灯具及镇流器等的效率、寿命和价格在进行综合技术经济分析比较后确定。

照明设计时可按下列条件选择光源:

(1)高度较低的房间,如办公室、教室、会议室及仪表、电子等生产车间宜采用细管径直管型荧光灯;

(2)商店营业厅宜采用细管径直管形荧光灯、紧凑型荧光灯或小功率的金属卤化物灯;

(3)高度较高的工业厂房,应按照生产使用要求,采用金属卤化物灯或高压钠灯,亦可采用大功率细管径荧光灯;

(4)一般照明场所不宜采用荧光高压汞灯,不应采用自镇流荧光高压汞灯;

(5)一般情况下,室内外照明不应采用普通照明白炽灯;在特殊情况下需采用时,其额定功率不应超过 100W;

(6)应急照明应选用能快速点燃的光源;

(7)应根据识别颜色要求和场所特点,选用相应显色指数的光源。

下列工作场所可采用白炽灯:

(1)要求瞬时启动和连续调光的场所,使用其他光源技术经济不合理时;

(2)对防止电磁干扰要求严格的场所;

(3)开关灯频繁的场所;

(4)照度要求不高,且照明时间较短的场所;

(5)对装饰有特殊要求的场所。

2. 以实施绿色照明工程为基点选择光源

20 世纪 90 年代初,国际上提出了推行旨在节约电能、保护环境的"绿色照明"(Green Lights),美国、日本等主要发达国家和部分发展中国家先后制订了绿色照明工程计划,取得了明显的效果,照明的质量和水平已成为衡量社会现代化程度的一个重要标志,成为人类社会可持续发展的一项重要措施,受到联合国等国际组织机构的关注。

绿色照明是指通过科学的照明设计,采用高效率、长寿命、安全和性能稳定的照明电器产品,最终建成环保、高效、舒适、安全、经济和有益于环境以及提高人们的工作、学习和生活质量的照明系统。实施绿色照明工程,就是通过采用合理的照明设计来提高能源有效利用率,达到节约能源、减少照明费用、减少火电工程建设、减少有害物质的排放和逸出,达到保护人类生存环境的目的。推进绿色照明工程实施过程中,电光源的选择应遵循以下一般原则。

(1)限制白炽灯的应用

白炽灯属于第一代光源,光效低,寿命一般只有1000h,应予以限制,但目前还不能完全被其他光源取代,因为白炽灯没有电磁干扰,便于调节,适合需要频繁开关的场合。对于局部照明、事故照明、投光照明、信号指示以及水电丰富的山区和边远农村都是不可缺少的光源。

(2)采用卤钨灯取代普通白炽灯

卤钨灯和普通照明的白炽灯同属白炽灯类产品,也属于电流通过灯丝白炽发光,是普通白炽灯的升级换代产品。卤钨灯光效和寿命比普通白炽灯高一倍以上。因此,在许多照明场所,如商业橱窗、展览展示厅以及摄影照明等要求显色性高、高档冷光或聚光的场合,可采用各种结构形式不同的卤钨灯取代普通白炽灯,来达到节约能源、提高照明质量的目的。

在卤钨灯类产品中,带反射器的组合式紧凑型卤钨灯是应用最广、发展最快的灯种之一。这种带反射器的组合式紧凑型卤钨灯在20世纪70年代初期,我国就开始在8.75mm和16mm的放映机中采用,作为放映光源,这种放映灯系采用石英卤钨灯与以玻璃材料热压成型的具有椭球反射面并镀以多层介质膜的反射器组合而成的紧凑型卤钨灯,一般为敞开式,以之取代镀铝的由椭球和球面组成的普通白炽放映灯或称全反射放映灯。

目前,这种敞开式结构的卤钨灯已广泛应用于商场、展览展示中心以及会议室等作为取代普通白炽灯的新一代光源。

(3)推荐采用紧凑型荧光灯取代白炽灯

与白炽灯相比,紧凑型荧光灯每瓦产生的光通量是普通照明白炽灯的3~4倍以上,其额定寿命是白炽灯的10倍。由于荧光粉质量的不断提高和改进,紧凑型荧光灯的显色指数可以达到80左右,在一般照明情况下,人们完全可以满意接受。紧凑型荧光灯可以和电子镇流器联接在一起,组合成一体化的整体型灯,其采用E27灯头,可与普通白炽灯直接替换,十分方便。同时也可做成分离的组合式灯,灯管更换三次或四次而不必更换镇流器。

紧凑型荧光灯根据其结构形式的不同,应用场所也各不相同。一般,在对灯管长度没有特殊要求的情况下,可采用双管型紧凑型荧光灯,单U单π型灯可作为建筑物出入口的标志或作为顶栅灯具的光源等。小型环型和双D型紧凑型荧光灯适合于类似台灯的应用场合,同时也适合做侧面屏灯和低顶棚的照明灯的光源。在家庭照明方面,如台灯、壁灯、吸顶装饰灯、嵌入式下照灯、悬吊式灯等应用普通照明白炽灯的场合均可采用紧凑型荧光灯替代,并且光的颜色包括冷白、暖白或日光色可供选择。

虽然紧凑型荧光灯的发展很快,推广应用也比较成功,但也存在一些实际问题,使其应用受到一定的局限性。

① 采用高显色性的荧光粉,虽然可以使紧凑型荧光灯的显色指数达到80以上,但目前技术仍达不到与白炽灯完全相同的显色指数。

② 带螺口灯头的一体化紧凑型荧光灯不能像白炽灯一样进行明暗度的连续调光,现在虽然有了可调光的紧凑型荧光灯系统,但需要通过采用包括可调光的镇流器、四插头紧凑型荧光灯和专用的调光控制器在内的新型照明装置来实现,比较复杂且成本较高。

③ 由于紧凑型灯基本仍属线型光源(单 U、单 π)或发光体仍相对较大,因此一般不能与白炽灯或高强度气体放电灯所使用的光学控制器(通常为反射器)通用。经过改型设计的与紧凑型荧光灯配套的反射式灯具一般都达不到与大多数白炽灯相同照度的投射距离,因此,在那些要求光束具有较大投射距离的应用场所,仍然只能采用反射卤钨灯或短弧高强度气体放电灯。

④ 在灯座向上或水平装置和环境温度在25℃时,紧凑型荧光灯工作时光效最高。如紧凑型荧光灯密封在室内灯具中,往往由于灯具内的环境温度较高,会降低光效。紧凑型荧光灯在室外较低的环境温度下工作,光效较低,并且还可能出现不能启动的现象。

⑤ 一体化的紧凑型荧光灯多配用电子镇流器,当紧凑型荧光灯只占有小部分电力负荷时,不会对电网质量构成影响,但当紧凑型荧光灯占有很大比例的电力负荷时,电子镇流器的谐波失真,将要加以限制,以免影响电网的正常供电。

(4)推荐采用细管荧光灯

用 φ26mm、φ16mm 细管荧光灯取代白炽灯。直管型荧光灯的光效和寿命均为普通白炽灯的 5 倍以上,是取代普通白炽灯的最佳灯种之一。随着科学技术的发展,荧光灯的光效不断得到提高,管径不断缩小,这对使用过程节约照明用电以及生产过程节约能源和资源都具有十分重要的意义。

(5)推荐采用钠灯和金属卤化物灯

高压钠灯和金属卤化物灯,同属高强度气体放电灯。由于我国不断从国外引进先进的设备和技术,使这两类灯的技术性能指标几乎达到或接近于国外同类产品的水平。各种规格的高压钠灯和金属卤化物灯由于具备高光效和长寿命的特点,分别广泛应用于各种环境条件室内外照明,如机场、港口、码头、道路、城市街道、体育场馆、大型工业车间、庭院、展览展示大厅、地铁等场所。

高压钠灯和金属卤化物灯是取代荧光高压汞灯的最佳选择。

低压钠灯的光效属各灯种之首。但其显色性极差,可以应用于隧道及对显色指数要求不高的照明场所。

3. 以光源的光色特性选择光源

在为实施绿色照明工程而选择光源的原则下,往往还要根据地区的气候、室内环境氛围要求而选择光源。这时,首先要考虑合适的光源色温,再按照光源色温选择相应的光源,以便创造出舒适和谐的室内环境。

人们对灯光的颜色有温度感,这就是光源的色温。室内照明光源色表可按其相关色温分为三组,光源的色温在 5300K 以上的是冷色型光源;色温在 3300～5300K 之间的为中间色型光源;色温低于 3300K 的是暖色型光源。光源色表分组及适用场合宜按表 4-55 确定。

表 4-55　光源色表分组及适用场合

色表分组	色表特征	相关色温(K)	适用场所举例
Ⅰ	暖	<3300	客房、卧室、病房、酒吧、餐厅
Ⅱ	中间	3300～5300	办公室、教室、阅览室、诊室、检验室、机加工车间、仪表装配
Ⅲ	冷	>5300	热加工车间、高照度场所

4. 以光源的显色指数选择光源

光源的显色指数反映了同一物体在不同光源下,呈现出的颜色不一致的程度。因此在不同的场合下,可以根据要求选择不同显色指数的光源,既可达到规定的辨色的要求,又可达到舒适的要求。光源的显色指数及其适用场合见表4-56。由表中可知钠灯、汞灯显色指数较低,显色性较差,常常用于要求辨色不高的场合,如道路照明,库房照明等;而暖白色、日光色荧光灯显色指数一般,显色性一般,常用于辨色要求较高的场合,如办公室和休息室,在教室等学习场合通常也选择日光色荧光灯和冷白色荧光灯($Ra=91$);在辨色要求很高的场合,如在照明非常重视显色性的美术馆、博物馆中的陈列室应当选择光色和显色性接近于日光的电光源,如显色性很好的白炽灯,卤钨灯等,但实际上大多采用色温低而又有温度感的光色,即大多采用普通荧光灯的照明,而$Ra>80$的电光源常常用于局部照明。

表4-56　光源的显色指数及其适用场合

光源类别	显色指数	适用场合
白炽灯,卤钨灯,冷白色荧光灯,氙灯,金属卤化物灯	$Ra>80$	客房、绘图室等辨色要求很高的场合
暖白色荧光灯,日光色荧光灯	$60<Ra<80$	办公室、休息室等辨色要求较高的场合
低压钠灯	$40<Ra<60$	行李房等辨色要求一般的场所
高压钠灯,荧光高压汞灯	$Ra<40$	库房等辨色要求不高的场所

5. 以光源的光效以及总光通量选择光源

各种光源的光效与它的输出光通量的关系如图4-37所示。

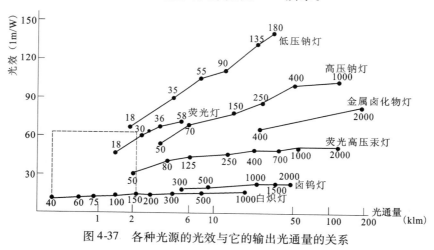

图4-37　各种光源的光效与它的输出光通量的关系

图中曲线上数字的单位为瓦特(W)。从图可知,提高同一光源的光效则必需提高它的输出光通量(提高功率)。特别是图中虚线框表明在小空间适用的光通量范围(400~2200lm),而在这个范围只有白炽灯和荧光灯,即家居民用范围广泛采用白炽灯和荧光灯。

随着光源、微电子器件技术和生产工艺的不断提高和飞速发展,采用高效新光源(细管径荧光灯、紧凑型荧光灯、高强度气体放电灯等)和节能电器产品、高性能电子镇流器等将产生巨大的社会、经济效益。据专家测算,1只11W电子紧凑型荧光灯较同样照度的60W

白炽灯节电约 48W，按每天平均使用 4h 计算，年节电约 71 度，若全国替换 2 亿只，则年节电可达 142 亿度。另据有关部门统计，全国现有 2.76 亿户（其中农村 2 亿户）的家庭照明目前仍以普通白炽灯为主体，加上企事业、公共场地所用白炽灯，其数量极为可观，若将上述白炽灯泡都改用电子紧凑型荧光灯，一年就可节省电力 938 亿度，是国家投资几十亿元，历时建设十几年的长江葛洲坝水电枢纽工程 94 年年发电量 157.5 亿度的 5 倍，就连举世瞩目的"三峡工程"其设计年发电量与照明节电潜力相比也还有差距，因此，照明节电工作是当务之急，否则灯头下跑掉的不只是一个"三峡工程"，所以，用紧凑型荧光灯、细管径荧光灯代替白炽灯可以极大地节省电源。

6. 以光源的各种参数以及使用条件综合地选择光源

不同光源在光谱特性、发光效率、色温、显色指数、使用条件和造价等方面都有自己的特点，我们应根据不同场所的具体情况，综合各方面的因素来确定光源的类型。为了便于比较，下面将各种光源的适用场所归纳于表 4-57 中。

表 4-57　各种光源的适用场所

使用场合	要求光源的特性		钨丝白炽灯	卤钨白炽灯	荧光灯				荧光高压汞灯		金属卤化物灯		高压钠灯			低压钠灯
	光通量输出（klm）	显色性 Ra			标准型	高显色	三基色	紧凑型	透明型	一般型	标准型	显色好	标准型	改进型	高显色	
家用照明	<3	60~98	好	—	√	—	好	好	—	—	—	—	—	—	—	—
办公、学术照明	3~10	40~90	—	—	好	—	好	√	—	—	—	—	—	—	—	—
商店照明（普通）	>3	30~90	√	√	√	好	好	√	—	—	—	好	—	—	好	—
商店照明（橱窗）	<3	80~98	好	好	—	—	—	—	—	—	—	—	—	—	—	—
餐厅和旅馆	<10	80~98	好	—	—	—	—	—	—	—	—	—	—	—	好	—
音乐厅	<10	80~98	√	—	—	—	好	好	—	—	—	—	—	—	—	—
医院照明（普通）	<10	60~90	√	—	√	—	好	—	—	—	—	—	—	—	—	—
医院照明（检验）	<10	80~98	好	—	—	—	好	—	—	—	—	—	—	—	—	—
工业照明（高天花）	>10	<60	—	—	—	—	—	—	—	√	√	√	√	—	—	—
工业照明（低天花）	3~10	40~80	—	—	√	—	—	—	—	—	—	—	—	好	—	—
体育场照明（室外）	>3	<60	—	—	—	—	—	—	—	—	好	好	好	—	—	—
体育场照明（室内）	3~10	40~60	—	—	—	—	—	—	—	—	好	好	—	好	—	—
剧场和电视照明	<10	80~90	好	√	—	—	—	好	—	—	—	—	—	—	—	—
电影照明	>3	60~98	—	好	—	—	—	—	—	—	—	—	—	—	—	—
公园和广场住宅区	>3	<80	—	—	—	—	—	—	—	√	—	好	好	—	—	—
住宅区和休息区	<3	<60	√	—	—	—	—	—	—	—	—	—	好	—	—	√
港口、船坞、码头	>3	—	—	—	—	—	—	—	—	—	—	—	好	—	—	—
汽车道路照明	>3		—	—	—	—	—	—	—	—	—	—	好	—	—	好
普通道路照明	<6		—	—	—	—	—	—	—	—	—	—	—	好	—	好
街道照明	<6		—	—	√	—	—	—	—	√	√	√	好	—	—	√

注：表中的"好"——选用该光源比较理想；表中的"√"——可以选用该光源；表中的"—"——一般不选用该光源。

第四节　灯具的特性及选择

根据国际照明委员会（CIE）的定义，灯具是透光、分配和改变光源光分布的器具，包括除光源外所有用于固定和保护光源所需的全部零、部件以及与电源连接所必需的线路附件。照明灯具对节约能源、保护环境和提高照明质量具有重要的作用。

一、灯具的作用

（1）控光作用

利用灯具如反射罩、透光棱镜、格栅或散光罩等，将光源所发出的光重新分配，照射到被照面上，满足各种照明场所的光分布，达到照明的控光作用。

（2）保护光源的作用

保护光源免受机械损伤和外界污染；将灯具中光源产生的热量尽快散发出去，避免灯具内部温度过高，使光源和导线过早老化和损坏。

（3）安全作用

灯具具有电气和机械的安全性。在电气方面，采用符合使用环境条件的电气零件和材料，如能够防尘、防水，确保适当的绝缘和耐压性，避免以此带来的触电与短路；在灯具的构造上，要有足够的机械强度，有抗风、雨、雪的性能。

（4）美化环境作用

灯具有功能性照明器具，也有装饰性照明器具。功能性主要考虑保护光源、提高光效、降低眩光，而装饰性就要考虑环境美化和装饰的效果，所以要考虑灯具的造型和光线的色泽。

二、灯具的光学特性

灯具的光学特性主要有三项：发光强度的空间分布、灯具效率和灯具的保护角。

1. 发光强度的空间分布

灯具可以使电光源的光强在空间各个方向上重新分配，不同的灯具其光强分布也不同，通常将空间各方向上光强的分配称为配光，用曲线来表示这种配光，又称为灯具配光曲线。由于各种灯具引发的空间光强分布不同，所以各种灯具的配光曲线也是不同的。利用灯具的配光曲线，可以进行照度、亮度、利用系数、眩光等照明计算。配光曲线常用三种方法表示，分别是极坐标法、直角坐标法和等光强曲线图。

（1）极坐标配光曲线

极坐标配光曲线——顾名思义是利用极坐标的方法描述光在空间的分配。设光源为一点光源，并称为光源中心，且为灯具中心，通过光源中心的竖垂线被称为光轴，如图 4-38 所示。光强在空间的分布状态通常取与光轴平行（纵向）、垂直（横向）、相交 45° 的三个平面，并将这些平面称为测光平面。所以极坐标配光曲线定义为：以光源中心（灯具中心）为极坐标原点，测出灯具在位于测光平面上不同角度的光强值，从某一给定方向起，把灯具在各个方向的发光强度用矢量表示，连接矢量顶端得到的曲线，即为灯具配光的极坐标曲线。若灯具相对光轴旋转对称，并在与光轴垂直的测光平面上各方向的光强值相等，这时只要取与光轴平行（纵向）面的光强分布，就可得到该灯具的配光曲线，如图 4-38 所示为旋转轴对称灯具的配光曲线，再将画有光强分布的测光平面绕光轴旋转一周，就可以得到该灯具的空间光强分布了。大多数灯具的形状都是轴对称的旋转体（点光源），其光强分布为轴对称。

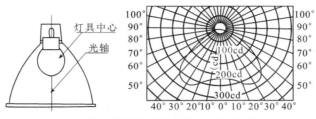

图 4-38　旋转轴对称灯具的配光曲线

对于非轴对称旋转体的灯具，如荧光灯灯具、碘钨灯灯具，则要用三个测光平面（纵向、横向和 45°平面）的发光强度分布曲线来表示。

为了便于对各种照明灯具的光分布特性进行比较，统一规定以光通量为 1000lm 的假想光源来提供光强分布数据，因此，实际发光强度应当是该灯具测光参数提供的光强值乘以光源实际光通量与 1000 之比。计算方法见公式 4-8：

$$I = \frac{\Phi \times I_{\Phi}}{1000} \tag{4-8}$$

式中　I_{Φ}——光源光通量为 1000 时 θ 方向的光强（cd），光源为 1000lm 配光曲线上的数值；

　　　I——灯具在 θ 方向上的实际光强（cd）；

　　　Φ——光源的实际光通量。

室内照明灯具一般采用极坐标配光曲线来表示其光强的空间分布。

（2）直角坐标配光曲线

投光型的灯具所发出的光束集中在狭小的立体角内，用极坐标难以表示清楚时，常用直角坐标来表示配光曲线，直角坐标的纵轴表示光强大小，横轴表示投光角的大小。用这种方法绘制的曲线称为直角坐标配光曲线，如图 4-39 所示。

（3）等光强曲线图

为了正确表示发光体空间的光分布，假想发光体放在一球体内并发光射向球体表面，将球体表面上光强相同的各点连接起来形成封闭的等光强曲线图。它可以表示该发光体光强在空间各方向的分布情况，如图 4-40 所示。

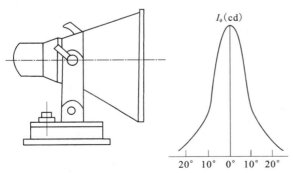

图 4-39　直角坐标配光曲线

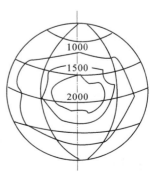

图 4-40　等光强曲线图

2. 灯具的效率

照明灯具效率定义为在规定条件下,测得的灯具发出的光通量占灯具内所有光源发出的总光通量的百分比,称为灯具效率。其定义式如下:

$$\eta = \frac{\Phi_2}{\Phi_1} \times 100\% \qquad (4\text{-}9)$$

式中　η——照明灯具的效率;

　　　Φ_2——灯具发出的光通量(lm);

　　　Φ_1——光源发出的总光通量(lm)。

由于灯具的形状不同,所使用的材料不同,光源的光通量在出射时,将受到灯具如灯罩的折射与反射,使得实际光通量下降,因此效率与选用灯具材料的反射率或透射率以及灯具的形状有关。灯具效率永远是小于1的数值,灯具的效率越高说明灯具发出的光通量越多,入射到被照面上的光通量也越多,被照面上的照度越高,越节约能源。

3. 灯具的保护角

在视野内由于亮度的分布或范围不适宜,或者在空间上或时间上存在着极端的亮度对比,以致引起不舒适和降低目标可见度的视觉状况称为眩光。

根据产生眩光的方式不同可分为:

(1)直接眩光

在靠近视线方向存在的发光体所产生的眩光。

(2)反射眩光

由靠近视线方向所见的反射像所产生的眩光。

(3)光幕眩光

由视觉对象的镜面反射引起的视觉对象的对比降低。

根据眩光引起的不舒适和可见度可分为:

(1)不舒适眩光

产生不舒适感觉,但不一定降低视觉对象的可见度的眩光。

(2)失能眩光

降低视觉对象的可见度,但不一定产生不舒适感觉。

眩光对视力有很大的危害,严重的可使人晕眩。长时间的轻微眩光,也会使视力逐渐降低。当被视物体与背景亮度对比超过1:100时,就容易引起眩光。眩光可由光源的高亮度直接照射到眼睛而造成,也可由镜面的强烈反射所造成,限制眩光的方法一般是使灯具有一定的保护角(又叫遮光角),或改变安装位置和悬挂高度,或限制灯具的表面亮度。

所谓保护角是指投光边界线与灯罩开口平面的夹角,用符号 γ 表示。几种灯具的保护角示意如图 4-41 所示。

一般灯具的保护角越大,则配光曲线越狭小,效率也越低,保护角越小,配光曲线越宽,效率越高,但防止眩光的作用也随之减弱,在要求配光分布宽广,且又要避免直接眩光时,应该在灯具开口处用能够透射光线的玻璃灯罩包合光源,也可以用各种形状的栅格罩住光源。照明灯具的保护角的大小是根据眩光作用的强弱来确定的,一般说来,灯具的保护角范围应在 15°~30° 范围内。在规定灯具的最低悬挂高度下,保护角把光源在强眩光视线角度区内

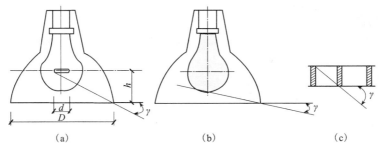

图 4-41　几种灯具的保护角示意图
(a)普通灯泡;(b)乳白灯泡;(c)挡光栅格片

隐藏起来,从而避免了直接眩光,它是评价照明质量和视觉舒适感的一个重要参数。室内一般照明灯具的最低悬挂高度见表4-58。

表4-58　室内一般照明灯具的最低悬挂高度

光源种类	灯具型式	灯具遮光角	光源功率(W)	最低悬挂高度(m)
白炽灯	有反射罩	10°~30°	≤100	2.5
			150~200	3.0
			300~500	3.5
	乳白玻璃漫射罩	—	≤100	2.0
			150~200	2.5
			300~500	3.0
荧光灯	无反射罩	—	≤40	2.0
			>40	3.0
	有反射罩	—	≤40	2.0
			>40	2.0
荧光高压汞灯	有反射罩	10°~30°	<125	3.0
			125~250	5.0
			≥400	6.0
	有反射罩带格栅	>30°	<125	3.0
			125~250	4.0
			≥400	5.0
金属卤化物灯、高压钠灯、混光光源	有反射罩	10°~30°	<150	4.5
			150~250	5.5
			250~400	6.5
			>400	7.5
	有反射罩带格栅	>30°	<150	4.0
			150~250	4.5
			250~400	5.5
			>400	6.5

三、灯具的分类

照明灯具的分类通常以灯具的光通量在空间上下部分的分配比例分类;或者按灯具的结构特点分类;或者按灯具的安装方式来分类等。

1. 按光通量在空间分配特性分类

以照明灯具光通量在上下空间的分配比例进行分类,可分为直接型、半直接型、漫射型、半间接型和间接型 5 种,它们分别如表 4-59 所示。

表 4-59 按光通量在空间上下部分的分配比例分类

类型	直接型	半直接型	漫射型	半间接型	间接型
配光曲线					
光通分布	上半球:0%～10% 下半球:100%～90%	上半球:10%～40% 下半球:90%～60%	上半球:40%～60% 下半球:60%～40%	上半球:60%～90% 下半球:40%～10%	上半球:90%～100% 下半球:10%～0%
灯罩材料	不透光材料	半透光材料	漫射透光材料	半透光材料	不透光材料

(1)直接型灯具

直接型灯具的用途最广泛,它的大部分光通量向下照射,所以灯具的光通量利用率最高,其特点是光线集中,方向性很强,这种灯具适用于工作环境照明,并且应当优先采用。另一方面由于灯具的上下部分光通量分配比例较为悬殊和光线比较集中,容易产生对比眩光和较重阴影。

直接型灯具又可按其配光曲线的形状分为:特深照型、深照型、广照型、配照型和均匀配照型 5 种,它们的配光曲线如图 4-42 所示。直接型灯具的外形图如图 4-43 所示。

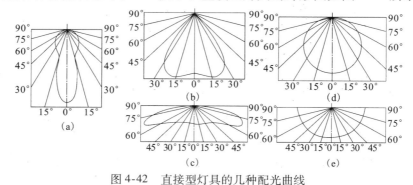

图 4-42 直接型灯具的几种配光曲线

(a)特深照型;(b)深照型;(c)广照型;(d)配照型;(e)均匀配照型

深照型灯具和特深照型灯具的光线集中,适应于高大厂房或要求工作面上有高照度的场所。这种灯具配备镜面反射罩并以大功率的高压钠灯、金属卤化物灯、高压汞灯作光源,能将光控制在狭窄的范围内,获得很高的轴线光强。在这种灯具照射下,水平照度高,阴影很浓,适用于一般厂房和仓库等地方。

广照型灯具一般作路灯照明,它的主要优点有:直接眩光区亮度低,直接眩光小;灯具间距大,也有均匀的水平照度,这便于使用光通量输出高的高效光源,减少灯具数量,产生光幕反射的机率亦相应减小;有适当的垂直照明分量。

敞口式直接型荧光灯具纵向几乎没有遮光角,在照明舒适要求高的情况下,常要设遮光栅格来遮蔽光源,减小灯具的直接眩光。

点射灯和嵌装在顶棚内的下射灯也属直接型灯具,光源为白炽灯或卤钨灯,见图 4-43 (e)、(f)。

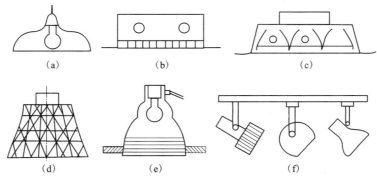

图 4-43　几种直接型灯具外形

(a)斗笠形搪瓷罩;(b)方形栅格荧光灯;(c)镜面反射罩,单向格栅荧光灯;

(d)块板式镜面罩;(e)下射灯(筒灯,普能型);(f)点射灯(装在导轨上)

(2)半直接型灯具

半直接型灯具也有较高的光通利用率,它能将较多的光线照射到工作面上,又能发出少量的光线照射顶棚,减小了灯具与顶棚间的强烈对比,使室内环境亮度更舒适,常用于办公室、书房等。其外形图如图 4-44 所示。

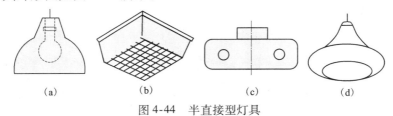

图 4-44　半直接型灯具

(a)碗形罩;(b)吸顶灯;(c)荧光灯;(d)吊灯

(3)均匀漫射型灯具

均匀漫射型灯具将光线均匀地投向四面八方,对工作面而言,光通利用率较低。这类灯具是用漫射透光材料制成封闭式的灯罩,造型美观,光线柔和均匀。适用于起居室、会议室和厅堂照明,其外形如图 4-45 所示。

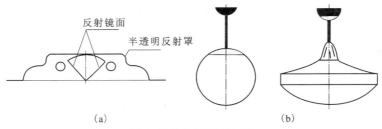

图 4-45 均匀漫射型灯具

(a)组合荧光灯;(b)乳白玻璃灯具

（4）半间接型灯具

半间接型灯具大部分光线投向顶棚和上部墙面，增加了室内的间接光，光线更为柔和宜人。这类灯具上半部用透光材料制成，下半部用漫射透光材料制成，在使用过程中上半部容易积灰尘，会影响灯具的效率。其外形如图4-46所示。

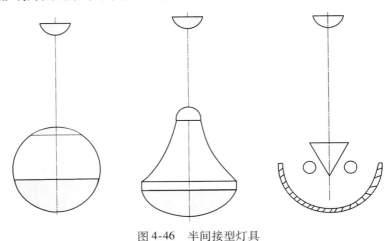

图4-46 半间接型灯具

（5）间接型灯具

这类灯具将光线全部投向顶棚，使顶棚成为二次光源。因此，室内光线扩散性极好，光线均匀柔和，几乎没有阴影和光幕反射，也不会产生直接眩光。但光通损失较大，不经济，常用于起居室和卧室。其外形如图4-47所示。

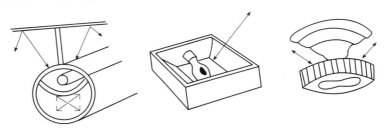

图4-47 间接型灯具

2. 按灯具的结构分类

按灯具的结构分类可以分为以下几种：

（1）开启型灯具

无灯罩，光源直接照射周围环境。

（2）闭合型灯具

具有闭合的透光罩，但罩内外仍能自然通气，不防尘。

（3）封闭型灯具

透光罩接合处作一般封闭，与外界隔绝比较可靠，罩内外空气可有限流通。

（4）密闭型灯具

透光罩接合处严密封闭，具有防水、防尘功能。

（5）防爆型灯具

透光罩及接合处,灯具外壳均能承受要求的压力,能安全使用在有爆炸危险的场所,如高压水银安全防爆灯等。

（6）隔爆型灯具

灯具结构特别坚实,即使发生爆炸也不会破裂,适用于有可能发生爆炸的场所。

（7）防振型灯

这种灯具采取了防振措施,可安装在有振动的设施上,如行车、吊车、或有振动的车间、码头等场所。

（8）防腐性灯具

灯具外壳采用防腐材料,且密封型好,适用于具有腐蚀性气体的场合。

3.按安装方式分类

根据安装方式的不同,灯具大致可分为如下几类:

（1）壁灯

壁灯是将灯具安装在墙壁、庭柱上,主要用于局部照明、装饰照明或不适合在顶棚安装灯具或没有顶棚的场所。其光线柔和,造型美观,其主要形式有:筒式壁灯、夜间壁灯、镜前壁灯、亭式壁灯、灯笼式壁灯、组合式壁灯、投光壁灯、吸壁式荧光灯、门厅壁灯、床头摇臂式壁灯、壁画式壁灯、安全指示式壁灯等。壁灯式样如图4-48所示。

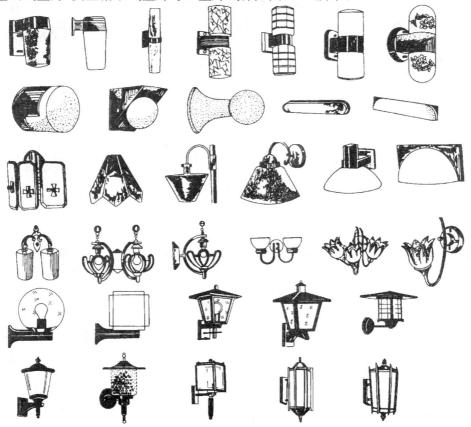

图 4-48　壁灯

207

（2）吸顶灯

吸顶灯是将灯具贴在顶棚面上安装,主要用于没有吊顶的房间内。吸顶灯主要有:组合方型灯、晶罩组合灯、晶片组合灯、灯笼吸顶灯、圆栅格灯、筒形灯、直口直边形灯、斜边扁圆形灯、尖扁圆形灯、圆球形灯、长方形灯、防水形灯、吸顶式点源灯、吸顶式荧光灯、吸顶式发光带、吸顶裸灯泡等。吸顶灯式样如图4-49所示。

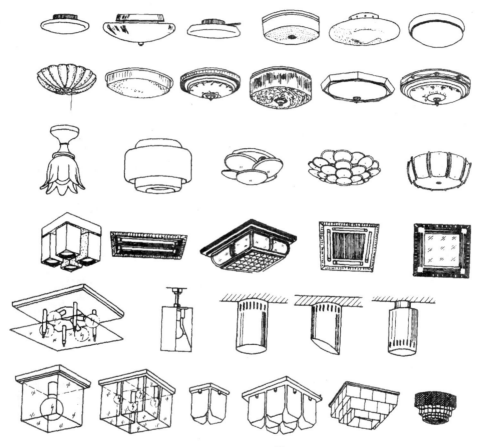

图4-49　吸顶灯

吸顶灯应用比较广泛。吸顶式的发光带适用于计算机房、变电站等;吸顶式荧光灯适用于照度要求较高的场所;封闭式带罩吸顶灯适用于照度要求不很高的场所,它能有效地限制眩光,外形美观,但发光效率低;吸顶裸灯泡适用于普通的场所,如厕所、仓库等。

（3）嵌入式灯

嵌入式灯适用于有吊顶的房间,灯具是嵌入在吊顶内安装的,若顶棚吊顶深度不够时,则可以安装半嵌入式灯,它介于吸顶灯和嵌入式灯之间。这种灯具能有效地消除眩光,与吊顶结合能形成美观的装饰艺术效果。灯具主要形式有:圆栅格灯、方栅格灯、平方灯、螺丝罩灯、嵌入式栅格荧光灯、嵌入式保护荧光灯、嵌入式环形荧光灯、方形玻璃片嵌顶灯、嵌入式点源灯、浅圆嵌入式平顶灯等。嵌入式灯式样如图4-50所示。

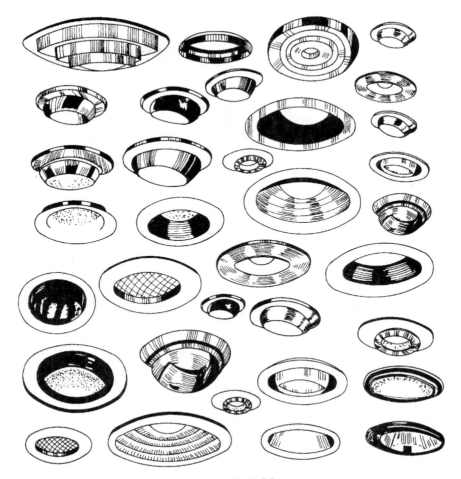

图 4-50　嵌入式灯

（4）吊灯

吊灯主要是利用吊杆、吊链、吊管、吊灯线安装，是最普通、最广泛的一种灯具安装方式。吊灯主要有：圆球直杆灯、碗形罩吊灯、伞形吊灯、明月罩吊灯、束腰罩吊灯、灯笼吊灯、组合水晶吊灯、三环吊灯、玉兰罩吊灯、花篮罩吊灯、棱晶吊灯、吊灯点源灯等。吊灯式样如图 4-51 所示。

带有反光罩的吊灯，配光曲线比较好，照度集中，适应于顶棚较高的场所，如教室、办公室、设计室。吊线灯适用住宅、卧室、休息室、小仓库、普通用房等。吊管、吊链花灯，适用于有装饰性要求的房间，如宾馆、餐厅、会议厅、大展厅等。

（5）地脚灯

地脚灯暗装在墙内，距地面高度为 0.2~0.4m。地脚灯的主要作用是照明走道，便于人员行走，特别是夜间起床开灯，可以避免刺眼的光线，保证他人的休息。主要应用于医院病房、宾馆客房、公共走廊、卧室等场所。

（6）台灯

台灯主要放在写字台、工作台、阅览桌上，作为书写阅读之用。台灯的种类很多，目前市场上流行的主要有变光调光台灯、荧光台灯等。目前还流行一类装饰性台灯，如将其放在装饰架上或电话桌上,能起到很好的装饰效果。台灯式样如图 4-52 所示。

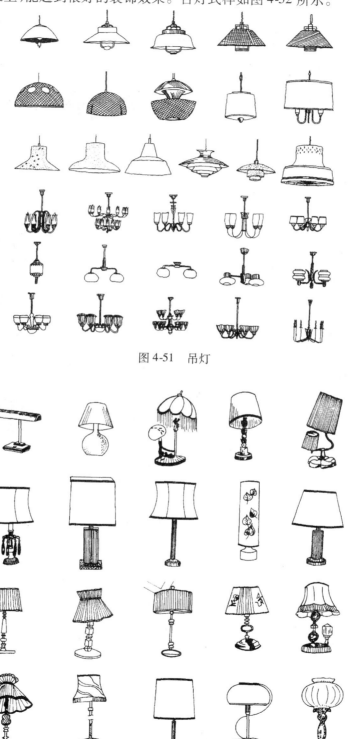

图 4-51　吊灯

图 4-52　台灯

（7）落地灯

落地灯一般放置在需要局部照明或局部装饰照明的场所。多用于高级客房、宾馆、带茶几沙发的房间以及家庭的床头或书架旁。落地灯有的单独使用，有的与落地式台扇组合使用，还有的与衣架组合使用。落地灯式样如图 4-53 所示。

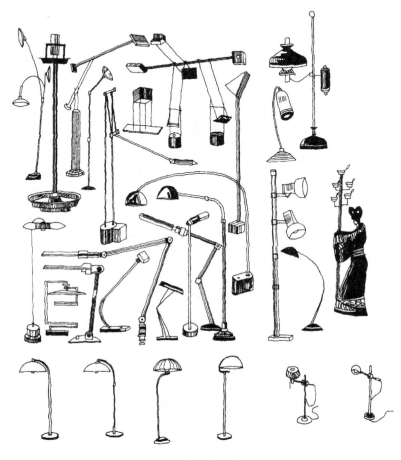

图 4-53　落地灯

（8）庭院灯

庭院灯灯头或灯罩多数向上安装，灯管和灯架多数安装在庭、院地坪上，特别适用于公园、街心花园、宾馆以及工矿企业，机关学校的庭院等场所。庭院灯主要有：盆圆形庭院灯、玉坛罩庭院灯、草坪柱灯、四叉方罩庭院灯、琥珀庭院灯、花坛柱灯、六角形庭院灯、磨花圆形罩庭院灯等。

（9）道路广场灯

道路广场灯主要用于夜间的通行照明。道路灯有高杆球形路灯、高压汞灯路灯、双管荧光灯路灯、高压钠灯路灯、双腰鼓路灯、飘形高压汞灯等。广场灯有广场塔灯、六叉广场灯、碘钨反光灯、圆球柱灯、高压钠柱灯、高压钠投光灯、深照卤钨灯、搪瓷斜照卤钨灯、搪瓷配照卤钨灯等。道路广场灯式样如图 4-54 所示。

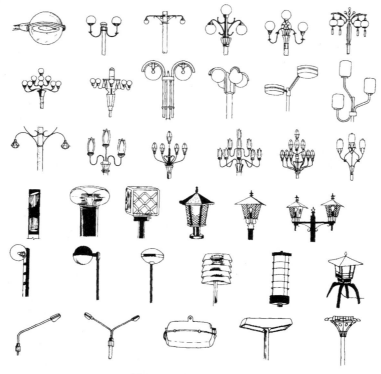

图 4-54　道路广场灯

道路照明一般使用高压钠灯、荧光高压汞灯等,目的是给车辆、行人提供必要的视觉条件,预防交通事故。广场灯用于车站前广场、机场前广场、港口码头、公共汽车站广场、立交桥、停车场、室外体育场等,广场灯应根据广场的形状、面积使用特点来选择。

（10）移动式灯

移动式灯具常用于室内、外移动性的工作场所以及室外电视、电影的摄影等场所。移动式灯具主要有:深照型特挂灯、广照型有带防护网的防水防尘灯、平面灯、移动式投光灯等。移动式灯具都有金属防护网罩或塑料防护罩。

（11）自动应急照明灯

自动应急照明灯作应急照明之用,也可用于紧急疏散、安全防灾等重要场所。适用于宾馆、饭店、医院、影剧院、商场、银行、邮电、地下室、会议室、计算机房、动力站房、人防工事、隧道等公共场所。

自动应急照明灯的供电系统应当性能稳定,安全可靠。当交流电源因故停电时,应急灯自动切换系统将自动切换到蓄电池供电,为人员安全撤离指示方向。

自动应急灯的种类有:照明型、放音指示型、字符图样标志型等。按其安装方式可分为:吊灯、壁灯、挂灯、吸顶灯、筒灯、投光灯、转弯指示灯等多种样式。如图 4-56 所示,专业用灯中的安全出口字符图样标志灯,属于自动应急灯的一种。

（12）投光灯

投光灯室内室外均有安装,大型探照灯通常作发送信号或搜索照明用,广泛应用于广场、停车场、机场、站场、体育场和公园内,目前特别是对于一些大型重要的、且具有观赏意义的建筑物,使用投光灯做夜间的泛光照明,会对城市的夜景产生强烈的艺术效果。小型投光灯用于商品陈列,对主要商品及其场所进行重点照明,以增强对顾客的吸引力。投光灯式样如图 4-55 所示。

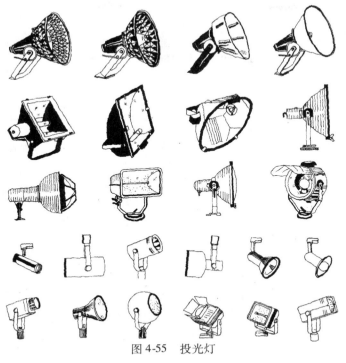

图 4-55 投光灯

（13）专业用灯

专业用灯包括舞台灯、娱乐灯、信号标志灯、广告灯、医院的手术用灯等,它们的选用主要取决于功能设计,因此也有广泛的用途。专业用灯式样如图 4-56 所示。

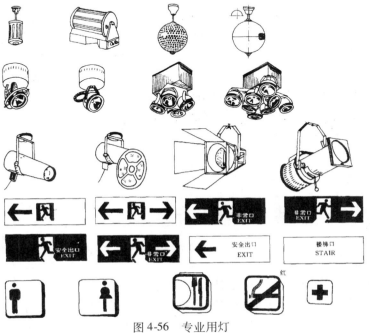

图 4-56 专业用灯

4. 按防触电保护分类

为了保证电气安全,照明灯具所有带电部分必须采用绝缘材料等加以隔离,这种保护人身安全的措施称为防触电保护,它可以可分为0、Ⅰ、Ⅱ和Ⅲ四类,每一类灯具的主要性能及其应用情况见表4-60。

表4-60 灯具的防触电保护分类

灯具等级	灯具主要性能	应用说明
0 类	保护依赖基本绝缘是在易触及的部分及外壳和带电体间的绝缘	适用环境好的场合,且灯具安装、维护方便,如空气干燥、尘埃少、木地板等条件下的吊灯等
Ⅰ 类	除基本绝缘外,易触及的部分及外壳有接地装置,一旦基本绝缘失效时,不致有危险	用于金属外壳灯具,如投光灯、路灯、庭院灯等,提高了安全程度
Ⅱ 类	除基本绝缘外,还有补充绝缘,做成双重绝缘或加强绝缘,提高安全性	绝缘性好,安全程序高,适用于环境差、人经常触摸的灯具,如台灯、手提灯等
Ⅲ 类	采用特低安全电压交流有效值 <50V,且灯内不会产生高于此值的电压	灯具安全程序最高,用于恶劣环境,如机床工作台灯、儿童用灯等

从电气安全角度看,0 类灯具的安全保护程度最低,目前有些国家从安全的角度出发,已不允许生产 0 类照明器具;Ⅰ、Ⅱ 类安全保护程度较高,一般情况下可采用 Ⅰ 类或 Ⅱ 类灯具;Ⅲ 类安全保护程度最高,在使用条件或使用方法恶劣的场所应使用 Ⅲ 类灯具。总之在照明设计时,应综合考虑使用场所的环境、操作对象、安装和使用位置等因素,选用合适类别的灯具。

四、灯具的选择

1. 灯具选择的一般原则

灯具及其附属装置的选择应首先满足使用功能和照明质量的要求,同时便于安装与维护,并且长期运行的费用低。基于这些要求,应优先采用高效节能电光源和高效灯具。对于灯具及其附属装置的选择应考虑如下原则。

(1)在满足眩光限制和配光要求条件下,应选用效率高的灯具。荧光灯灯具的效率不应低于表4-61 的规定;高强度气体放电灯灯具的效率不应低于表4-62 的规定。

表4-61 荧光灯灯具的效率

灯具出光口形式	开敞式	保护罩(玻璃或塑料)		格栅
		透明	磨砂、棱镜	
灯具效率	75%	65%	55%	60%

表4-62 高强度气体放电灯灯具的效率

灯具出光口形式	开敞式	格栅或透光罩
灯具效率	75%	60%

(2)根据照明场所的环境条件,分别选用下列灯具:

① 在潮湿的场所,应采用相应防护等级的防水灯具或带防水灯头的开敞式灯具;

② 在有腐蚀性气体或蒸汽的场所,宜采用防腐蚀密闭式灯具。若采用开敞式灯具,各

部分应有防腐蚀或防水措施；

③ 在高温场所，宜采用散热性能好、耐高温的灯具；

④ 在有尘埃的场所，应按防尘的相应防护等级选择适宜的灯具；

⑤ 在装有锻锤、大型桥式吊车等振动、摆动较大场所使用的灯具，应有防振和防脱落措施；

⑥ 在易受机械损伤、光源自行脱落可能造成人员伤害或财物损失的场所使用的灯具，应有防护措施；

⑦ 在有爆炸或火灾危险场所使用的灯具，应符合国家现行相关标准和规范的有关规定；

⑧ 在有洁净要求的场所，应采用不易积尘、易于擦拭的洁净灯具；

⑨ 在需防止紫外线照射的场所，应采用隔紫灯具或无紫光源。

（3）直接安装在可燃材料表面的灯具，应采用标有 F 标志的灯具。

（4）照明设计时按下列原则选择镇流器：

① 自镇流荧光灯应配用电子镇流器；

② 直管形荧光灯应配用电子镇流器或节能型电感镇流器；

③ 高压钠灯、金属卤化物灯应配用节能型电感镇流器；在电压偏差较大的场所，宜配用恒功率镇流器；功率较小者可配用电子镇流器；

④ 采用的镇流器应符合该产品的国家能效标准。

（5）高强度气体放电灯的触发器与光源的安装距离应符合产品的要求。

2．根据灯具的特性选择

（1）根据灯具的配光曲线合理选择灯具

选择灯具应使其出射光通量最大限度地落到工作面上，实现最大限度的节能，即有较高的利用系数。利用系数值取决于灯具效率、灯具配光、室内装修等因素。

（2）尽量选择不带附件的一体化灯具

灯具带的格栅、棱镜、有机玻璃板、各种装饰罩等附件，其作用是改变光线的方向，减少眩光，增加美感和装饰效果。同时，这些附件引起灯具的效率下降，灯泡温度上升，灯具、灯泡的寿命降低。因此，尽量选择不带附件的一体化灯具，如大型公共建筑物内多采用直接型、半直接型的天棚筒灯照明。

（3）尽量选择具有高保持率的灯具

高保持率指在运行期间光通量降低较少。光通量降低包括光源光通量下降，灯具老化污染引起灯具输出光通量的下降。

① 常用的照明光源中，在其寿命期间内高压钠灯光通量降低最少，寿终约为17%；金属卤化物灯光通量降低较大，寿终时约光通量降低30%。白炽灯寿终时，光通量降低最多。

② 灯具的表面易老化受污染，其反射罩的表面通常要进行特殊处理，目的是提高耐热冲击性能，增强罩的抗弯强度，提高表面光洁度，使其不易积灰，易于清洗和耐腐蚀等。

3．根据灯具的效率和经济性选择

选择灯具时，在保证满足使用功能和照明质量的前提下，应重点考虑灯具的效率和经济性，并进行初始投资费、年运行费和维修费的综合计算。其中初始投资费包括灯具费、安装费等；年运行费包括每年的电费和管理费；维修费包括灯具检修和更换费用等。

在经济条件比较好的地区,可选用灯具效率较高和造型美观并且实用的新型灯具,进行一次性较大投资,降低年运行费和维修费用。

4. 根据环境条件选择灯具

(1)在正常环境中,宜选用开启型灯具。

(2)在潮湿、多灰尘的场所,根据灯具保护等级,选用密闭型防水、防尘灯。

(3)在有爆炸危险的场所,可根据爆炸危险的级别或组别适当地选择相应的防爆灯具。

(4)在有化学腐蚀的场所,可选用耐腐蚀性材料制成的灯具。

总之,应根据不同工作环境条件,灵活、实用、安全地选用开启式、防尘式、封闭式、防爆式、防水式以及直接和半直接照明型等多种形式的灯具。

5. 灯具形状应与建筑物风格相协调

按建筑物的建筑艺术风格可分为古典式和现代式、中式和欧式等建筑艺术风格。若建筑物为现代式建筑风格,其灯具应采用流线型,具有现代艺术的造型灯具。灯具外形应与建筑物相协调,不要破坏建筑物的艺术风格。

按建筑物的结构形式又有直线形、曲线形、圆形等。选择灯具时根据建筑结构的特征合理地选择和布置灯具,如在直线形结构的建筑物内,宜采用直管日光灯组成的直线光带或矩形布置,突出建筑物的直线形结构特征。

按建筑物的功能又分为民用建筑物、工业建筑物和其他用途建筑物等。在民用建筑物照明中,可采用照明与装饰相结合的照明方式。而在工业建筑物照明中,则以照明为主。

6. 符合防触电保护要求。

第五节　灯具的布置与照度计算

一、灯具的布置

1. 概述

灯具的布置是确定灯具在房间内的空间位置。它对光的投射方向、工作面的照度、照度的均匀性、眩光的限制以及阴影等都有直接的影响。灯具的布置是否合理还关系到照明安装容量和投资费用以及维护检修方便与安全。要正确地选择布灯方式,应着重考虑以下几方面:

(1)灯具布置必须以满足生产工作、活动方式的需要为前提,充分考虑被照面照度分布是否均匀,有无挡光阴影及引起的光的程度;

(2)灯具布置的艺术效果与建筑物是否协调,产生的心理效果及造成的环境气氛是否恰当;

(3)灯具安装是否符合电气技术规范和电气安全的要求,并且便于安装、检修与维护。

下面是几种常见的布灯方法。

2. 一般照明方式典型布灯法

(1)点光源布灯

点光源布灯是将灯具在顶棚上均匀地按行列布置,如图 4-57 所示。灯具与墙的间距取灯间距离的 1/2 倍,如果靠墙区域有工作桌或设备,灯距墙也可取 1/3 ~ 1/4 的灯间距。

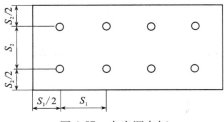

图 4-57　点光源布灯

（2）线状光源布灯

如图 4-58 所示,线状光源布置时希望光带与窗子平行,光线从侧面投向工作桌,灯管的长度方向与工作桌 长度方向垂直,这样可以减少光幕反射引起视功能下降,靠墙光带与墙距离一般取 $S/2$,若靠墙有工作台可取 $S/3 \sim S/4$,光带端部与墙的距离不大于 500mm。

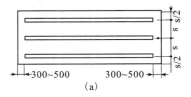

（a）

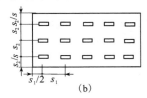

（b）

图 4-58　线状光源布灯法

（a）光带布灯方式；（b）间隔布灯方式

线状布灯方式下,房间内光带最少排数 $N = \dfrac{\text{房间宽度}}{\text{最大允许间距}}$

线光源纵向灯具的个数 $N_1 = \dfrac{\text{房间长度} - 1}{\text{光源长度}}$

房间长度和光源长度的单位是 m。

3. 装饰布灯

（1）天棚装饰布灯法

在建筑物内装修标准很高时,布灯也应采用高标准,以便与建筑物的富丽堂皇相协调。布灯时常按一定几何图案布置,如直线形、角形、梅花形、葵花形、圆弧形、渐开线形、满天星形或它们之间的组合方案,如图 4-59、图 4-60 和图 4-61 所示。

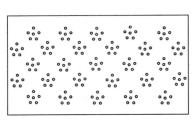

图 4-59　梅花型布灯

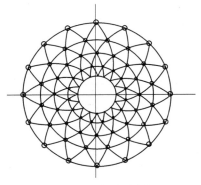

图 4-60　渐开型布灯

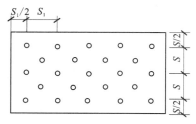

图 4-61　组合布灯

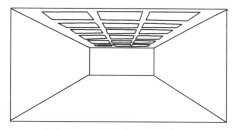

图 4-62　线状光源横向布灯

当采用线状光源时也可布置成线状横向、线状纵向、光带或线状格子等布灯方案，如图 4-62、图 4-63 和图 4-64 所示。

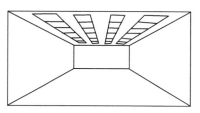

图 4-63　线状光源纵向布灯

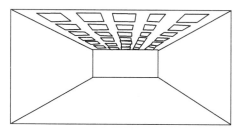

图 4-64　线状光源格子布灯

线状光源横向布灯的特点是工作面照度分布均匀，并造成一种热烈气氛，且舒适感良好。

线状光源纵向布灯的特点是诱导性好，工作面照度均匀，舒适感良好。

线状光源格子布灯的特点是从各个方向进入室内时有相同的感觉，适应性好，有排列整齐感，照度分布均匀，舒适性好。

（2）室内装修配合布灯法

现代照明不仅是为达到一定照度水平，许多场合还用光作装饰，以使环境更加优美，并创造出丰富多彩的光环境，使场景气氛更加诱人。下面例举五种布置方式，如图 4-65、图 4-66、图 4-67、图 4-68、图 4-69 所示。

（3）组合天棚式和成套装置式照明

将天棚和灯具结合在一起，构成天棚式照明，如图 4-70 所示。这种照明方式的优点是造型美观，照度均匀，便于施工。

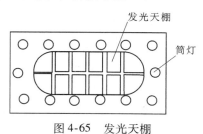

图 4-65　发光天棚

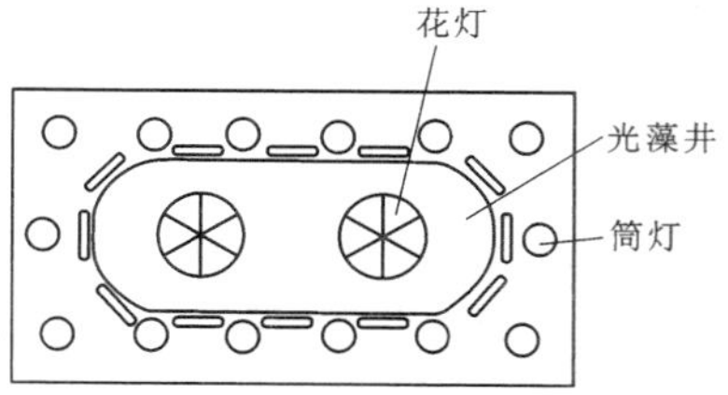

图 4-66　光藻井

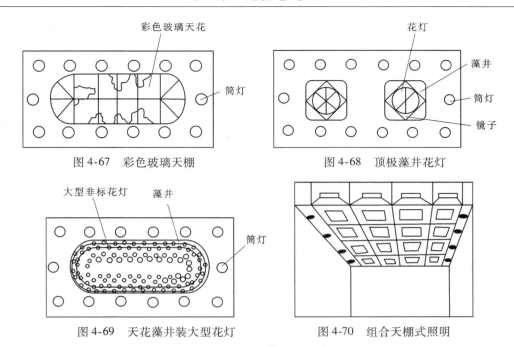

图 4-67　彩色玻璃天棚　　　　图 4-68　顶极藻井花灯

图 4-69　天花藻井装大型花灯　　　图 4-70　组合天棚式照明

将照明器、空调器以及消除噪声装置和防火报警装置等统一安排,综合排列在顶棚上,形成成套装置式照明。这种布局的特点是美观合理,结构紧凑,具有现代化特色。成套装置式照明如图 4-71 所示。

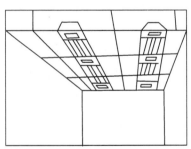

图 4-71　成套装置式照明

4. 灯具的悬挂高度

为了达到良好的照明效果,避免眩光的影响;为了保证人们活动的空间、防止碰撞产生;为了避免发生触电,保证用电安全,灯具要具有一定的悬挂高度,对于室内照明而言,通常最低悬挂高度为 2.4m。

5. 满足照度分布均匀的合理性

与局部照明、重点照明、加强照明不同,大部分建筑物都会按均匀的布灯方式布灯,如前所述将同类型灯具按照不同的几何图形,如矩形、菱形、角形、满天星形等布置在灯棚上,如车间、商店、大厅等场所,以满足照度分布均匀的基本条件,一般在这些场所设计要求照度均匀度不低于 0.7。

照度是否均匀,主要还取决于灯具布置间距和灯具本身光分布特性(配光曲线)两个条件。为了设计方便常常给出灯具的最大允许距高比值 S/H。

如图 4-72 所示,当灯下面的照度 E_0 等于相邻灯具中点处的照度 E_1 时,此两灯的间距 S 与高度 H 之比称为最大允许距高比,此时, $E_1 = \dfrac{E_0}{2} + \dfrac{E_0}{2} = E_0$ 。

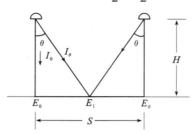

图 4-72　最大允许距高比示意图

图中　I_0——灯具投射角为 0°时的光强(cd);

　　　I_θ——灯具投射角为 θ 时的光强(cd);

　　　H——灯具安装高度(m);

　　　S——两灯的间距(m)。

最大允许距高比 S/H 还有另一种定义方法,即四个相邻灯具在场地中央的照度之和与一个灯具在垂直地面下方的照度相等时,布灯的 S/H 值称为最大允许距高比。

最大允许距高比是用照明器直射光计算得出的,对漫射配光灯具,要考虑房间内的光反射的作用,所以应将距高比提高 1.1~1.2 倍,对非对称灯具,如荧光灯、混光灯具等应给出两个方向的 S/H 值。为了保证照度的均匀性,在任何情况下布灯的距高比,要小于最大允许距高比。

根据研究,各种灯距最有利的距高比见表 4-63。在已知灯具至工作面的高度 H,并根据表中的 S/H 值,就可以确定灯具的间距 S。图 4-73 给出了点光源灯具的几种布置和 S 的计算。

表 4-63　灯具最有力的距高比 S/H

灯具形式	相对距离 S/H		宜采用单行布置的房间高度
	多行布置	单行布置	
乳白玻璃圆球灯、散照型防水、防尘灯、天棚灯	2.3~3.2	1.9~2.5	1.3H
无漫透射罩的配照型灯	1.8~2.5	1.8~2.0	1.2H
搪瓷深照型灯	1.6~1.8	1.5~1.8	1.0H
镜面深照型灯	1.2~1.4	1.2~1.4	0.75H
有反射照的荧光灯	1.4~1.5	—	—
有反射照的荧光灯,带栅格	1.2~1.4	—	—

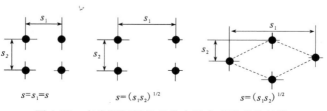

图 4-73　点光源灯具的几种布置方式及 S 的计算

二、照度计算

当灯具的形式和布置方案确定之后,就可以根据室内的照度标准要求,确定每盏灯的灯容量及装设总容量,反之,亦可根据已知的灯容量,计算出工作面的照度,以检验其是否符合照度标准要求。

照度计算的方法通常有利用系数法、单位容量法和逐点计算法三种。利用系数法、单位容量法主要用来计算工作面上的平均照度;逐点计算法主要用来计算工作面任意点的照度。任何一种计算方法,都只能做到基本上准确。计算结果的误差范围在 $-10\%\ \sim\ +20\%$。

1. 利用系数法

利用系数法是计算工作面上平均照度常用的一种计算方法。它是根据光源的光通量、房间的几何形状、灯具的数量和类型确定工作面平均照度的计算方法,又称流明计算法。工作面上的光通量通常是直接照射和经过室内表面反射后间接照射的光通量之和,因此在计算光通量时,要进行直接光通量与间接光通量的计算,增加了计算的难度,因此在实际设计时,引入利用系数的概念,使问题简化。

(1)计算平均照度的基本公式:

$$E_{av} = \frac{\Phi NUK}{A} \tag{4-10}$$

式中　E_{av}——工作面上的平均照度(lx);

　　　Φ——光源光通量(lm);

　　　N——光源数量;

　　　U——利用系数;

　　　K——灯具的维护系数,维护系数见表4-21。

(2)室内空间的表示方法

为了方便计算,将一($l \times w$)矩形房间从空间高度(h)上分成三部分,灯具出光口平面到顶棚之间的空间叫顶棚空间(h_c);工作面到地面之间的空间叫地板空间(h_f);灯具出光口平面到工作面之间的空间叫室空间(h_r),如图4-74所示。

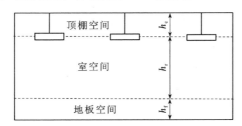

图4-74　室内空间的划分

室空间比
$$RCR = \frac{5h_r(l+w)}{l \times w} \tag{4-11}$$

顶棚空间比
$$CCR = \frac{5h_c(l+w)}{l \times w} = \frac{h_c}{h_r} \times RCR \tag{4-12}$$

地板空间比
$$FCR = \frac{5h_f(l+w)}{l \times w} = \frac{h_f}{h_r} \times RCR \qquad (4\text{-}13)$$

式中　l ——室长(m);

　　　w ——室宽(m);

　　　h_c ——顶棚空间高,即灯具的垂度(m);

　　　h_r ——室空间高,即灯具的计算高度(m);

　　　h_f ——地板空间高,即工作面的高度(m)。

(3)有效空间反射比

为使计算简化,将顶棚空间视为位于灯具平面上,且具有有效反射比 ρ_c 的假想平面。同样,将地板空间视为位于工作面上,且具有有效反射比 ρ_f 的假想平面,光在假想平面上的反射效果同实际效果一样。有效空间反射比由下式计算:

$$\rho_0 = \frac{\rho A_0}{A_S - \rho A_S + \rho A_0} \qquad (4\text{-}14)$$

式中　ρ_0 ——顶棚或地板空间各表面的平均反射比;

　　　A_0 ——顶棚或地板平面面积(m^2);

　　　A_S ——顶棚或地板空间内所有表面积的总面积(m^2)。

当一个面或多个面内各部分的实际反射比各不相同时,其平均反射比的计算公式是:

$$\rho = \frac{\sum \rho_i A_i}{\sum A_i} \qquad (4\text{-}15)$$

式中　A_i ——第 i 块表面的面积;

　　　ρ_i ——该表面的实际反射比。

长期连续作业的受照房间的反射比可按表4-64确定,实际的建筑表面(含墙壁、顶棚和地板)的反射比近似值可按表4-65确定。

表4-64　房间表面的反射比

表面名称	顶棚	墙壁	地面	设备
反射比	0.7 ~ 0.8	0.5 ~ 0.7	0.2 ~ 0.4	0.25 ~ 0.45

表4-65　建筑表面的反射比近似值

建筑表面情况	反射比(%)
刷白的墙壁、顶棚、窗子装有白色窗帘	70
刷白的墙壁,但窗子未装窗帘,或挂有深色窗帘;刷白的顶棚,但房间潮湿;虽未刷白,但墙壁和顶棚干净光亮	50
有窗子的水泥墙壁、水泥顶棚;木墙壁、木顶棚;糊有浅色纸的墙壁、顶棚;水泥地面	30
有大量深色灰尘的墙壁、顶棚;无窗帘遮蔽的玻璃窗;未粉刷的砖墙;糊有深色纸的墙壁、顶棚;较脏污的水泥地面、油漆、沥青等地面。	10

(4)利用系数 U

利用系数是灯具光强分布、灯具效率、房间形状、室内表面反射比的函数,计算比较复杂。为此常按一定条件编制灯具利用系数表，以供设计人员使用。

表 4-66 是 YG1-型 40W 荧光灯具的利用系数表，该表在使用时允许采用内插法计算。表上所列的利用系数是在地板空间反射比为 0.2 时的数值，若地板空间反射比不是 0.2 时，则应用适当的修正系数进行修正，见表 4-67。如计算精度要求不高，也可不作修正。

表 4-66　YG-1 型 40W 荧光灯具的利用系数表

有效顶棚反射指数（%）	70				50				30				10				0
墙反射系数（%）	70	50	30	10	70	50	30	10	70	50	30	10	70	50	30	10	0
室空间系数																	
1	0.75	0.71	0.67	0.63	0.67	0.63	0.60	0.57	0.59	0.56	0.54	0.52	0.52	0.50	0.48	0.46	0.43
2	0.68	0.61	0.55	0.50	0.60	0.54	0.50	0.46	0.53	0.48	0.45	0.41	0.46	0.43	0.40	0.37	0.34
3	0.61	0.53	0.46	0.41	0.54	0.47	0.42	0.38	0.47	0.42	0.38	0.34	0.41	0.37	0.34	0.31	0.28
4	0.56	0.46	0.39	0.34	0.49	0.41	0.36	0.31	0.43	0.37	0.32	0.28	0.37	0.33	0.29	0.26	0.23
5	0.51	0.41	0.34	0.29	0.45	0.37	0.31	0.26	0.39	0.33	0.28	0.24	0.34	0.29	0.25	0.22	0.20
6	0.47	0.37	0.30	0.25	0.41	0.33	0.27	0.23	0.36	0.29	0.25	0.21	0.32	0.26	0.22	0.19	0.17
7	0.43	0.33	0.26	0.21	0.38	0.30	0.24	0.20	0.33	0.26	0.22	0.18	0.29	0.24	0.20	0.16	0.14
8	0.40	0.29	0.23	0.18	0.35	0.27	0.21	0.17	0.31	0.24	0.19	0.16	0.27	0.21	0.17	0.14	0.12
9	0.37	0.27	0.20	0.16	0.33	0.24	0.19	0.15	0.29	0.22	0.17	0.14	0.25	0.19	0.15	0.12	0.11
10	0.34	0.24	0.17	0.13	0.30	0.21	0.16	0.12	0.26	0.19	0.15	0.11	0.23	0.17	0.13	0.10	0.09

表 4-67　$\rho_f \neq 20\%$ 时的修正系数

有效天棚空间反射率 ρ_c（%）	80				70				50			30		
墙壁反射率 ρ_w（%）	70	50	30	10	70	50	30	10	50	30	10	50	30	10
有效地板空间反射率 $\rho_{fe} = 30\%$ 时														
室空间系数														
1	1.092	1.082	1.075	1.068	1.077	1.070	1.064	1.059	1.049	1.044	1.040	1.028	1.026	1.023
2	1.079	1.066	1.055	1.047	1.068	1.057	1.048	1.039	1.041	1.033	1.027	1.026	1.021	1.017
3	1.070	1.054	1.042	1.033	1.061	1.048	1.037	1.028	1.034	1.027	1.020	1.024	1.017	1.012
4	1.062	1.045	1.033	1.024	1.055	1.040	1.029	1.021	1.030	1.022	1.015	1.022	1.015	1.010
5	1.056	1.038	1.026	1.018	1.050	1.034	1.024	1.015	1.027	1.018	1.012	1.020	1.013	1.008
6	1.052	1.033	1.021	1.014	1.047	1.030	1.020	1.012	1.024	1.015	1.009	1.019	1.012	1.006
7	1.047	1.029	1.018	1.011	1.043	1.026	1.017	1.009	1.022	1.013	1.007	1.018	1.010	1.005
8	1.044	1.026	1.015	1.009	1.040	1.024	1.015	1.007	1.020	1.012	1.006	1.017	1.009	1.004
9	1.040	1.024	1.014	1.007	1.037	1.022	1.014	1.006	1.019	1.011	1.005	1.016	1.009	1.004
10	1.037	1.022	1.012	1.006	1.034	1.020	1.012	1.005	1.017	1.010	1.004	1.015	1.009	1.003
有效地板空间反射率 $\rho_{fe} = 10\%$ 时														
室空间系数														
1	0.923	0.929	0.935	0.940	0.933	0.939	0.943	0.948	0.956	0.960	0.963	0.973	0.976	0.979
2	0.931	0.942	0.950	0.958	0.940	0.949	0.957	0.963	0.962	0.968	0.974	0.976	0.980	0.985
3	0.939	0.951	0.961	0.969	0.945	0.957	0.966	0.973	0.967	0.975	0.981	0.978	0.983	0.988
4	0.944	0.958	0.969	0.978	0.950	0.963	0.973	0.980	0.972	0.980	0.986	0.980	0.986	0.991
5	0.949	0.964	0.976	0.983	0.954	0.968	0.978	0.985	0.975	0.983	0.989	0.981	0.988	0.993
6	0.953	0.969	0.980	0.986	0.958	0.972	0.982	0.989	0.977	0.985	0.992	0.982	0.989	0.995
7	0.957	0.973	0.983	0.991	0.961	0.975	0.985	0.991	0.979	0.987	0.994	0.983	0.990	0.996
8	0.960	0.976	0.986	0.993	0.963	0.977	0.987	0.993	0.981	0.988	0.995	0.984	0.991	0.997
9	0.963	0.978	0.987	0.994	0.965	0.979	0.989	0.994	0.983	0.990	0.996	0.985	0.992	0.998
10	0.965	0.980	0.989	0.995	0.967	0.981	0.990	0.995	0.984	0.991	0.997	0.986	0.993	0.998

有效天棚空间反射率 ρ_c(%)	80				70				50			30		
墙壁反射率 ρ_w(%)	70	50	30	10	70	50	30	10	50	30	10	50	30	10
有效地板空间反射率 ρ_{fc}=0% 时														
室空间系数														
1	0.859	0.870	0.879	0.886	0.873	0.884	0.893	0.901	0.916	0.923	0.929	0.948	0.954	0.960
2	0.871	0.887	0.903	0.919	0.886	0.902	0.916	0.928	0.926	0.938	0.949	0.954	0.963	0.971
3	0.882	0.904	0.915	0.942	0.898	0.918	0.934	0.947	0.936	0.950	0.964	0.958	0.969	0.979
4	0.893	0.919	0.941	0.958	0.908	0.930	0.948	0.961	0.945	0.961	0.974	0.961	0.974	0.984
5	0.903	0.931	0.653	0.969	0.914	0.939	0.958	0.970	0.951	0.967	0.980	0.964	0.977	0.988
6	0.911	0.940	0.961	0.976	0.920	0.945	0.965	0.977	0.955	0.972	0.985	0.966	0.979	0.991
7	0.917	0.947	0.967	0.981	0.924	0.950	0.970	0.985	0.959	0.975	0.988	0.968	0.981	0.993
8	0.922	0.953	0.971	0.985	0.929	0.955	0.975	0.986	0.963	0.978	0.991	0.970	0.983	0.995
9	0.928	0.958	0.975	0.988	0.933	0.959	0.980	0.989	0.966	0.980	0.993	0.971	0.985	0.996
10	0.933	0.962	0.979	0.991	0.937	0.963	0.983	0.992	0.969	0.982	0.995	0.973	0.987	0.997

（5）应用利用系数法计算平均照度的步骤

1）计算室空间比 RCR、顶棚空间比 CCR、地板空间比 FCR。

2）计算顶棚空间的有效反射比。按公式 4-14 求出顶棚空间有效反射系数 ρ_C，当顶棚空间各面反射比不等时，应求出各面的平均反射比，然后代入公式 4-14 求出。

3）计算墙面平均反射比。由于房间开窗或装饰物遮挡等原因引起的墙面反射比的变化，在求利用系数时，墙面反射比应采用加权平均值，可利用公式 4-15 求得。

4）计算地板空间有效反射比。地板空间同顶棚空间一样，可利用同样的方法求出有效反射比。应注意的是，利用系数表中的数值是按照 ρ=20% 情况下算出来的，当 ρ 不是该值时，若要求较精确的结果，则利用系数应加以修正，其修正系数见表 4-67。如计算精度要求不高，也可不做修正。

5）查灯具维护系数。见表 4-22。

6）确定利用系数。根据已求出的室空间系数 RCR，顶棚有效反射比 ρ_C，墙面平均反射比 ρ_w，按所选用的灯具从计算图表中即可查得利用系数 U。当 RCR、ρ_c、ρ_w 不是图表中分级的整数时，可用内插法求出对应值。

例4-1： 已知某教室长 11.3m、宽 6.4m、高 3.6m，在离顶棚 0.5m 的高度内安装 YG1-1型 40W 荧光灯 10 只，光源的光通量为 2400lm，课桌高度为 0.8m，室内空间及各表面的反射比如图 4-75 所示。试计算课桌面上的平均照度。

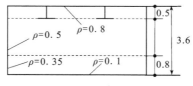

图 4-75　室内各面反射比

解：使用利用系数法计算平均照度。

① 求室空间比

$$RCR = \frac{5h_r(l+w)}{l \times w} = \frac{5 \times (3.6 - 0.5 - 0.8) \times (11.3 + 6.4)}{11.3 \times 6.4} = 2.8$$

② 求顶棚的有效反射比 ρ_c

$$\rho = \frac{\sum \rho_i A_i}{\sum A_i} = \frac{0.5 \times (0.5 \times 11.3) \times 2 + 0.5 \times (0.5 \times 6.4) \times 2 + 0.8 \times (11.3 \times 6.4)}{(0.5 \times 11.3) \times 2 + (0.5 \times 6.4) \times 2 + (11.3 \times 6.4)}$$

$$= 0.701$$

将 ρ 值代入公式 4-14,得

$$\rho_c = \frac{\rho A_0}{A_S - \rho A_S + \rho A_0}$$

$$= \frac{0.701 \times (11.3 \times 6.4)}{(11.3 \times 6.4 + (0.5 \times 11.3) \times 2 + (0.5 \times 6.4) \times 2) - 0.701 \times 90.02 + 0.701 \times 72.32}$$

$$= 0.65$$

③ 求地板空间的有效反射比 ρ_f

$$\rho = \frac{\sum \rho_i A_i}{\sum A_i} = \frac{0.35 \times (0.8 \times 11.3) \times 2 + 0.35 \times (0.8 \times 6.4) \times 2 + 0.1 \times (11.3 \times 6.4)}{0.8 \times 11.3 \times 2 + 0.8 \times 6.4 \times 2 + (11.3 \times 6.4)}$$

$$= 0.17$$

将 ρ 值代入公式 4-14,得

$$\rho_f = \frac{\rho A_0}{A_S - \rho A_S + \rho A_0}$$

$$= \frac{0.17 \times 72.32}{(72.32 + 0.8 \times 11.32 \times 2 + 0.8 \times 0.64 \times 2) - 0.17 \times 100.64 + 0.17 \times 72.32}$$

$$= 0.128$$

④ 求墙面的有效反射比 ρ_w

因为墙面反射比均为 0.5,所以取 $\rho_w = 50\%$

⑤ 确定利用系数

查表 4-66:

若取 RCR = 2, $\rho_w = 50\%$, $\rho_c = 70\%$, 得 $U = 0.61$;

若取 RCR = 3, $\rho_w = 50\%$, $\rho_c = 70\%$, 得 $U = 0.46$。

用内插法可得当 RCR = 2.8 时:

$$U = 0.53 + (2.8 - 2) \times \frac{0.61 - 0.53}{3 - 2} = 0.594$$

因表 4-66 是对应 $\rho_f = 20\%$ 时的标准值,而本题 $\rho_f = 12\%$,所以必须进行修正,查修正表 4-67 对应 $\rho_f = 10\%$ 的修正系数,仍用内插法,可得到当 $RCR = 2.8$ 时, $U_{修} = 0.955$,修正后的利用系数为

$$U = 0.955 \times 0.594 = 0.57$$

⑥ 查灯具维护系数

查表 4-22,维护系数 $K = 0.8$

⑦ 求平均照度

由公式 4-10,求平均照度得

$$E_{av} = \frac{\Phi NUK}{A} = \frac{2400 \times 10 \times 0.57 \times 0.8}{11.3 \times 6.4} = 151.33 \ (lx)$$

通过以上计算,说明室内桌面上的平均照度为 151.33lx。更详细的计算应考虑窗户面积,在求墙面的平均反射比时,应计入玻璃反射比低的影响,玻璃的反射系数大约在 8% ~ 10%,此时室内桌面的平均照度将降低。

2. 单位容量法

单位容量法的实质是单位面积的安装功率,用每单位被照水平面上所需要灯的安装功率 W/m² 来表示。为了简化计算,可根据不同的照明器型式、不同的计算高度、不同的房间面积和不同的平均照度要求,应用利用系数法计算出单位面积安装功率,列成表格,供设计时查用,通常称为单位容量法。单位容量法计算非常简单,但计算结果不精确,一般适用于生产及生活用房平均照度的照明设计方案或初步设计的近似计算。在初步设计时,还可以按单位建筑面积照明用电指标来估算照明容量。表 4-68 ~ 表 4-72 列出了不同灯具和光源单位容量表。

表 4-68　圆球型灯单位面积安装功率　　　　　　　　　　　　W/m²

计算高度（m）	房间面积（m²）	白炽灯照度（lx）					
		5	10	15	20	30	40
2 ~ 3	10 ~ 15	4.9	8.8	11.6	15.2	20.9	27.6
	15 ~ 20	4.1	7.5	10.1	12.9	17.7	23.1
	25 ~ 50	3.6	6.4	8.8	10.7	14.8	19.3
	50 ~ 150	2.9	5.1	7.0	8.8	11.8	15.7
	150 ~ 300	2.4	4.3	5.7	6.9	9.9	12.9
	300 以上	2.2	3.9	5.2	6.2	8.9	11.5
3 ~ 4	10 ~ 15	6.2	10.4	13.8	17.1	24.7	30.9
	15 ~ 20	5.1	8.7	11.2	14.3	21.4	26.9
	20 ~ 30	4.3	7.3	9.4	12.5	18.4	23.2
	30 ~ 50	3.7	6.2	8.8	10.7	15.2	19.5
	50 ~ 120	3.0	5.3	7.2	9.0	12.4	16.2
	120 ~ 300	2.3	4.1	5.7	7.3	9.7	12.6
	300 以上	2.0	3.5	4.7	5.9	8.5	10.8
4 ~ 6	10 ~ 17	7.8	12.4	17.1	21.9	30.4	40.0
	17 ~ 25	6.0	9.7	13.3	17.1	24.7	31.8
	25 ~ 35	4.9	8.3	11.0	14.5	20.4	26.4
	35 ~ 50	4.0	7.0	9.4	12.3	16.9	22.2
	50 ~ 80	3.3	5.8	8.2	10.6	14.0	18.4
	80 ~ 150	2.9	5.1	7.0	8.8	11.9	15.9
	150 ~ 400	2.3	4.0	5.7	7.1	9.9	12.9

表 4-69　带反射罩荧光灯单位面积安装功率　　　　W/m²

计算高度（m）	房间面积（m²）	荧光灯照度（lx）					
		30	50	75	100	150	200
2～3	10～15	3.2	5.2	7.8	10.4	15.6	21.0
	15～25	2.7	4.5	6.7	8.9	13.4	18.0
	25～50	2.4	3.9	5.8	7.7	11.6	15.4
	50～150	2.1	3.4	5.1	6.8	10.2	13.6
	150～300	1.9	3.2	4.7	6.3	9.4	12.5
	300 以上	1.8	3.0	4.5	5.9	8.9	11.0
3～4	10～15	4.5	7.5	11.3	15.0	23	30.0
	15～20	3.8	6.2	9.3	12.4	19	25.0
	20～30	3.2	5.3	8.0	10.6	15.9	21.2
	30～50	2.7	4.5	6.8	9.0	13.6	18.1
	50～120	2.4	3.9	5.8	7.7	11.6	15.4
	120～300	2.1	3.4	5.1	6.8	10.2	13.5
	300 以上	1.9	3.2	4.8	6.3	9.5	12.6

表 4-70　广照型灯一般均匀照明单位容量值　　　　W/m²

计算高度 h（m）	E（lx）＼A（m²）	白炽灯			白炽灯/荧光高压汞灯		
		5	10	20	30	50	75
2～3	10～15	3.3	6.2	11	15/5	22/7.3	30/10
	15～25	2.7	5	9	12/4	18/6	258.3
	25～50	2.3	4.3	7.5	10/3.3	15/5	21/7
	50～150	2	3.8	6.7	9/3	13./4.3	18/6
	150～300	1.8	3.4	6	8/2.7	12/4	17/5.7
	300 以上	1.7	3.2	5.8	7.5/2.5	11/3.7	16/5.3
3～4	10～15	4.3	7.5	12.7	17/5.7	26/8.7	36/12
	15～20	3.7	6.4	11	14/4.7	22/7.3	31/10.3
	20～30	3.1	5.5	9.3	13/4.3	19/6.3	27/9
	30～50	2.5	4.5	7.5	10.5/3.5	15/5	22/7.3
	50～120	2.1	3.8	6.3	8.5/2.8	13/4.3	18/6
	120～300	1.8	3.3	5.5	7.5/2.5	12/4	16/5.3
	300 以上	1.7	2.9	5	7/2.3	11/3.7	15/5
4～6	10～17	5.2	8.9	16	21/7	33/11	48/15
	17～25	4.1	7	12	16/5.3	27/9	37/12.3
	25～35	3.4	5.8	10	14/4.7	22/7.3	32/10.7
	35～50	3	5	8.5	12/4	19/6.3	27/9
	50～80	2.4	4.1	7	10/3.3	15/5	22/7.3
	80～150	2	3.3	5.0	8.5/2.8	12/4	17/5.7
	150～400	1.7	2.8	5	7/2.3	11/3.7	15/5
	400 以上	1.5	2.5	4.5	6.3/2.1	10/3.3	14/4.7

表 4-71　配照型灯一般均匀照明单位容量值　　　　　W/m²

计算高度 h（m）	E（lx） A（m²）	白炽灯			白炽灯/荧光高压汞灯		
		5	10	20	30	50	75
3~4	10~15	4.3	7.3	12.1	16.2/	25.2/8.4	35.2/11.7
	15~25	3.7	6.4	10.5	13.8/	21.8/7.3	30.8/10.3
	25~30	3.1	5.5	8.9	12.4/4.1	18.4/6.1	26.4/8.8
	30~50	2.5	4.5	7.3	10/3.3	14.5/4.8	21.5/7.2
	50~120	2.1	3.8	6.3	8.3/2.8	12.8/4.3	17.8/5.9
	120~300	1.7	3.3	5.5	7.3/2.4	11.8/3.9	15.8/5.3
	300 以上	1.3	2.9	5.0	6.8/2.3	10.8/3.6	14.8/4.9
4~6	10~17	5.2	8.6	14.3	20/6.7	32/10.7	47/15.7
	17~25	4.1	6.8	11.4	15.7/5.2	26.7/8.9	36.7/12.3
	25~35	3.4	5.8	9.5	13.3/4.4	21.3/7.1	31.3/10.4
	35~50	3.0	5.0	8.3	11.4/3.8	18.4/6.1	26.4/8.8
	50~80	2.4	4.1	6.8	9.5/3.2	14.5/4.8	21.7/7.2
	80~150	2.0	3.3	5.8	8.3/2.8	11.8/3.9	16.8/5.6
	150~400	1.7	2.8	5.0	6.8/2.3	10.8/3.6	14.8/4.9
	400 以上	1.5	2.5	4.5	6.3/2.1	10/3.3	14/4.6
6~8	25~35	4.2	6.9	11.7	16.6/5.5	27.6/9.2	37.6/12.6
	35~50	3.4	5.7	10.0	14.7/4.9	22.7/7.6	31.7/10.5
	50~65	2.9	4.9	8.7	12.4/4.1	18.4/6.1	26.4/8.8
	65~90	2.5	4.3	7.8	10.9/3.6	16.4/5.1	22.4/7.5
	90~135	2.2	3.7	6.5	8.6/2.9	12.1/4	17.1/5.7
	135~250	1.8	3.0	5.4	7.3/2.4	11.8/3.9	15.8/5.3
	250~500	1.5	2.6	4.6	6.5/2.2	10.2/3.4	14.2/4.7
	500 以上	1.4	2.4	4.0	5.5/1.6	9.8/3.1	13.8/4.6

表 4-72　深照型灯一般均匀照明单位容量值　　　　　（W/m²）

计算高度 h（m）	E（lx） A（m²）	白炽灯			白炽灯/荧光高压汞灯		
		5	10	20	30	50	75
6~8	25~35	4.2	7.2	12.8	18/6	28/9.3	40/13.3
	35~50	3.5	6	10.8	15/5	23/7.7	34/11.3
	50~65	3	5	9.1	13/4.3	20/6.7	29/9.7
	65~90	2.6	4.4	8	11.5/3.8	18/6	25/8.3
	90~135	2.2	3.8	6.8	10/3.3	15/5	21/7
	135~250	1.9	3.3	5.8	8.2/2.7	12.5/4.2	17/5.7
	250~500	1.7	2.8	5.1	7.2/2.4	11/3.7	15/5
	500 以上	1.4	2.5	4.4	6.2/2.1	9.5/3.2	13/4.3
8~12	50~70	3.7	6.3	11.5	17/5.7	27/9	40/13.3
	70~100	3	5.3	9.7	15/5	23/7.7	34/11.3
	100~130	2.5	4.4	8	12/4	19/6.3	28/9.3
	130~200	2.1	3.8	6.9	10/3.3	16/5.3	23/7.7
	200~300	1.8	3.2	5.8	8.2/2.7	13/4.3	19/6.3
	300~600	1.6	2.8	5	7/2.3	11/3.7	17/5.7
	600~1500	1.4	2.4	4.3	6/2	9.5/3.2	15/5
	1500 以上	1.2	2.2	3.8	5.2/1.7	8.5/2.8	12.5/4.2

（1）计算公式

每单位被照面积所需的灯泡安装功率：

$$P_0 = \frac{P_\Sigma}{A} = \frac{nP_L}{A} \qquad (4\text{-}16)$$

式中　P_Σ——房间安装光源的总功率（W）；

A——房间的总面积（m^2）；

n——房间灯的总盏数；

P_L——每盏灯的功率（W）；

P_0——单位容量，即房间每平方米应装光源的功率（W/m^2）。

（2）使用单位容量法求照明灯具的安装容量或灯数

单位容量 P_0 取决于下列各种因素：灯具形式，最小照度，计算高度及房间面积，顶棚、墙壁、地面的反射系数和照度补偿系数 K 等。此外还与照明的布置和所选用的灯泡效率有关。

根据已知的面积及所选的灯具形式、最小照度、计算高度，从表4-68～表4-72中查出单位面积的安装容量 P_0，再使用公式4-16算出全部灯泡的总安装功率 P_Σ，然后除以从较佳布置灯具方法所得出的灯具数量，即得灯泡功率。

例4-2：有一教室长11.3m，宽为6.4m，灯至工作面高为2.3m，若采用带反射罩荧光灯照明，每盏灯40W，若规定照度为150lx，需要安装多少盏荧光灯？

解：已知高为2.3m，照度为150lx，面积 $A = 11.3 \times 6.4 = 72.32m^2$，查表4-70得 $P_0 = 10.2W/m^2$，因此一般照明总的安装容量应为：

$$P_\Sigma = P_0 \times A = 10.2 \times 72.32 = 737.664(\text{W})$$

应装荧光灯的灯数为：

$$n = \frac{P_\Sigma}{P_L} = \frac{737.66}{40} = 18.44 \approx 18(\text{盏})$$

与例4-1计算结果比较可看出，用单位容量法求得的灯数比利用系数法计算的灯数要多一些。

3.逐点计算法

逐点计算法是指逐一计算附近各个点光源对照度计算点的照度，然后进行叠加，得到总照度的方法。当光源尺寸与光源到计算点之间的距离相比小得多时，可将光源视为点光源。一般圆盘形发光体的直径不大于照射距离的1/5，线状发光体的长度不大于照射距离的1/4时，按点光源进行照度计算误差均小于5%。

（1）点光源点照度的基本计算公式

点光源 S 照射在水平面 H 上产生的照度 E_h 与光源的光强 I_θ 及被照面法线与入射光线的夹角 θ 的余弦成正比，与光源至被照面计算点的距离 R 平方成反比，又称为平方反比法。见图4-76点光源的点照度示意图。计算公式由式4-17表示。

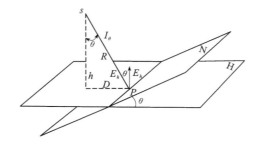

图 4-76　点光源的点照度

$$E_h = \frac{I_\theta \cos\theta}{R^2} \quad\quad (4\text{-}17)$$

式中　E_h——点光源照射在水平面上 P 点产生的照度(lx);

　　　I_θ——照射方向的光强(cd);

　　　R——点光源至被照面计算点的距离(m);

　　　$\cos\theta$——被照面的法线与入射光线的夹角的余弦。

例 4-3:如图 4-77 所示,某车间装有 8 只 GC-39 型深照型灯具,灯具的平面布置如图 4-77 所示,内装 400W 荧光高压汞灯,灯具的计算高度 $h = 10\text{m}$,光源光通量 $\Phi = 20000\text{lm}$,光源光强分布(1000lm)如下:

$\theta(°)$	0	5	10	15	20	25	30	35	40	45	50	55	60	65	70	75	80	85	90
$I_\theta(\text{cd})$	234	232	232	234	232	214	202	192	182	169	141	105	75	35	24	16	9	4	0

灯具维护系数 $K = 0.7$,试求 A 点的水平面照度值。

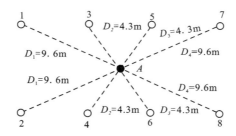

图 4-77　车间灯具平面布置

解:如图中可见 $E_{h1} = E_{h2} = E_{h7} = E_{h8}$

$$R_1 = \sqrt{h^2 + D_1^2} = \sqrt{10^2 + 9.6^2} = 13.86(m)$$

$$\cos\theta_1 = \frac{h}{R_1} = \frac{10}{13.86} = 0.72, \theta_1 = 43.8°,利用插值法可求得 I_{\theta 1} = 172(\text{cd})$$

$$E_{h1} = \frac{I_{\theta 1} \cdot \cos\theta}{R_1^2} = \frac{172 \times 0.72}{13.86^2} = 0.64(\text{lx})$$

$$E_{h3} = E_{h4} = E_{h5} = E_{h6}$$

$$R_2 = \sqrt{h^2 + D_2^2} = \sqrt{10^2 + 4.3^2} = 10.89(m)$$

$$\cos\theta_2 = \frac{h}{R_2} = \frac{10}{10.89} = 0.918, \theta_2 = 23.3° \text{ 利用插值法可求得 } I_{\theta 2} = 220(\text{cd})$$

$$E_{h3} = \frac{I_{\theta 2} \cdot \cos\theta_2}{R_2^2} = \frac{220 \times 0.918}{10.89^2} = 1.71(\text{lx})$$

$$E_{h\sum} = 4 \times (0.64 + 1.71) = 9.4(\text{lx})$$

$$E_{Ah} = \frac{20000 \times 9.4 \times 0.7}{1000} = 131.6(\text{lx})$$

（2）点光源应用空间等照度曲线的照度计算

为了简化计算，也可以用空间等照度曲线求出计算点的照度。I_θ 为光源的光强分布值，则水平照度 E_h 可由下式算出：

$$E_h = \frac{I_\theta \cos^3\theta}{h^2} \qquad\qquad E_h = f(h,D) \tag{4-18}$$

根据此相互对应关系即可制成空间等照度曲线。已知灯的计算高度 h 和计算点至灯具轴线的水平距离 D，应用等照度曲线可直接查出光源 1000lm 时的水平照度值。由于曲线是按照光源的光通量为 1000lm 绘制的，所以图中给出的照度只是相对值，还必须按实际光通量进行换算。计算结果还应乘以灯具维护系数 K。

当有多个相同灯具投射到同一点时，其实际水平面照度可按公式 4-19 计算：

$$E_h = \frac{\Phi \sum_e K}{1000} \tag{4-19}$$

式中　Φ ——光源的光通量（lm）；

$\sum_e$ —— 各灯（1000lm）对计算点产生的水平照度之和（lx）；

K—— 灯具的维护系数。

例4-4：某车间采用GC-39深照型灯具照明，该灯具的空间等照度曲线如图4-78所示，光源使用400W荧光高压汞灯，其光通量为 20000lm，维护系数 $K = 0.7$，灯具的出口平面至工作面高度为 12m，布灯方案如图 4-79 所示，试求 A 点的水平照度。

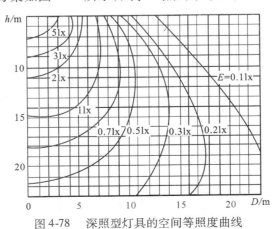

图 4-78　深照型灯具的空间等照度曲线

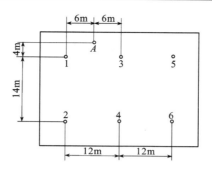

图 4-79　深照型灯具的布灯图

解：由布灯方案可知，灯 1 和灯 3 对 A 点的照度是一样的，灯 2 和灯 4 对 A 点的照度也相同。下面分别计算、查找曲线。

1）对灯 1 和灯 3，有

$$D = \sqrt{4^2 + 6^2} = 7.2(\mathrm{m}) \qquad h = 12\mathrm{m}$$

由图 4-78 查得

$$E_1 = E_3 = 0.9\mathrm{lx}$$

2）对灯 2 和灯 4，有

$$D = \sqrt{(14 + 4)^2 + 6^2} = 19(\mathrm{m}) \qquad h = 12\mathrm{m}$$

由图上曲线查得

$$E_2 = E_4 = 0.1\mathrm{lx}$$

3）对灯 5，有

$$D = \sqrt{4^2 + (12 + 6)^2} = 18.4(\mathrm{m}) \qquad h = 12\mathrm{m}$$

由图上曲线查得

$$E_5 = 0.12\mathrm{lx}$$

4）对灯 6，有

$$D = \sqrt{(14 + 4)^2 + (12 + 6)^2} = 25.4(\mathrm{m}) \qquad h = 12\mathrm{m}$$

由图上曲线查得

$$E_6 = 0.05\mathrm{lx}$$

5）根据公式 4-19 计算点 A 的总照度为

$$E_h = \frac{\Phi K \sum_e}{1000} = \frac{2000 \times 0.7}{1000}(2 \times 0.9 + 2 \times 0.1 + 0.12 + 0.05) = 30.38(\mathrm{lx})$$

通过以上计算，A 点的水平照度值为 30.38lx。

第六节　建筑物内照明设计

建筑环境分室内和室外两部分。建筑物内部空间环境一般仅指建筑物本身,灯光的作用侧重于使用功能,配合内部空间处理、室内陈设、室内装修,利用灯具造型及其光色的协调,使室内环境具有某种气氛和意境,增加建筑艺术的美感。现代建筑照明设计,除了满足工作面必须达到规定的水平照度外,更多地融入了装饰照明的艺术风格和手法。

建筑环境气氛受建筑因素和灯光因素两个方面的影响。建筑因素烘托出灯光的艺术效果;灯光因素增强建筑本身的宏伟美观。两者结合起来,才能在建筑空间上创造出明暗变化、层次分明、格调高雅、异彩纷呈、具有立体感和装饰效果的环境气氛,再利用灯光、音乐和背景色彩的协调配合,创造出声色俱佳、光彩照人、富有动感的环境气氛,为人们的工作、生活和娱乐创造一个优美而舒适的环境,满足人们工作和生活的需要。

一、居住建筑照明

随着人们生活水平的不断提高,居室装修的档次也不断提升,照明除了本身的实用意义,更多地担负起装饰和观感上的功能。灯饰、家具和其他陈设协调配合,使人们的生活空间表现出华丽、宁静、温馨、舒适的情趣和气氛。

1. 居住建筑照明设计要考虑的因素

光线是衡量住宅的一个重要因素,高照度照明能令人兴奋,低照度的照明则有亲切的气氛。光的颜色也是构成环境气氛的首要因素之一。人生的大部分时间要在住宅里度过,住宅照明直接关系到人们的日常生活,还与人们的年龄、心理和要求有关。所以,住宅照明设计应考虑以下因素:

(1)居住者的年龄和人数;

(2)视觉活动形式;

(3)工作面的位置和尺寸;

(4)应用的频率和周期;

(5)空间和家具的形式;

(6)空间的尺寸和范围;

(7)结构限制;

(8)建筑和电气规范的有关规定要求;

(9)节能考虑。

2. 居住建筑照明的基本要求

居住建筑照明的基本要求考虑以下几个方面。

(1)照度水平

照度应按照国家标准《建筑照明设计标准》(GB 50034—2004)确定。

(2)平衡的亮度

住宅房间不仅功能不同,大小也有差别,要创造一个舒适的环境,住宅里各处的照度不能过明或过暗,要注意主要部分与附属部分亮度的平衡。对一般较小的房间可采用均匀照度,而对于较大的房间,可以在墙壁上加上壁灯,壁灯的安装高度应在视线高度的范围内,不能超过1.8m,这样能起到增大生活空间的效果。

（3）电气设施留有余度

随着人们生活水平的不断提高,家电数量会日益增多,电源线的截面积和电度表的容量应适当留有一定的富余度,确保用电安全。

（4）利用灯光创造氛围

在灯光照明设计时,既要考虑创造良好的学习、生活环境,又要创造舒适的视觉环境,让灯光照明在家庭装饰中真正达到赏心悦目的效果。通过光源和灯具的合理选配,创造出非常完美的光和影的世界。

3.照明设计的主要内容

（1）确定照度值

照度应按照国家标准《建筑照明设计标准》(GB 50034—2004)确定。为了简化计算,在标准高层住宅内,白炽灯或荧光灯安装容量一般可按表4-73选取。

表4-73　高层住宅照明安装容量

地　　点	光源功率		备　　注
大居室	白炽灯60W	荧光灯30W	面积为 13 ~ 18m²
小居室	白炽灯40W	荧光灯20W	面积为13m²以下
厨房	白炽灯25W		—
厕浴、走道	白炽灯15W		走道长约6m
楼梯间	白炽灯40W		—
门厅、电梯厅	白炽灯25 ~ 60W		—
修理间、管理室	白炽灯40W		—
电梯机房、泵房	白炽灯60W		每个房间
水箱间、管道间	白炽灯25W		每个房间
地下室无特殊用途房间	白炽灯40W		每个房间

（2）合理布灯

正确的布灯方式应根据人们的活动范围和家具的位置合理安排。比如,看书读报的灯具位置应该考虑与桌面保持适当的距离,具有合适的角度,并使光线不刺眼。直接照射绘画、雕塑的灯具,应使绘画色彩真实,便于欣赏,使雕塑明暗适度,立体感强。

（3）投光范围

所谓投光范围就是达到照度标准的范围有多大,它取决于人们的活动范围和被照物的体积或面积。调整投光范围主要靠灯罩的形状和大小、调整灯具的数量和悬挂高度。

（4）选择灯具

灯具的种类很多,合理地选择灯具,首先要使灯具适合室内空间的体量与形状,要符合房间的用途和性格。最后要体现民族风格和地区特点,反映人们的情趣和爱好。

4.光源和灯具的选择

实用、舒适、安全、经济是对光源和灯具选择的基本要求。

（1）光源的选择

住宅照明以选用小功率光源为主。常用的光源有白炽灯、低压卤钨灯、紧凑型荧光灯、直管式荧光灯和环形荧光灯等。选择光源时应考虑照度的高低、点灯时间的长短、开关的频繁程度、光色和显色的符合程度以及光源的形状、寿命、节能效果等。

① 荧光灯及紧凑型荧光灯

荧光灯及紧凑型荧光灯的特点是光效率高、寿命长、光色好和光线柔和。特别适用于高照度的全面照明,不频繁启闭的场所;紧凑型荧光灯适于书写台灯作局部照明;直管荧光灯还可作厨房、洗澡间、梳妆台局部照明。缺点是启动设备和控制线路复杂,显色性差,价格较高,气温过低时难于点燃,长期在荧光灯下工作容易感到疲倦等。

② 白炽灯

白炽灯是暖色调,可使被照物很逼真,便于调光,灯泡造型美观,价格便宜。它适用的场所如下:有丰富的黄红光成分,显色性优越,照射到食物上色泽鲜美,可增加食欲,适于餐厅照明;暖色调,能增加人的肌肤美,可用于梳妆照明、浴室照明;在低照度区暖色光令人感觉舒适,环境也显得宁静、亲切、温馨,适于卧室照明;灯的体积小且易于控光,适于各类装饰照明;便于调光,改变环境照度和气氛,因而实现多功能照明;适于照明频繁开关的场所,如厨房、厕所、浴室、走廊、门厅、楼梯间、储藏室等处。缺点是耗电量大,光效较低,使用寿命较短。

③ 低压卤钨灯

低压卤钨灯亮度高,且可聚光,同时显色性优越,老化时不会变黑。它比白炽灯效率高。寿命长,并便于调光。适用的场所如下:重点照明、局部工作照明以及装饰照明;可作为导轨灯和射灯,调节灵活,使用方便。

住宅内应用光源的种类见表 4-74。

表 4-74　住宅内适用的光源种类

室内场所	照明要求	适用光源
卧室	暖色调、低照度,需要创造宁静、甜蜜、温馨的气氛	白炽灯作全面照明
	长时间阅读、书写时要求高照度	台灯可用紧凑型荧光灯
起居室(客厅)	明亮、高照度,点灯连续时间长	紧凑型荧光灯,环型荧兴灯,直管型荧光灯
	需要表现豪华装修	白炽灯的花灯,台灯,壁灯,重点照明用低压卤钨灯
梳妆台	暖色光、显色性好,富于表现人的肌肤和面貌,照度要求较高	白炽灯为主
小厅	亮度高,连续点灯时间长,要求节能	紧凑型荧光灯
餐厅	以暖色调为主,显色性好,增加食物色泽,增进食欲	白炽灯
书房	书写及阅读要求高照度,以局部照明为主	紧凑型荧光灯
浴室、厕所	光线柔和,开关频繁	白炽灯
走道、楼梯间、储藏室	照度要求较低,开关频繁	白炽灯

(2)灯具的选择

灯具除了满足照明的基本要求外,在室内起着重要的装饰作用,因此,在选择灯具时应符合室内空间的用途和格调,要同室内空间和形状相协调。如果房间的总体设计偏向于古朴典雅,则可尽量选用具有我国民族传统的各类灯具;如果房间的总体设计偏向于活泼明快,具有现代风格的,则可以尽量选择在造型上线条明快简洁,并具有几何图案的各类灯具;对豪华、富丽的古典装饰风格,可选择造型复杂、材料贵重的灯具。

人们的职业习惯、修养、爱好等也影响着灯具的选择。一般情况下,儿童房间适宜选择造型比较新颖、色彩比较鲜艳的灯具;老人房间可选择造型稳重大方、光线柔和暖色的白炽灯灯具。

灯具的大小应当和居室面积以及家具规格的大小相适应。如果大房间中陈列的灯具太小,或是小房间陈列的灯具太大,都会破坏整体布局的和谐。

5.住宅主要房间的布灯方式

(1)客厅照明

客厅是会客和家人团聚的场所,灯的装饰性和照明要求应有利于创造热烈的气氛,使客有宾至如归之感。客厅家具一般有沙发、书柜、展示柜、低柜、电视柜,装饰有壁挂、油画、盆景、花卉、植物等。客厅需设多用途的高度灵活的照明,并应将全面照明、工作照明和装饰照明结合起来。为适应多用途照明,至少应有两个全面照明的方案,以便根据生活需要选择。一种是明亮欢快的全面照明,另一种则是低亮度的温馨而舒适的照明。采用少量装饰照明可以突出艺术收藏品或其他照明方式,增加愉悦感。台灯作为阅读照明也是全面照明的一部分。客厅灯具布置示意图如图4-80所示。

图4-80　客厅灯具布置示意图

主体灯是采用多叉花饰吊灯的,应安装在房间的中央;墙上挂有横幅字画的,可在字画的两边安装两盏大小合适的壁灯;沙发旁边可置放一盏落地灯。这样的布置,能显得稳重大方,并可根据需要开一盏灯,或开几盏灯。

(2)卧室照明

卧室主要是休息的场所,照明要有利于构成宁静、温柔的气氛,使人有一种安全感。卧室的主体照明可选用吸顶灯,安装在卧室的中央,另在床头距地约1.8m的墙上安装一盏壁灯,如果不装壁灯,利用床头柜台灯照明也可以。灯具不宜有反光,灯光也不必太强,以创造一种平和的气氛。卧室照明示意图如图4-81所示。

图 4-81　卧室照明示意图

　　如果是客卧兼用的房间,则应装设可供交替使用的灯具,以达到既有装饰性又能满足不同照明的要求。

　　卧室一般照明不宜采用荧光灯或紧凑型荧光灯,因为卧室灯经常开关对灯管寿命影响较大。对有吊顶面积较大的卧室可设其他方式的辅助照明。

　　(3)餐厅、厨房照明

　　餐厅照明应能起到促进人的食欲的作用。一般说来,空间大、人多时照度宜高些,以增加热烈的气氛;空间小、人少时照度低些,以形成优雅、亲切的环境。其照度常在 50 ~ 100lX 之间。餐桌需要水平照度,应选用显色性较好的向下照射的配光灯具,吊在距餐桌 800 ~ 1000mm 的正上方。对于有吊顶的餐厅,应考虑安装一定数量的筒灯,组成图案作为辅助照明。较大的餐厅也可安装壁灯,以减少人的面部阴影。

　　厨房内主要设置有灶台、洗碗池、盛物柜以及系列吊柜,有的放置各类家用电器(如消毒箱、烤箱、微波炉、冰箱、冰柜等)。比较讲究的厨房,可以把高档电气设备以及盛物柜与炒菜、蒸煮的设施分开,以便减少污染。厨房操作间的一般照明宜选用白炽灯光源,灯具选用容易清扫除垢的有玻璃罩的防尘型灯具。灯具应采用吸顶式,不宜选用塑料制品或吊灯,因为油污不易清除。当厨房面积较大时也可考虑在水池上方安装局部照明灯。餐厅、厨房照明灯具布置如图 4-82 所示。

　　(4)浴室和厕所照明

　　浴室内一般设置洗脸洁具台、梳妆镜、淋浴、澡盆及大便器等,室内用浅色瓷砖装修。室内照明光线应柔和,灯具应采用防潮型。灯具玻璃可为磨砂或乳白玻璃,一般均吸顶安装或吸壁安装。灯的开关安装于卫生间的外面,并采用带指示灯的开关以表示灯的工作状态。白炽光源一般采用 60W,荧光灯为 36W 并加漫射玻璃。同时,还必须考虑预留电加热热水器插座及安装浴霸灯。

　　二、办公室照明

　　随着城市建设的快速发展,幢幢办公大楼拔地而起,形成现代化城市的靓丽风景。不论

图 4-82　餐厅和厨房照明灯具布置示意图

楼层多高,也不论采用哪一种结构体系,其共同特点是在同一幢办公楼内能容纳不同行业、不同功能需求的办公室的需要。室内的空间组合、平面布置,特别是室内照明设计,会直接影响工作人员的工作效率,所以,人们对办公室的照明要求越来越高。办公室是长时间进行公务活动的场所,它的照明不能只考虑工作面的照明,而要根据办公室的具体工作内容来考虑,做成整个房间的视觉环境舒适的照明。

1. 办公建筑照明质量要求

(1)照度水平

照度应按照国家标准《建筑照明设计标准》(GB 50034—2004)确定。

(2)亮度比

室内空间的识别,正是因为有了亮度比。如果室内亮度差别太大,会引起视觉适应的问题,极端情况下就会产生眩光;相反,亮度差太小,空间就会显得呆板,宜使人产生郁闷的感觉。亮度变化主要取决于灯具的亮度和颜色的变化,这些可以通过不同表面的反射、颜色的变化和照度的变化来达到。办公室照明设计应注意平衡总体亮度与局部亮度的关系,以满足使用要求。办公室照明推荐的亮度比见表 4-75。

表 4-75　办公室照明推荐的亮度比

所处场合情况	亮度比值	所处场合情况	亮度比值
工作对象与周围环境之间(例如书与桌子之间)	3:1	灯具或窗与其附近之间	10:1
工作对象与离开它的表面之间(例如书与地面或墙壁之间)	5:1	在普通视野内	30:1

(3)反射比

长时间工作的房间,其表面反射比宜按表 4-76 选取。

表 4-76　工作房间表面反射比

表面名称	反射比	表面名称	反射比
顶棚	0.6 ~ 0.9	墙面	0.3 ~ 0.8
地面	0.1 ~ 0.5	作业面	0.2 ~ 0.6

环境的颜色往往决定着工作人员的情绪。对于小办公室可以把墙、工作面和靠墙的柜子漆成一样的颜色,因它们反射相同,故给人的感觉是房间增大。对于大办公室,在照度水平较低的情况下,应尽量减少颜色的种类,应避免在视场内出现大面积的饱和色彩。

（4）光源颜色

它包括色温、显色指数两个含意。一般办公室照明光源的色温选择在 3300 ~ 5300K 之间比较合适。显色指数一般选择在 60 ~ 80 的范围内,同时还要考虑初期投资、安装维修费用及节能等因素。

（5）眩光

办公室是进行视觉工作的场所,特别是配有视频显示屏幕的办公室,眩光问题就尤为重要。从眩光角度考虑,视觉舒适概率应在 70% 以上。

2. 办公室的照明设计

办公室的照明方式可分为一般照明、分区一般照明和局部照明。照明灯具的选择一是要考虑照明环境中的亮度比问题,二是注意灯具的布置。灯具的最大间距,因灯型而异。灯与墙壁的间隔,采用灯具间距的 1/2 为宜。

（1）一般办公室

① 一般照明

办公室的一般照明通常可采用发光顶棚、嵌入式或吸顶式荧光灯具等。发光顶棚适应于较大空间,嵌入式或吸顶式荧光灯具适应不同空间,其灯具布置方式是以规则的直线状排列或网状布置。这两种照明方式照明方向性不强,能保证所有工作位置得到合适的照度,适应办公设备布置变化的需要。

② 局部照明

对于作业区照度要求较高的办公室,可采用台灯来进行局部照明。局部照明的台灯最好采用以紧凑型荧光灯为光源的反射灯具,灯具应装在视线之上,约高出桌面 0.6m。通过改变灯具的方位,寻找合适的角度,使眼睛看不到光源,又能均匀照明作业区。

（2）大空间办公室照明

大空间办公室,通常被家具隔成许多单独的工作空间,其照明设计一般不考虑办公用具的布置,只提供均匀的一般照明,但应注意眩光的限制。由于文件柜等容易给工作面造成阴影,这样就需要用台灯等来克服。同时可用调光器控制这些灯具,达到节能的目的。

（3）个人专用办公室

个人专用办公室的照明和一般办公室的照明相比,更多地是希望它能够达到一定的艺术效果或气氛,可由一般照明、重点照明或局部照明所组成。它的一般照明并不要求有较高照度,可适当覆盖办公桌及其周边,房间其余部分可通过几个重点照明来处理。如在办公室的沙发旁设置台灯、地灯,在墙面上设置小型射灯以及画柜灯等,以达到其装饰照明的要求。

（4）会议室照明

会议室的一般照明可结合室内装修来设置，如嵌入式荧光灯、发光顶棚、光带等。会议室一般照明应为室内的会议桌提供足够的照度，并且照度应均匀，但对于整个会议室空间来说不一定要求照度均匀。当会议室有主席台时，应加强主席台部分的照度；当室内有陈列、展览要求时，应增加局部照明；有投影装置的会议室，应能很方便地控制会议室的照明。

（5）营业性办公室照明

营业办公室指银行、证券公司以及火车站、汽车站、民航售票处等接客用的办公室，通常称之为对外联系的"窗口"。一般情况下，营业办公室比一般办公室有较高的照度，通常取750～1500lx。这是因为它是接待顾客的场所，多数情况是房间的布局直接与室外相连，所以要防止从明亮的室外进来时感到昏暗。营业办公室的照明必须采用提高桌上的水平面照度，同时还使客人面部等处得到足够的垂直面照度的照明方法。提高了垂直面的照度即提高墙面照度的照明方式会使房间显得宽敞，制造出活跃的气氛，这对于营业办公室也是至关重要的。

（6）有视频显示屏幕的办公室

随着现代化办公设备进入办公室，越来越多地运用视频显示终端，其工作环境需要不同的照明。

① 照度要求

水平工作面的照度不宜超过500lx。如果要求超过500lx，可加局部照明来达到。

② 亮度要求

对于直接和间接照明系统：顶棚表面亮度不超过$1370cd/m^2$；顶棚表面（除去灯具自身的情况）的亮度比不超过20：1。纸面与视频显示终端屏幕之间的亮度比不超过1：1/3。视频显示终端屏幕上具有潜在反射的垂直面应妥善调整，其反射比最大不超过50%。视觉环境要求如下：窗户应加窗帘，以克服室外过高的亮度；灯具布置应合理，使屏幕上的反射眩光达到最小。

（7）绘图办公室照明

绘图办公室对照明质量要求较高，如果照明不好，绘图工具往往会造成阴影，影响工作效率。选择间接照明和半直接照明方式能减小阴影。采用直接照明方式亦同样有效，但必须在绘图桌侧面进行照明，以减少光幕反射。采用可降低光幕反射的灯具，适当地安排灯具的位置。

采用安装在绘图桌上带摇臂的绘图灯进行辅助照明，可根据实际情况调整，消除阴影。

（8）档案室照明

档案室应考虑水平、倾斜和垂直三个工作面的照明。档案室均匀照明是为水平工作面服务的，同时在档案柜上可设置局部照明，并由附近的单独开关控制。

（9）盥洗间照明

盥洗间不需要均匀照明。灯具的布置应使镜子周围有足够的光线，并使光线尽量集中在大小便池上以便于清洗。

（10）公共场所照明

办公楼的公共场所一般包括入口门厅、电梯厅、走廊和楼梯间。公共场所的照明一般点亮时间较长，更要注意节能。

① 入口门厅照明

办公楼的入口门厅照明,既要符合建筑上的要求,又要考虑减小室内外亮度的变化。入口门厅常采用玻璃等修饰材料,造成很强的反射,这种情况采用壁灯较合适。如果采用镜面玻璃材料,更要注意反射眩光的问题。设计时应与建筑师配合,选择合适的建筑材料和灯具。

② 走廊照明

走廊照明不要造成由相邻场所往返的人眼不舒适。线状灯具(如荧光灯)横跨布置能使走廊显得更亮。

③ 楼梯间照明

楼梯间灯具的布置应减小台阶处的阴影和人眼视线上的眩光,特别要考虑灯具维修方便。

三、学校建筑照明

学校是学生读书学习的地方,学校照明的目的就是为教师和学生创造一个良好的光照环境,满足学生和教师的视觉作业要求,保护视力,提高教学与学习效率。

1. 学校建筑照明的一般要求

学校设施有教室、实验室、报告厅、阶梯教室、图书阅览室以及操场等,这里主要介绍教室照明。教室的面积一般不大,学生在此需长时间阅读和写字,看黑板是远距离的。依据以上这些特点,对教室照明的要求如下:

(1)应有足够的照度

学校教室内的视觉作业主要有:学生看书、写字,看黑板上的字与图,注视教师的演示,教师看教案、观察学生、在黑板上书写等。学校以白天教学为主,也应考虑晚间上课、自习等活动。教室内除自然采光外,还必须设置人工照明。在阴、雨天或冬季的下午,人工照明应能灵活地、有效地补充自然采光的不足。所以,教室照明应有足够的照度,来满足教学需要。学校建筑照度标准应按照国家标准《建筑照明设计标准》(GB 50034—2004)确定。

(2)亮度要合理分布

当眼睛注视一个目标时,便确立了一种适应水平。当眼睛从一个区域转向另一个区域时,就要适应新的水平。如果两个区域亮度水平相差很大,瞳孔则会急骤变化,从而会引起视觉疲劳。舒适的照明环境亮度分布见表4-77。

表4-77　室内亮度比推荐值

相邻场所类别	环 境 类 别		
	A	B	C
作业对象和邻近的暗处	3：1	3：1	5：1
作业对象和邻近的亮处	1：3	1：3	1：5
作业对象和远处暗场所	10：1	20：1	
作业对象和远处亮场所	1：10	1：20	
照明灯具(窗、天窗)和其相邻场所	20：1	—	
整个视野范围之内	40：1	—	

视看对象的亮度与环境亮度差别越小,舒适感越好。教室亮度分布最佳的条件如下:

① 物件的亮度应该等于或稍大于整个视觉环境的亮度;

② 环境视场中较大面积的亮度不应与工作面亮度差别过大,两者越接近,舒适感越好;

③ 高亮度不宜超过工作面亮度的 5 倍,低亮度时最低不得低于 1/32;

④ 工作物件邻近的那些表面亮度不应超过工作物件本身的亮度,也不应低于工作物件亮度的 1/3;

⑤ 不存在有害的直射眩光和反射眩光。

(3)应防止直射眩光、减少光幕反射

有的被视看物体表面存在漫反射,也有的存在镜面反射。当视看方向恰好与光源入射光线的镜面反射方向重合时,视看对象亮度显著增高,使原有的对比大为减弱,造成被视物体模糊不清,如同笼罩一层光幕,这种现象称为光幕反射。光幕反射损害作业的对比,使可见度下降,同时造成烦人的视觉干扰,破坏视觉舒适感。

运用减少光幕反射的方法时应注意下列几点:

① 在干扰区不应布灯,因为干扰区的灯光会加重光幕反射;

② 灯具布置在教室课桌的侧面,使大部分投到桌面上的光来自非干扰区,以增加有效照明;

③ 灯具选用幅翼形照明器,它从中间向下发射的光很少,大部分从侧面投向工作桌,因此光幕反射也就最小;

④ 如果环境的几何关系不变,可以通过提高照度补偿对比损失,但不应使经济代价较高;

⑤ 应注意减少失能眩光与瞬时适应对视功能的影响。

在照明设计时应注意,教室内不允许使用露明荧光灯,如盒式荧光灯,因为它会造成严重的失能眩光。由于眼睛扫视周围环境是经常的,为降低瞬时适应造成的视觉疲劳,应减少周围环境亮度与工作面亮度的差别。二者亮度越一致,瞬时适应造成的影响越小。

(4)学校照明除应满足视觉作业要求外,还应做到安全、可靠,方便维护与检修,并与环境协调。

2.光源与灯具选择

(1)光源选择

教室照明推荐使用荧光灯,因为荧光灯光效高、光色好、亮度低、节约电能,易于满足照度均匀的要求。普通教室可采用 36W 细管径直管荧光灯。

(2)灯具的选择

① 普通教室宜选用有一定保护角、效率不低于 75% 的开启式配照型灯具,不宜采用裸灯及盒式荧光灯具。

② 有要求或有条件的教室可采用带格栅或带漫射罩型灯具,其灯具效率不宜低于 60%。

③ 具有蝙蝠翼式光强分布特性的灯具,一般都有较大的保护角,其光输出扩散性好,布灯间距大,照度均匀,能有效地限制眩光和光幕反射,有利于改善教室照明质量和节能。蝙蝠翼式光强分布特性灯具的光强分布如图 4-83 所示。

④ 普通教室面积不大,为使其照度分布均匀和节能,宜采用单管荧光灯具。

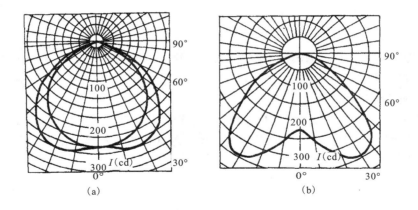

图 4-83　蝙蝠翼式光强分布特性灯具的光强分布

(a)中宽光强分布；(b)宽光强分布

3.灯具布置

(1)普通教室课桌呈规律性排列,宜采用顶棚上均匀布灯的一般照明方式。为减少眩光区和光幕反射区,荧光灯具应纵向布置,即灯具的长轴平行于学生的主视线,并与黑板垂直,如图 4-84 所示布灯方案。

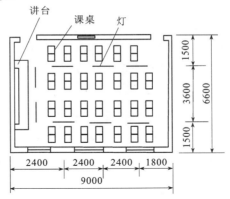

图 4-84　普通教室照明平面布置图

(2)教室照明灯具如能布置在垂直黑板的通道上空,使课桌面形成侧面或两侧面来光,照明效果更好。

(3)为保证照度均匀度,应使距高比(L/h)不大于所选用灯具的最大允许距高比。如果满足不了上述条件,可调整布灯间距 L 与灯具挂高 h,以至增加灯具、重新布灯或更改灯具来满足要求。

(4)灯具挂高对照明效果有一定影响。当灯具挂高增加,照度下降;挂高降低,眩光影响增加,均匀度下降。

普通教室灯具距地面挂高宜为 2.5～2.9m,距课桌面宜为 1.75～2.15m。

4.黑板照明

教室内如果仅设置一般照明灯具,黑板上的垂直照度很低,均匀度差。因此对黑板应设专用灯具照明,其照明要求如下:

（1）宜采用具有非对称光强分布特性的专用灯具,灯具在学生侧保护角宜大于40°,使学生不感到直接眩光。

（2）黑板照明不应对教师产生直接眩光,也不应对学生产生反射眩光。在设计时,应合理确定灯具的挂高及与黑板墙面的距离。

教室一般照明布灯原则如下:

① 为避免对学生产生反射眩光,黑板灯具的布灯区为:第一排学生看黑板顶部,并以此视线反射至顶棚求出映像点距离 L,以 P 点与黑板顶部作虚线连接,如图4-85所示,灯具应布置在该连接虚线以上区域内。

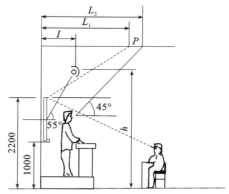

图4-85　教室、学生、黑板与灯具之间的关系

② 教师站在讲台上,其水平视线45°仰角以内位置不宜布置灯具,否则会对教师产生较大的直接眩光。黑板照明灯具位置,可参考表4-78。

表4-78　黑板照明灯具位置

地面至光源的距离 h(m)	2.6	2.7	2.8	2.9	3.2	3.4	3.6
光源距装黑板的墙距离 l(m)	0.6	0.7	0.8	0.9	1.1	1.2	1.3

③ 黑板照明灯具数量,可参考表4-79。

表4-79　黑板照明灯具数量

黑板宽度(m)	36W 单管专用荧光灯(套)	黑板宽度(m)	36W 单管专用荧光灯(套)
3~3.6	2	4~5	3

5. 阶梯教室照明

对阶梯教室照明的要求如下:

（1）阶梯教室内灯具数量多,眩光干扰增大,宜选用限制眩光性能较好的灯具,如带格栅或带漫反射板(罩)型灯具、保护角较大的开启式灯具。有条件时,还可结合顶棚建筑装修,对眩光较大的照明灯具做隐蔽处理。如图4-86所示,把教室顶棚分块做成尖劈形。灯具被下突部分隐蔽,并使其出光投向前方,向后散射的灯光被截去并通过灯具反射器也向前方投射。学生几乎感觉不到直接眩光。

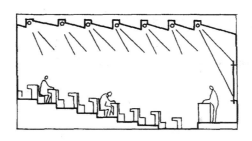

图 4-86　阶梯教室照明灯具布置图

（2）为降低光幕反射及眩光影响，推荐采用光带（连续或不连续）及多管块形布灯方案，不推荐单管灯具方案。

（3）灯具宜吸顶或嵌入方式安装。当采用吊挂安装方式时，应注意前排灯具的挂高不应遮挡后排学生的视线及产生直接眩光，也不应影响幻灯、电影等放映效果。

（4）阶梯教室内，当黑板设有专用照明时，投映屏设置的位置宜与黑板分开。一般可置于黑板侧旁，当放映时，同时也可开灯照明黑板。为减少黑板照明对投映效果的影响，投映屏应尽量远离黑板照明区并应向地面有一倾角。

（5）考虑幻灯和电影的放映方便，宜在讲台和放映处对室内照明进行控制。有条件时，可对一般照明的局部或全部实现调光控制。当一般照明为气体放电灯时，可装设部分白炽顶灯或壁灯，并对其进行调光控制。

第七节　建筑物外照明设计

本节主要介绍道路照明、室外建筑物装饰照明、夜景照明。

一、道路照明

道路照明质量的好坏，主要依据 4 项指标，即路面的平均亮度、路面亮度分布的均匀程度、采用的照明器眩光程度和路灯排列。

1. 道路照明指标

（1）道路照明评价

道路照明是为机车驾驶员和路人提供一个良好的视觉安全可靠的条件，特别是为了保障车辆夜间在道路上能安全迅速地行驶，驾驶员的视觉可靠性取决于照明条件下观察路面变化的能力和舒适感，即"视功能"和"视舒适"。如果照明条件恶劣，视觉分辨能力差，行车不舒适，容易发生交通事故。确定视觉可靠性的照明评价指标见表 4-80。

表 4-80　确定视觉可靠性的照明评价指标

视觉可靠性的组成部分	照　明　评　价		
	照明水平	亮度均匀度	眩光
视功能	路面平均亮度 L_{av}	总亮度均匀度 U_0	阈值增量 TI
视舒适	路面平均亮度 L_{av}	纵向均匀度 U_1	眩光限制等级 G

表中列出的各项指标之间是有内在联系的，视觉可靠性是一个整体的含义。通常采用

一组观察者对照明水平、均匀度、眩光等的意见，采取"九点表"数字化法进行评价，评价可在现场或用模型试验进行。表4-81列出九点的含义。

表4-81　用于主观评价的九点表

评价点数	照明水平与均匀度	眩光
1	坏	不能忍受
3	无法适应	干扰
5	还可以	刚刚可以接受
7	好	满意
9	好极了	毫无感觉

（2）CIE道路分类及各种道路照明的推荐值

国际照明委员会（CIE）道路照明技术委员会公布的《有关道路质量标准的建议》中，规定了相应道路的分类及道路照明的质量。

1）城市道路分类

城市道路按车流量的大小和车速的快慢分为：快速路（A）、主干道路（B）、次干道路（C）、支路（D）、住宅区道（E）五级，见表4-82。

表4-82　CIE的道路分类

道路种类	交通量	车速	交通类型	道路状况	举例
A	大	高	机动车用	有中央隔离带，无平面交叉，在规定地点出入	高速公路
B	大	高	机动车用	机动车专用，与行人道和低速交通工具隔开	干线 环行线
C	大	中	机动车用	重要的人、车混用道路	干线 环行线
C	大	中	人车混用	重要的人、车混用道路	放射线
D	较大	低	人车混用	市内特别是商业中心的道路	主要街道
E	中	低	人车混用	住宅区道路以及与上述A～D连接的道路	住宅区道路

2）各种道路照明的推荐值

CIE对各种道路照明的主要参数推荐值见表4-83。

表4-83　CIE对各种道路照明的推荐值

道路种类	道路周围明暗程度	路面宽度 L_r （cd/m²）	亮度均匀度 U_0	亮度均匀度 U_1	眩光控制指数 G
A	明、暗	2	0.4	0.7	6
B	明	2	0.4	0.7	5
C	暗	2	0.4	0.7	6
C	明	2	0.4	0.5	5
C	暗	1	0.4	0.5	6
D	明、暗	2	0.4	0.5	4
E	明	1	0.4	0.5	4
E	暗	0.5	0.4	0.5	5

（3）路面的平均亮度

道路表面或路面上的物体能被人们看清楚，主要取决于物体的反射光线，反射光线越多视感觉越强烈，物体看得越清楚。因此落到路面上的照度大小并不能直接说明视感觉的强烈程度，而应取决于路面或物体的表面亮度，其亮度取决于每一单位亮度区辐射出的光量总数以及相对观察者方向的立体角。平均亮度较好的路面，能提高眼睛的视觉舒适程度和灵敏度，能及时发现前方的物体。出现突发情况时，在较好的亮度条件下，司机能很快地观察到，并及时处理避免事故发生。

（4）路面亮度分布的均匀程度

道路不仅要求有良好的平均亮度，而且要大于最低亮度值，如果在路面某一区域亮度很低，司机对物体的察觉能力会受到重大影响。路面亮度分布的均匀度包括亮度总均匀度、亮度纵向均匀度和亮度梯度。

路面亮度总均匀度定义为路面最小亮度与平均亮度之比，该值要求一般不应低于 0.4，才能保持一个可以接受的察觉能力。

纵向均匀度定义为：通过观察点，且与道路平行的方向上，亮度的最小值与最大值之比。它对视舒适影响极大。如果这个亮度不均匀，在路面上会连续反复出现一系列亮与暗的横带，称之为"斑马效应"。此效应会引起司机的烦躁，视觉舒适程度下降，一般建议主要道路的纵向均匀度最小值为 0.7 左右，以保证足够的视舒适水平，对次要的道路，可降为 0.5 左右。

亮度梯度指覆盖在路面上的亮度变化率，它对视舒适有重要影响。

（5）采用的照明器的眩光程度

眩光有失能眩光和不舒适眩光两种。使视觉减弱的眩光称为失能眩光；使眼睛产生不舒适感的眩光称为不舒适眩光，其眩光程度用眩光控制等级 G 表示。

眩光的控制主要通过正确选择灯具和调整其安装高度等方法解决。眩光控制等级 G 分为五级，表 4-84 是眩光控制等级和主观评价的对应关系。

表 4-84　眩光控制等级和主观评价的对应关系

G	眩　光	主观评价
1	无法忍受的眩光	感觉很坏
3	有干扰的眩光	感觉心烦
5	刚好容许的眩光	可以接受
7	能令人满意的眩光	感觉好
9	几乎感觉不到的眩光	感觉非常好

（6）路灯排列的诱导性指标

路面的诱导可分为视觉诱导和光学诱导。路面的诱导性好，驾驶员很容易看清楚道路的变化和正确理解道路前进的方向，并且能指出所处车道边界和这一车道与其他车道或道路的交叉点；视觉诱导性是靠道路、交通标志、防碰撞栏杆和照明设施来实现的，司机可以通过灯具的布置看清道路的变化。常用的利用照明设施实现视觉诱导性的做法有下列几种。

1）利用照明系统本身的改变实现诱导性。利用照明系统变化改善方位的诱导性，如道路复杂会合区，采用高杆照明给司机以明显的信号。次要会合区，其干路用链式照明系统，支路用其他常规布灯方式,以便区分干线和支线。

2)利用光源颜色变化实现诱导性。采用光源颜色之间的明显差别,实现诱导性是一种非常有效的方法。在道路的会合区可采用不同光色的光源分别代表不同去向的道路,如主干道使用高压钠灯,支路则用荧光高压汞灯,在离道路会合处很远的地方就清晰可见。

3)利用灯具的式样和安装高度不同实现诱导性。利用式样不同的灯具或灯具不同的安装高度以造成系统的差别,实现诱导性。如道路会合区通向高速公路停车场的支路采用不同的灯具和安装高度。

4)照明布局。在照明汇集到一起的地方,采用不同的布灯方法,如从中心对称布置变成双侧对称布置,使司机把这种布局当成一种信号,知道自己正在接近十字路口。

2. 道路照明光源和灯具的选择

(1)道路照明光源的选择

道路照明光源的选择,要根据光源的效率、光通量、使用寿命、光色和显色性、控制配光的难易程度及使用环境等因素综合考虑。一般选用钠灯和金属卤化物灯。常用的道路照明光源适用范围如表4-85所示。

表4-85　道路照明常用光源选择

光　源　种　类	适　用　场　所
低压钠灯、高压钠灯	快速路、市郊道路
高压钠灯	主干路、次干路
小功率高压钠灯、高压汞灯	支路、居民区道路
显色改进型高压钠灯或金属卤化物灯	市中心、商业中心等颜色识别要求高的道路

(2)道路照明灯具的种类与选择

道路照明灯具有三种类型,即常规灯具、链式灯具和投光灯具。常规灯具安装在灯杆上、墙壁上,它的发光方向沿着道路走向;链式灯具悬挂在钢丝绳上,发光方向主要是横跨马路的;投光灯具主要用于高杆照明,如立交桥以及大面积的户外照明等。

道路灯具选择应注意以下几个方面:

1)照明灯具的配光特性符合要求。灯具的光强分布确保光线覆盖在路面上,具有较宽的范围,光强分布曲线应均匀平滑。路灯的光分布一般是投射距离高度的3～4倍。光输出比即灯具效率,一般应大于60%。

2)坚固耐用,耐热性能好。灯具外壳及零部件要有较高的机械强度,有抗风能力,运输安装过程中应不易损坏,要有较长的使用寿命。耐热性能良好,灯具各个部件及透光材料都应能经受光源燃点时产生的热量。

3)电气性能安全可靠。灯具应安全可靠,即当操作人员触及灯具的各个部分时不应发生触电事故。按照国际电工委员会(IE)和国际电气设备标准审查委员会(CEE)规定将电冲击防护等级分为4类。其中,一般绝缘且无接地保护的灯具不能用于路灯。路灯灯具采用加强绝缘时,可无接地保护,也可采用整体功能绝缘并装有接地端子。灯具导线的最小截面必须能承担全部电负荷。导线绝缘应能满足灯具的最高启动电压,并应能承受高温。灯内导线应设接线板和固定卡子。

4)防尘、防水、防腐蚀。为了减少灰尘、昆虫等污秽物在灯具内外表面沉积,采用封闭式灯具比开敞式灯具好得多。有的灯具带有呼吸器,当灯具点燃与熄灭,内外因温度变化而出现压力差时,污秽物有可能穿透外罩嵌缝进入灯具,但这种灯具密封只通过呼吸器透气,对灰尘和潮湿起到阻隔作用,使腐蚀性气体、潮气、灰尘等不会侵入灯具内。

在腐蚀性气体环境中,当有潮气存在时会产生强烈腐蚀性混合物,灯具壳体应采用耐腐蚀材料如铝、玻璃钢等,或涂上保护涂层。

5)灯具的造型新颖,重量轻,安装维护方便。灯具造型应对环境有装饰作用,是美化环境的重要组成部分。因此,要重视灯具、灯杆的造型艺术及与周围环境的协调,以体现总体风格。灯具重量要轻、装拆方便,便于运输、施工、清扫。

3.道路照明的布灯方式

道路照明方式分为杆柱照明方式、高杆照明方式和悬链式。杆柱照明方式是在灯杆上安装1~2台路灯,沿道路一侧、两侧或中间车带上布置,灯杆高度通常不超过12~13m。灯杆高度在20m以上的称为高杆照明。悬链式照明是在悬挂的钢索上装置照明灯具的一种布灯方式。

(1)杆柱照明方式

道路照明中使用方式最为广泛的是,照明灯具安装在高度为15m以下的灯杆顶端,并沿道路布置灯杆。它的特点是:可以在需要照明的场所任意设置灯杆,而且照明灯具可以根据道路线型变化而配置。由于每个照明灯具都能有效地照亮道路,所以不仅可以减少灯的光通量,灯泡容量较小,比较经济,而且能在弯道上得到良好的诱导性。因此,可以应用于道路本身、立体交叉、停车场、桥梁等处。杆柱照明最基本的布置方式,如图4-87中所示。

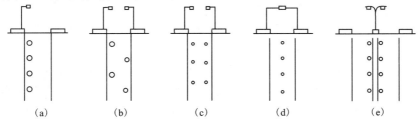

图4-87 杆柱照明布灯方式
(a)一侧布置;(b)交错布置;(c)相对矩形布置;(d)中央悬挂布置;(e)中央分离带布置

照明器的安装高度一般在15m以下。随着灯具安装高度的增加,眩光越来越少,整个照明的舒适感相应增加。但从另一角度来看,由于提高了安装高度,会使照明灯杆的成本相应地增加,同时,溢向路面以外的光通量也会增加,这就会使总效率降低。按照以往的经验,气体放电灯的灯杆高度在10~15m较为经济。

照明器的外伸部分,在干燥路面情况下,外伸部分长的路面平均亮度高,但在雨天路面潮湿时路侧亮度很低,故外伸部分不能很长,一般为1~1.5m。

照明器宜尽量采用水平安装。考虑美观,倾角可以做成5°或15°,一般在5°以下,因为倾角过大会增加不快眩光,慢车道和人行道的亮度降低。

照明灯具安装高度、间距和配置方式要使路面亮度分布均匀、经济合理,很大程度上取决于灯具的合理配置。对不同宽度的道路,灯具可采用不同排列方式的组合,从而形成不同的配置方式,表4-86列出了推荐使用的配置情况。

表 4-86　道路照明灯具推荐布置方式

配置方式名称	图　　例	行车道的最大宽度(m)
一侧排列		12
在钢索上沿行车道的中心轴成一列布置		18
交错排列		24
相对矩形排列		48
中央分离带配置		24
中央＋交错		48
中央＋相对矩形		90
两列在钢索上布灯沿车道方向轴交错布置		36
两列钢索上布灯沿车道方向轴矩形布置		60
路两侧矩形布置,第三列在钢索上布置		80

（2）高杆照明方式

高杆照明就是在 15～40m 的高杆上装有大功率光源的多个照明灯具,以少数高杆进行大面积照明的方式。这种照明方式适用于复杂的立体交叉、汇合点、停车场、高速公路的休息场、广场等大面积照明的场所。这种照明方式有以下优点:

1）照明范围广阔,光通利用率高;

2）使用高效率大功率光源,经济性好;

3）由于杆塔很高,下面亮度均匀度高;

4）用于道路交叉或立体交叉点时,车辆驾驶人员很容易从远处看到高杆照明,便于预知前方情况;

5）高杆一般在车道以外安装,易于维修、清扫和换灯,不影响交通秩序;

6）可以兼顾附近建筑物、树木、纪念碑等的照明,以改善环境照明条件,并可兼作景物照明。

高杆照明的结构有柱式和塔式,灯架有能升降和不能升降两种。可升降灯盘的维修比较方便,并可携带 1～2 人升到杆顶进行检修。其供电方式有触头式及可移动软电缆式。此种形式不便于调整灯具的瞄准点。升降方法可用升降机、电动绞车,小型灯杆（3～4 只灯）,还可用手动绞车。固定式灯盘不可升降,检修时,只能靠爬梯或者高架车。其优点是:有利于到灯盘上调整灯具的瞄准角度,缺点是上下不方便,尤其是天气恶劣时,危险性较大,不易维护。

选用高杆照明方式必须根据需要和具体条件,并进行技术经济比较,才能做出抉择。

（3）悬链照明方式

悬链,又称悬挂线或吊架线。它是在档距较大的杆柱上张挂钢索作为吊线,吊线上装置多个照明灯具,这种照明方式称为悬链式照明。悬链式照明的优点如下:

1）照明灯具的排列间隔比较密,还可以装置成使配光沿着道路横向扩展的方式,因而可以得到比较高的照度和较好的均匀度;

2）由于照明灯具配光扩展方向沿道路横向发射,因此可以把灯具配光接近水平方向的光强加大,而眩光却很少,以形成一个舒适的光照环境。此种配光在雨天路面潮湿的情况下更具有优越性；

3）照明灯具布置较密，有良好的诱导性；

4）照明灯具的光束沿着道路轴向直线分布。路面的干湿度不同时，亮度变化少，即晴天和雨天均有良好的照明效果；

5）杆柱数量减少，事故率很低。

4. 特殊道路的照明

（1）人行横道照明

人行横道是行人横穿马路的通道，它的照明质量高低关系到人身安全，必须给予足够重视。当人行横道前后 50m 以内，如果有连续性 30lx 以上的道路照明时，可以不必另设照明。但是满足不了这个条件时，必须设置人行横道照明。特别是对有斜坡路和转弯道路，应加强这部分的照明设施。

人行横道照明光源可以采用荧光水银灯、钠灯、荧光灯及碘钨灯等。对其光效率、寿命、容量、光通量、光色及显色性以及照明效果、经济性等必须全面地进行探讨和选择。

照明灯具的配置应与其邻近道路照明灯具的配置相互适应、协调一致。对于人流较多的横道，采用直射式人行横道照明灯具，使汽车司机自远方能够确认人行横道以及企图穿越横道的行人，而且必须保证行人的安全。人行横道的灯具布置如图 4-88 所示。

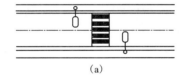 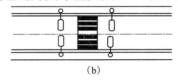

| (a) | (b) |

图 4-88　人行横道的灯具布置

（a）两侧交错布置；（b）两侧对称布置

我国对人行横道的照度尚无明确的规定，国外对人行横道的照度，规定在横道宽度的中心线以上 1m 的地方的照度见表 4-87。

表 4-87　人行横道照度标准参考值

横道 0.6W 的范围		人行步道
平均	最小	最小
40lx 以上	25lx 以上	40lx 以上

（2）平面交叉路口布灯

平面交叉路口的照明应符合下列要求：

1）交叉路口的照明水平应高于通向路口道路的照度水平，并应有充足的环境照明；

2）为了提示交叉路口的存在，可采用不同光色的光源、不同外形的灯具或采用不同的高度、不同的安装方式；

3）十字路口可采用单侧、交错、对称布置等布灯方式，大型交叉路口可另加灯杆灯具，有交通岛时可在岛上设灯，也可设高杆照明。

（3）十字路口布灯

为看清十字路口前进方向，应在右侧距离路口 15m 处设一盏灯，以便照亮路口。另外在该侧行车线对面设一盏灯，照亮前进道路，如图 4-89 所示。

（4）T 形路口布灯

应在道路顶端设置路灯,这样可有效地照亮路口,有利于诱导驾驶员识别路的尽头,如图 4-90 所示。

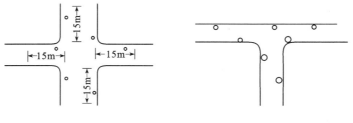

图 4-89　十字路口布灯　　　　　图 4-90　T 形路口布灯

（5）环形路口布灯

照明应充分显现环岛、交通岛和道路边缘,灯具应设在环岛外侧。环岛出入口道路照明应适当加强,直径较大的环岛还可设置高杆照明。如图 4-91 所示。

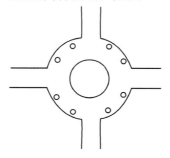

图 4-91　环形路口布灯

（6）弯道照明布灯

弯道照明可分以下几种情况:

1）半径等于或大于 1000 m 的弯道可按直线处理。

2）半径小于 1000 m 时,弯道灯具应布置在弯道外侧,灯的间距应减小,一般为直线段的 0.5～0.75 倍。悬臂也应缩短,如图 4-92（a）所示。

3）转弯处的灯具不应安装在直线段的延长线上,如图 4-92（b）、（c）所示。

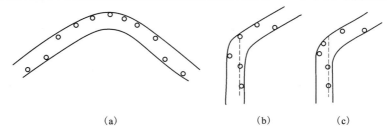

（a）　　　　　　　（b）　　　　（c）

图 4-92　弯道布灯

（a）半径小于 1000m 时弯道灯具布置;（b）不正确;（c）正确

道路弯曲半径与灯间距离的关系见表 4-88。

表 4-88　道路弯曲半径与灯间距离的关系

转弯半径(m)	300 以上	250~300	200~250	200 以下
灯具间距(m)	35 以下	30 以下	25 以下	20 以下

5. 道路照明计算

道路照明常用的计算方法有两种:利用系数法计算路面平均照度;逐点法计算路面任意点的水平照度。在此仅介绍利用系数法计算路面平均照度的方法,但必须利用灯具厂给出产品的数据曲线。

(1)道路照明设计步骤

1)根据光源、灯具的配光特性、电气特性等初步选择光源和灯具。根据当地条件和实践经验初选灯具布置方式、灯具的安装高度、间距、悬挑长度和仰角。

2)进行平均亮度等计算。

3)将计算的结果与要求的标准值进行比较。若计算结果达不到或超过标准,应调整设计方案,变更灯具的类型、布置方式、安装高度、间距、光源类型、功率等,重新进行计算直至符合标准。如此反复,通常可以做出几种都能符合标准的设计方案。

4)对几种设计方案进行技术经济和能耗的综合分析比较,并适当考虑当地的习惯、爱好,最终确定一种最佳设计方案。

(2)计算公式

计算道路平均照度 E_{av} 和灯间距 S 的公式如下:

$$E_{av} = \frac{\Phi UKN}{SW} \tag{4-20}$$

$$S = \frac{\Phi UKN}{E_{av}W} \tag{4-21}$$

式中　Φ——光源的总光通量(lm);

U——利用系数(由灯具利用系数曲线查出);

K——维护系数;

W——道路宽度(m);

S——路灯安装间距(m);

N——与排列方式有关的数值,当路灯一侧排列或交错排列时 $N=1$,相对矩形排列时 $N=2$。

利用式(4-21)计算时,注意灯的照射范围,要在满足照度均匀度要求前提下,才能计算出 S 值。

(3)利用系数 U 的确定

路灯的利用系数曲线是以灯垂直路面的垂线为界,一侧为车道侧,另一侧为人行道侧的条件绘制的。利用系数的变化按照路宽 W 与灯的安装高度 h 之比 W/h 给出相关曲线值。路面总利用系数 U 按图 4-93 求出。

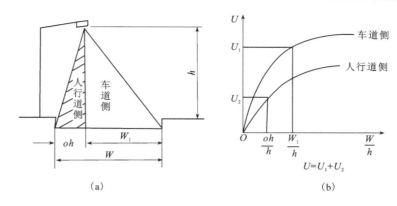

图 4-93　路灯在道路一侧照明利用系数计算
（a）灯具布置图；（b）利用系数曲线

（4）道路照明计算举例

例 4-5：某道路宽 15m，为次干道，路面为沥青混凝土，试设计道路照明。

解：1）选用 HR－ZD407 型灯具，光源为 150W 高压钠灯，照度设计为 8lx，采用对称布灯方式，仰角 θ 为 15°，如图 4-94 所示。

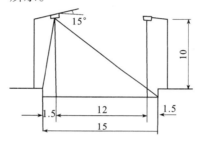

图 4-94　道路照明计算布灯（单位：m）

2）按图 4-95 查出利用系数

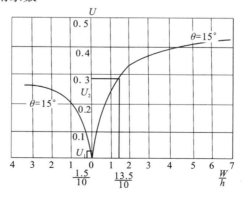

图 4-95　HR-ZD407 型灯具利用系数曲线

根据灯杆高度一般取路宽的 70%，所以灯杆高度 $h = 0.7 \times 15 = 10.5$（m），取灯杆高为 10m。

人行道侧利用系数 $U_1 = 1.5/10 = 0.04$（查图 4-93 人行道侧曲线）

车道侧利用系数 $U_2 = 13.5/10 = 0.29$（查图 4-93 车道侧曲线）

总利用系数 $U = 0.29 + 0.04 = 0.33$

3）求平均照度

NG-150 型光源光通 $\Phi = 16000\text{lm}$，维护系数 $K = 0.65$，灯间距 $S = 40\text{m}$。

根据公式（4-20），则

$$E_{av} = \frac{\Phi U K N}{SW} = \frac{16000 \times 0.33 \times 0.65 \times 2}{40 \times 15} = 11.4(\text{lx})$$

二、室外建筑物照明

室外建筑物照明可使大型商业建筑、办公大楼、宾馆饭店、纪念馆等建筑物在夜间产生魅力动人、印象深刻的艺术效果，充分表现建筑作品的特征和建筑物的形象，使夜晚的城市显得生机勃勃，并为人们提供明亮舒适的生活空间。

室外建筑物照明采用下列几种方法：

彩色串灯照明。一般适用于古建筑物或立面对称且较低的建筑，现在常用霓虹灯、导光管、光导纤维、发光管以及小功率彩灯管等现代新型灯具勾勒出建筑物轮廓。导光管外观为圆形管，管中安装有光学微小的棱柱状结构的蚀刻镜照明薄膜，当灯光从一端入射时，蚀刻镜照明薄膜产生反射和透射使导光管发光。导光管具有光线柔和、美观耐用、省电、不发热、无污染、可弯曲、不怕水、不容易损坏等特点，提高了灯具的发光效率，大大减少了灯具的眩光和维修率，并且光源可独立方便安装和维修。使用时可多个导光管串接安装。

室内泛光照明。常用于办公楼，或采用大玻璃、玻璃幕墙设计的现代高大建筑物，通常是利用建筑物内部照明透光将窗户等照亮，使建筑物各部位通过透出的灯光，与外面夜色形成强烈的明暗反差，加强装饰效果，建筑物在夜色中显得富有生气和立体感。这种照明方式节约了一次性投资，便于维修。但长期运行费用较高，在国内采用不多。

室外泛光照明。常用于有重要意义和观赏价值的现代化高楼大厦、商业建筑和塔式建筑物等。采用泛光照明应具有以下条件：被照建筑物的表面应具有一定的反射比，投光灯把光照射在建筑物立面上，再通过它的反射，使人们能在远距离看到建筑物；被照建筑表面的反射性质最好是漫反射或扩散反射。

1.投光照明的定义及分类

（1）定义

投光灯：用反射器或玻璃透镜把光线聚集到一个有限的立体角内，从而获得高光强照明的灯具称为投光灯。半峰边角小于 2° 的灯具不属此类。

泛光灯：使用光束扩散角不小于 10° 的广角投光照明器，对场地或目标进行照明，使之比周围环境亮得多的灯具称为泛光灯。

探照灯：光束近似平行光、光束角小于 10°、半峰边角小于 2° 的灯具称为探照灯。探照灯用于发送信号和搜索照明。

光束扩散角 α：在包含最大光强的某个平面上，两条为 1/10 最大光强的光线之间的夹角称为该平面的光束扩散角（或称光束角）如图 4-96 所示。

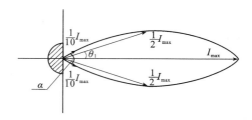

图 4-96　光束角及半峰边角示意图

半峰边角 θ：在通过最大光强的半平面上，最大光强方向与 50% 最大光强方向之间的夹角称为该半平面的半峰边角，如图 4-94 所示。

最大光强：光束的最大光强是指灯泡光通量假定为 1000lm 时投光灯光分布区内的最大光强值。有时投光灯的最大光强也按光源额定光通值来表示。

光轴：通常光轴指投光灯发出光束的中心线。

灯具光度中心：光源在灯具反射器开口平面之内，光轴与投光灯反射器的开口平面的交点称为灯具光度中心。光源在灯具反射器开口平面之外，光源中心就是灯具光度中心。

光束角的光通量：指光强等于或大于 1/10 最大光强的各球带内光通量的总和，用 F_α 表示，或称灯具有效光通量。

光束角效率：指光束角的光通量 F_α 与灯泡的总光通量 F_s 之比，即：

$$\eta = \frac{F_\alpha}{F_s} \times 100\% \tag{4-22}$$

灯具总效率：将大于 1% 最大光强范围内的各区域光通量相加，总和即为灯具总光通量，用 F_T 表示。它与光源的光通之比即为灯具的效率，表示为：

$$\eta_{总} = \frac{F_T}{F_s} \times 100\% \tag{4-23}$$

溢光（杂散光）：指超出投光灯所定义的光束角度以外的那一部分光。这些光在某些情况下是有用的，在另外一些情况下是有害的。

（2）投光灯光束角的分类

投光灯具按光束角的大小可分为窄光束、中光束和宽光束三种。窄光束灯具投射距离远，中光束、宽光束灯具投射距离较近。

光束角按宽、中、窄进行分类，不同的光束角应用的场所不同。目前我国还没有制定投光灯的光束角分类标准，表 4-89 列出 CIE 建议的投光灯光分布分类标准，列出分类范围并提出有关测试要求。

表 4-89　投光灯光束角分类

编号	光束扩散角（°）	光束名称	灯具光束角最低效率（%）	测量时的带域宽度（°）
NN	<5	—	—	—
N	5～10	—	—	—
1	11～18	特窄光束	35	1
2	19～29	窄光束	30～36	2
3	30～46	中等光束	34～45	3

续表

编号	光束扩散角(°)	光束名称	灯具光束角最低效率(%)	测量时的带域宽度(°)
4	47~70	中等宽光束	38~50	5
5	71~100	宽光束	42~50	8
6	101~130	特宽光束	46	10
7	>130	特宽光束	50	10

注:NN 表示特窄;N 表示窄。

2. 设计程序

泛光照明设计程序如下:

(1)根据建筑物的性质和周围环境,确定所希望的艺术效果。

(2)依据有关规范及建筑物的表面材料、位置、环境等因素和艺术效果要求,确定建筑物各个面的照度值和色表。

(3)根据建筑物的体形、周围条件,确定灯的位置。

(4)依据确定的灯位,确定灯具的类型和光源。

(5)依据灯具、光源的类型以及灯具至建筑物立面的距离和角度计算照度,以确定灯具的数量、容量以及投射方向。

(6)作泛光照明的供配电控制以及线路敷设等设计。

3. 光源、灯具和照度选择

建筑物泛光照明一般选用钠灯和金属卤化物灯作为光源。有代表性的投光灯具的数据见表4-90。

表 4-90　有代表性的投光灯具及各种数据

灯型		功率(W)	光通量(lm)	光束夹角(限于$\frac{1}{10}$峰值)(°) 垂直的 峰值上方	峰值下方	水平的	光束夹角(限于$\frac{1}{2}$峰值)(°) 垂直的 峰值上方	峰值下方	水平的	光束通量(lm)	光束系数	峰值光强(cd)	截光角(°) 垂直的 峰值上方	峰值下方	水平的
A.对称式	白炽灯	500	8300	34			12			2000	0.26	25980	152		
	高压汞灯	400	21000	56			10			7950	0.37	44840	158		
	高压汞灯	250	11025	58			22			6480	0.54	27000	156		
B.双重非对称式	白炽灯	500	8300	27	32	74	6	8	44	4400	0.42	17730	42	49	94
		500	8300	39	48	82	18	23	50	5180	0.55	7880	90	90	180
	金属卤化物灯	1500	155000	24	30	100	5	8	68	17500	0.53	61140	49	53	132
		1500	155000	37	51	112	11	16	72	22100	0.67	34650	90	90	180

257

续表

灯型		功率（W）	光通量（lm）	光束夹角（限于$\frac{1}{10}$峰值）（°）			光束夹角（限于$\frac{1}{2}$峰值）（°）			光束通量（lm）	光束系数	峰值光强（cd）	截光角（°）		
C.双重非对称式 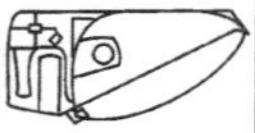	高压汞灯	400	21000	55	84	146	32	43	75	9950	0.46	4740	78	108	192
	金属卤化物灯	400	36000	52	88	152	28	42	60	18500	0.68	8870	78	130	220
D.非对称式 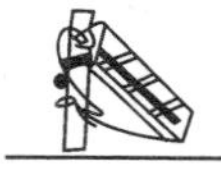	低压轴灯	200	25000	102		138	34		102	10000	0.4	12670	154		166

泛光照明所需照度的大小,应视建筑物的墙面材料的反射率和周围的亮度条件而定。相同光通量的照明灯光投射到不同反射率的墙面上所产生的亮度是不同的。如果建筑物的周围环境较亮,则需要较多的灯光才能获得所要求的对比效果。建筑物泛光照明的照度推荐值见表4-91。

表 4-91   建筑物泛光照明的照度推荐值

墙面光泽	墙 面 材 料	反射系数（%）	周围环境条件		
			明亮的	暗的	很暗的
			推荐平均照度(lx)		
明	明亮的大理石、白色或奶油色瓷砖、白色粉刷	70～85	150	50	25
中	混凝土、着淡色油漆、明亮的灰色或褐黄色石灰石、面砖	45～70	200	100	50
暗	灰色石灰石、砂岩、普通黄褐色的砖块	20～45	300	150	75
暗	普通红砖、褐色砂岩、黑色或灰色的砖块	10～20	500	200	100

4.灯具的安装位置

选择灯具的安装位置时,要尽量使被照建筑物表面有比较均匀的照度,能够形成适当的阴影和亮度对比效果。注意建筑物本身所具有的特点,投光灯可以安装在建筑物下方、上方、远处等(隐蔽)地方。一般有下列方法。

(1)在邻近建筑物上设置。注意隐蔽灯具,如图4-97所示。

(2)在靠近建筑物地面设置。一般设在花床、树丛等后面,如图4-98所示。

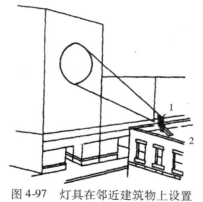

图 4-97   灯具在邻近建筑物上设置
1—光源;2—邻近建筑物

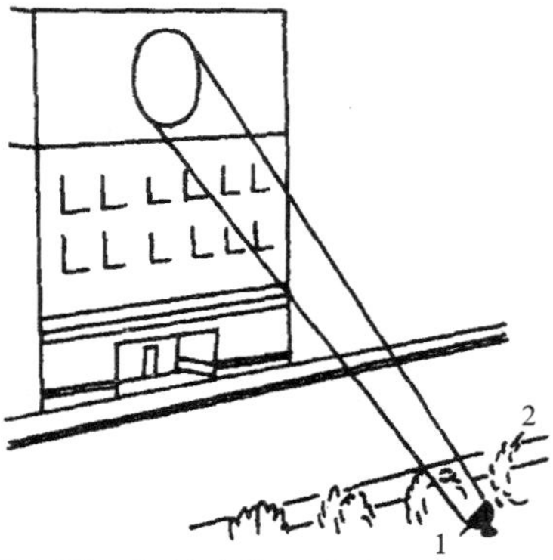

图 4-98   灯具在靠近建筑物地面设置
1—光源;2—树丛

（3）在建筑物本体上设置。可设在建筑物凸出部分,但不要破坏建筑物的表面形象,如图 4-99 所示。

图 4-99 灯具在建筑物本体上设置　　　图 4-100 灯具在灯柱上设置

（4）在街道侧或建筑物前设置灯柱,设置时灯柱要与周围环境相协调,不能破坏建筑整体风格。如图 4-100 所示。这种方法的优点是:灯具装设高,避免了眩光对道路和行人的影响;灯具距建筑物不至于太远,节约了电能;设置灵活,安装方便,易于维修。

在运用上述四种方法时,还应注意以下几点:在离开建筑物设置灯具时,其距离 D 与建筑物高度 H 之比不小于 $1:10$,则可得到较均匀的照明;在建筑物本体上安装灯具时,投光灯凸出长度取 $0.7 \sim 1.0\text{m}$,小于 0.7m 时,会使被照建筑物照明均匀度变坏,超过 1.0m 时,会在灯具的附近出现暗角,使建筑物周边形成阴影区。

5. 利用发光强度法计算投光灯盏数

发光强度就是在确定的方向上光源辐射的光通亮密度,建筑物立面所需的发光强度 I 用公式（4-24）和公式（4-25）计算。如图 4-101 所示。

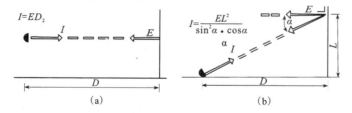

图 4-101 发光强度计算示意图
（a）正射;（b）斜射

正射时:

$$I = ED^2 \qquad (4\text{-}24)$$

斜射时:

$$I = \frac{EL^2}{\sin^2\alpha \times \cos\alpha} \qquad (4\text{-}25)$$

式中　E——立面上的垂直照度;

　　　L——投光灯投射高度（m）;

　　　D——投光灯距建筑物的距离（m）;

　　　α——光束在立面上的入射角,

$$\alpha = \tan^{-1} \times \frac{L}{D}$$

用计算出的 I 值除以单盏灯发光强度 I_0（从出厂数据中查出），就得到所需要的投光灯盏数，即：

$$N = \frac{I}{I_0} \tag{4-26}$$

例 4-6：某尖塔顶高度为 90m。投光灯设置在距塔 75m、高 20m 的建筑物屋顶，试设计泛光照明。

解：1）确定灯型和照度：选定照度为 50lx。选用天津 812 型投光灯，光源为钪钠灯 400W，光强 $I = 249300$cd。

2）确定投光灯盏数：$D = 75$m，$L = 90.20 = 70$（m）

$$\alpha = \tan^{-1} \frac{L}{D} = \tan^{-1} \frac{70}{75} = 43°$$

由（4-25）求出 $I = 720000$cd；

由（4-26）求出投光灯盏数 $N = \frac{I}{I_0} = \frac{720000}{249300} \approx 3$（盏）

选用投光灯 3 盏就能满足要求了。

这种高塔建筑应从两个方向或三个方向投射，所以本例宜用 3 盏投光灯为一组，设置两到三组投射，就能达到预期效果。

三、夜景照明

灯光夜景已成为现代城市文明的重要标志。夜景照明对美化城市，展现城市风采，增强城市的魅力，提高城市的知名度和美誉度，优化人们夜生活，促进旅游、商业、交通运输、服务业，特别是照明工业的发展，减少交通事故与夜间犯罪等均具有重要的政治经济意义和深远的社会影响。

1. 夜景照明的应用范围

运用灯光表现物体的自身特征时，可以是自然物或风景点，也可以是古建筑或现代建筑，通常主要对象有下列几种。

（1）纪念性建筑

纪念性建筑是一些具有艺术、美学特征的建筑，如毛主席纪念堂、人民英雄纪念碑、人民大会堂等，夜景照明使它们在夜晚也一样巍峨壮观。

（2）重要建筑物

重要建筑物均有用夜景照明再现的可能和必要性，例如宾馆饭店、博物馆、图书馆、银行大厦、立交桥、火车站、飞机场、塔、电视塔、牌坊、钟楼、码头、港口、广场、墙、水坝等。通过这些建筑的夜景照明美化城市，吸引更多的游客，增加效益。

（3）商业建筑

商店照明主要将铺面照明、橱窗照明、广告标志灯光照明以及街道照明融为一体，静与动相结合，造型各异，立体交错，五彩缤纷，以呈现出繁华热闹的景象，从而增加市场的活力。

（4）自然景点

自然景点（如悬崖、山峡、瀑布等）夜景可以增添生气，岩洞、暗河、钟乳石等大自然景观,采用夜景照明可增加神秘的色彩。

（5）艺术品和亭阁

艺术品是以各种原料或材质创造出来的物体,有纯粹装饰的作用,例如塑像、浮雕、门楼以及一些景观等。亭是一种小的建筑,用来装饰或点缀空间,例如凉亭、塔楼等。使用夜景照明后,这些艺术品和亭阁在夜间也能用增生辉。

（6）公园

为了欣赏或消遣,公园内的树木、花坛、甬道、小径也可设置夜景照明。

（7）水景

水景如喷水池、喷泉、静水和湖泊等,它们与照明的结合,创造出更加迷人的景色。

（8）巨型标志牌

设置巨型标志牌照明更加引人注目,在国外采用的很多。

（9）城市广场

广场内有标示性的景观、树木、喷水池、露天剧场、草坪、花坛等,形成一定规模的景观。

2. 夜景照明的照度标准

夜景照明的照度标准与被照面的反射率、颜色、被照面的清洁度和光源的光谱成分有关,还与周围环境亮度有关,环境亮度高所需照度高,环境亮度低所需照度也低。表4-92为我国景观照明的行业标准。

表 4-92　景观照明照度值

建筑物或构筑物表面特征		周围环境特征	
		明	暗
外观颜色	反射系数	照度值(lx)	
白色（如白色、乳白色等）	70~80	75—100—150	30—50—75
浅色（如黄色等）	45~70	100—150—200	50—75—100
中间色（如浅灰色等）	20~45	150—200—300	75—1000—150

建筑物的亮度取决于建筑物材料表面的反射系数和光滑程度。反射系数越低,表面越光滑,则表面的亮度越低,此时应提高照度。极光滑表面类似一面镜子,绝大部分的反射光会投向空中。而带有漫射性质的表面会有各个方向的反射光,从而有较多的光线反射向观看者,使他们能感受到较高的亮度。因此,较粗糙漫射材料的表面,所需照度比光滑面的照度低。表4-93列出了不同建筑材料的反射系数,应根据建筑物表面光滑粗糙的程度增减照度。

表 4-93　各种不同建筑材料的反射系数

材　　料	条　　件	反射系数
红砖	脏	0.05
水泥和石头（浅颜色）	很脏	0.05~0.10
花岗岩	相当清洁	0.10~0.15
水泥和石头（浅颜色）	脏	0.25

材　　料	条　　件	反射系数
黄砖	新的	0.35
水泥和石头(浅颜色)	相当清洁	0.40~0.50
仿造水泥(颜料)	清洁	0.50
白色大理石	相当清洁	0.60~0.65
白砖	清洁	0.80

3. 夜景照明光源选择

(1)白炽灯

白炽灯的特点是显色性好,适应面宽,可以调光,可以经常开关,为动感照明提供了可能性。灯泡玻璃可以做成无色或彩色,适于装饰照明。白炽灯常用于轮廓照明、灯带、灯串、水下照明和壁灯等。

(2)卤钨灯

卤钨灯在夜景照明中常用于小功率投光灯。

(3)密封光束灯泡(PAR 灯)

此种灯的泡壳是由厚玻璃制成的,内壁镀银,前面是平面或棱镜面的透明玻璃。采用这种光学系统可以取消装在外面的反射器。灯泡的光束角度在 6°~12°,灯是防雨和防水的。彩色 PAR 灯用彩色(蓝、绿、黄、红)玻璃制造。灯的功率一般在 150W 以下,国外产品也有大功率的,寿命为 2000 h。此种灯用于室外投光照明。

(4)霓虹灯

这是一种冷阴极放电灯,有各种颜色,并可根据用户要求做成各种图案或文字。灯的光效低,但寿命长。能频繁开关、迅速点亮而不影响寿命,可做成动态装饰照明。霓虹灯可用做高大建筑物上的广告、轮廓照明和装饰图案等,也可用于卡拉 OK 歌舞厅、夜总会、厅堂、饭店、宾馆内装饰等。

(5)高压汞灯

高压汞灯属于高压汞蒸气放电灯,有两类灯泡:一种是透明玻璃壳高压汞灯;一种是在玻璃壳内涂荧光粉的荧光高压汞灯。高压汞灯寿命较长,效率较高,不可立即点燃,稳定时间较长约为 10min,重复点燃时间约为 10min,因此不能用于动感照明。

由于高压汞灯的蓝绿光较丰富,常使水池和树的绿叶发出鲜艳的色彩,因此透明灯泡常用于水池和树木植物的投光照明。荧光高压汞灯适于大面积场所照明,而不适于窄光束投光照明,因为荧光粉涂敷后灯泡变为漫射球型灯泡,光束很难集中在小范围内。

(6)金属卤化物灯

此种灯内含有汞蒸气和不同的金属卤化物添加剂,灯泡为白光,光效高,色温为 3000~6000 K,显色指数 65~90,寿命长可达 10000 h,灯泡功率范围为 50~3500 W。因为此灯启动和再启动都需要时间,所以不能用于动感照明。它被广泛用于室外泛光照明。此外还有彩色金卤灯,如绿色(碘化铊灯)、蓝色(碘化钠灯)、红色(碘化锂灯)、紫色(碘化镓灯)等。彩色灯国产灯泡寿命较低,色纯度差,功率小于 1000W。彩色金卤灯广泛用于泛光照明,一般作为装饰和点缀之用,不宜大面积采用。

（7）高压钠灯

高压钠灯是一种金黄色光的高强气体放电灯,色温为2000K,光效很高,显色性差,平均显色指数只有25。还有一种改善光色的高压钠灯（NGX型灯）,它的显色性有所改善,可达60。钠灯寿命长10000 h以上。由于它是黄色光,在夜景照明中应用广泛,特别对于暖色调的建筑物十分适合,如用于黄色、褐色等建筑的立面照明。它不适用于绿色植物照明,也不能用于动感照明。

（8）低压钠灯

低压钠灯是单色光源,比高压钠灯还要黄,其色温为1700K,光效很高,寿命长。因是单色光,所以不宜用显色指数说明显色性。它只能用于特殊的光照场合,如黄色、橙色表面照明、轮廓照明,或用作重点照明,例如一些拱顶、桥、拱门之类的建筑物。

4.夜景照明设计步骤

（1）方案的创意和构思

首先搜集资料,确定被照对象所属类别,进一步确定要突出的重点。其次是进行试验,必要时,对重大的建筑可进行局部照明试验,以便获得有价值的信息,以利方案的确定。第三是确定表现方法,通过效果分析,选定方案的表现方式和方法,如投光照明、轮廓照明、动感照明、内透光照明、局部照明、声光照明控制等。

（2）确定灯具安装的位置

投光灯具可以放在建筑物附近的地面上或附近建筑物上,或安装在建筑物的本体上,也可设在电杆上、塔架上、专用灯架上。确定时要考虑的主要因素有:符合所要求的照明效果;得到建筑物所有者以及周围建筑物所有者的准许;对附近的交通或附近的航空、航海部门的航行有无影响;施工或电源供给是否方便。

（3）确定物体的亮度、照度标准及灯光的颜色

在确定被照物亮度时除依据照明效果、环境亮度、建筑物的材料颜色反射比以外,还应考虑使用频度。如果使用频度很高,就要特别注意节能。此外,还要考虑设计标准,要根据地区的重要性、建筑物本身的重要性以及地区的应用水平等,确定方案的照度标准。

确定灯光的颜色时,要考虑主光色是暖色还是冷色,主要应考虑被照建筑的颜色和要表现的主调。同时确定装饰彩色光的应用。

（4）灯具、光源的选型及方案的确定

选择光源主要考虑效率高、寿命长、颜色和显色性符合设计要求。对气体放电灯还应注意配套接线方式、功率因数高低等。

选择灯具主要注重效率高低、光束角是否符合设计要求、灯具的防护等级是否符合室外应用,以及其造型、重量、安装方法等。

（5）参数计算

在选定光源、灯具类型后,应通过计算验证。数据满足设计要求,才能最终确定。在确定以上各项后,还要对各种可能的方案进行技术经济比较,以确定最佳方案。最佳方案确定后,才能确定灯具的位置、灯架形式、防止眩光的措施等。

（6）设计电气线路,画施工图

对配电系统及其控制方式、保护方式等进行论证,并对电气线路进行设计计算,画出施工图。

第八节　照明电气线路

合理选择和设计供配电系统,是建筑照明系统正常工作的前提。按照设计标准和电气设计规范设计照明电气线路,是建筑照明系统安全运行的关键。

一、照明线路电压与负荷等级的划分

1. 照明线路电压

(1)供电电压

照明线路的供电电压,直接影响到配电方式和线路敷设的投资费用。当负荷相同时,若采用较高的电压等级,线路负荷电流便相应减小,因而就可以选用较小的导线截面。我国的配电网络电压,在低压范围内的标准等级为500V、380V、220V、127V、110V、36V、24V、12V等。而一般照明用的白炽灯电压等级主要有220V、110V、36V、24V、12V等。所谓光源的电压是指对光源供电的网络电压,不是指灯泡(灯管)两端的电压降。供电电压必须符合标准的网络电压等级和光源的电压等级。

从安全方面考虑,照明的电源电压一般按下列原则选择:

① 在正常环境中,一般照明电压应采用220V。1500W及以上的高强度气体放电灯的电源电压宜采用380V。

② 在有触电危险的场所,例如地面潮湿或周围有许多金属结构并且容易触及的房间,当灯具的安装高度距地面小于2.4m时,无防止触及措施的固定式或移动式照明的供电电压,不宜超过36V。

③ 移动式和手提式灯具应采用Ⅲ类灯具,用安全特低电压供电,在干燥场所不大于50V;在潮湿场所不大于25V。

④ 由专用蓄电池供电的照明电压,可根据容量的大小和使用要求,分别采用220V、24V或12V等。

(2)允许的电压偏移

电压偏移是指光源两端实际电压偏离光源额定电压的程度。照明光源只在额定电压下工作才有最好的照明效果。照明设备所受的实际电压如与其额定电压有偏移时,其运行特性即恶化。例如,白炽灯在低于额定值10%电压下运行,其使用寿命大大增长,但其光通量却较额定电压时降低30%左右。反之,升高电压10%,则其光通量增加30%,但使用期限便迅速缩短。

在供电网络的所有运行方式中,维持用电设备的端电压始终等于额定值是很困难的。因此,在网络设计和运行时,必须规定用电设备端电压的容许偏移值。一般来说,各类灯泡(管)的端电压偏移,不宜高于其额定电压的105%,亦不宜低于其额定电压的下列数值:

① 一般工作场所的室内照明为95%;

② 露天工作场所的照明为95%,远离配变电所的小面积一般工作场所可降低到90%;

③ 应急照明和用安全特低电压供电的照明为90%。

(3)改善电压偏移的主要措施

① 照明负荷宜与带有冲击性负荷(如大功率接触焊机、大型吊车的电动机等)的变压器

分开供电。

②　无窗厂房或工艺设备对电压质量要求较高的场所,宜采用有载自动调压变压器。

③　在照明负荷容量较大的场所,在技术经济合理的情况下,宜采用照明专用变压器。

④　采用共用变压器的场所,正常照明线路宜与电力线路分开。

⑤　合理减少系统阻抗,如尽量缩短线路长度,适当加大导线和电缆的截面等。

2. 负荷等级的划分

按照供电的可靠性、中断供电所造成的损失或影响程度,将照明负荷分为三级,即一级负荷、二级负荷、三级负荷。一级和二级负荷具体分级情况见表4-94。不属于一级和二级负荷的均为三级负荷。

表4-94　照明负荷的分级

负荷级别	场　　　所
一级负荷	①　重要办公建筑的主要办公室、会议室、总值班室、档案室及主要通道照明; ②　一、二级旅馆的宴会厅、餐厅、娱乐厅、高级客房、康乐设施、厨房及主要通道照明; ③　大型博物馆、展览馆的珍贵展品展室照明; ④　甲级剧场演员化妆室照明; ⑤　省、自治区、直辖市级以上体育馆和体育场的比赛厅(场)、主席台、贵宾室、接待室及广场照明; ⑥　大型百货公司营业厅、门厅照明; ⑦　直播的广播电台播间室、控制室、微波设备室、发射机房的照明; ⑧　电视台直播的演播厅、中心机房、发射机房的照明; ⑨　民用机场候机楼、外航驻机场办事处、机场宾馆、旅客休息用房、站坪照明及民用机场旅客活动场所的应急照明; ⑩　市话局、电信枢纽、卫星地面站内的应急照明及营业厅照明等
二级负荷	①　高层普通住宅楼梯照明,高层宿舍主要通道照明; ②　部、省级办公建筑的主要办公室、会议室、总值班室、档案室及主要通道照明; ③　高等院校高层教学楼主要通道照明; ④　一、二级旅馆一般客房照明; ⑤　银行营业厅、门厅照明(对面积较大的营业厅供继续工作的应急照明为一级负荷); ⑥　广播电台、电视台楼梯照明; ⑦　市话局、电信枢纽、卫星地面站楼梯照明; ⑧　冷库照明; ⑨　具有大量一级负荷建筑的附属锅炉房、冷冻站、空调机房的照明

二、照明负荷的供电方式与照明配电系统

1. 照明负荷的供电方式

(1)一级负荷电源

一级负荷应由两个电源供电,当一个电源发生故障时,另一个电源可以照常供电。照明一级负荷与电力一级负荷应结合在一起考虑。如果一级负荷容量较大时,应采用两路高压供电;如果一级负荷容量不大,应优先从电力系统或从临近单位取得第二低层电源,也可采用应急发电机组。如果一级负荷仅为照明负荷时,宜采用蓄电池组作备用电源。

对一级负荷中的特别重要负荷,除上述两个电源外,还必须增设应急电源,以保证对特别重要负荷的供电。严禁将其他负荷接入应急供电系统。常用的应急电源有下列几种方式:独立于正常电源的发电机组;供电网络中有效独立于正常电源的专门馈电线路;蓄电池。

根据允许中断供电时间,选择应急电源如下:静态交流不间断电源装置适用于允许中断供电时间为 ms 级的供电;带有自动投入装置的独立于正常电源的专门馈电线路,适用于允许中断供电时间为 1.5 s 以上的供电;快捷自启动的柴油发电机组适用于允许中断供电时间为 15 s 以上的供电。

一级负荷照明电源供电方式如图 4-102 ~ 图 4-105 所示。

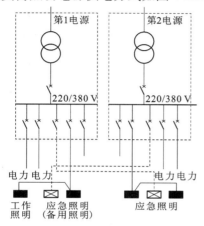

图 4-102　单变压器配变电所供电

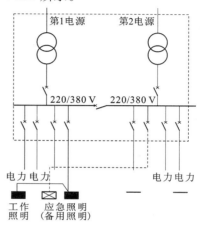

图 4-103　双变压器配变电所供电

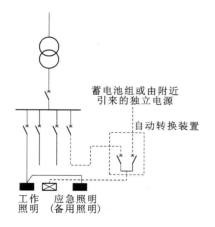

图 4-104　负荷容量小时供电方式

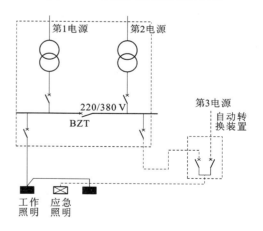

图 4-105　特别重要负荷供电方式

图 4-102 电源来自两个单变压器配变电所,并且两个变压器电源是互相独立的高压电源。图 4-103 电源来自双变压器配变电所,两台变压器的电源是独立的,设有联络开关。图 4-104 照明负荷为单台变压器供电,应急照明电源引自蓄电池组、柴油发电机组或临近单位的第二低压电源。图 4-105 是特别重要负荷的供电方式,它由两个独立电源的变压器供电,低压母线设联络开关并可自动投入,工作照明与应急照明分别接在不同低

压母线上,并应设第三独立电源。此电源可引自备用发电机组、在电网中有效地独立于正常电源的专门馈电线路或蓄电池。应急照明电源应能自动投入。选择何种方式应根据中断供电时间确定。

（2）二级负荷电源

对二级负荷供电的要求是:当电力变压器或线路发生故障时不致中断供电,或中断后能迅速恢复。与一级负荷供电的差别在于二级负荷的高压电源可以是一个电源,但应做到变压器和线路均有备份。二级照明负荷的供电方式如图 4-106、图 4-107 所示。

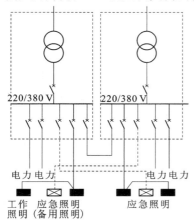
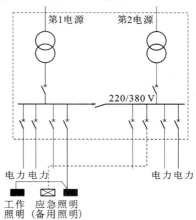

图 4-106　单台变压器配变电所供电方式　　　图 4-107　双变压器配变电所供电方式

（3）三级负荷(一般负荷)电源

对照明无特殊要求者可由单电源供电,动力和照明负荷容量较大时应分开供电,容量较小时可合并供电。建筑物内有配变电所时,照明与动力由低压屏以放射形式供电;没有配变电所的建筑物,动力与照明应在进户线处分开。供电方式如图 4-108、图 4-110 所示。

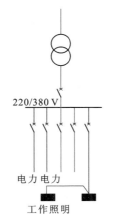
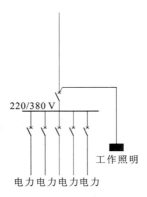

图 4-108　建筑物内有配变电所的　　　图 4-109　建筑物内没有配变电所时动力、
　　　　　　供电方式　　　　　　　　　　　　　　　照明混合供电

267

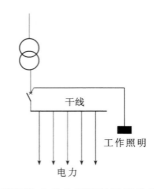

图 4-110　建筑物内动力采用母干线供电时照明接线

2.照明配电系统

照明供电网络主要是指照明电源从低压配电屏到用户配电箱之间的接线方式。主要由馈电线、干线、分支线及配电盘组成。汇集支线接入干线的配电装置称为分配电箱,汇集干线接入总进户线的配电装置称为总配电箱。馈电线是将电能从配变电所低压配电屏送到区域(或用户)总配电柜(箱)的线路;干线是将电能从总配电柜(箱)送至各个分照明配电箱的线路;分支线是将电能从各分配电箱送至各户配电箱的线路。如图 4-111 所示。

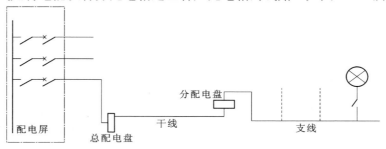

图 4-111　照明供电网络的组成形式

(1)常用的配电方式

配电方式有多种,可根据实际情况选定。而基本的配电方式有放射式、树干式、混合式、链式四种。如图 4-112 所示。

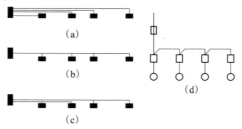

图 4-112　基本的配电方式
(a)放射式;(b)树干式;(c)混合式;(d)链式

① 放射式

图 4-112(a)是放射式配电系统,其优点是各负荷独立受电,线路发生故障时,不影响其他回路继续供电,故可靠性较高;回路中电动机启动引起的电压波动,对其他回路的影响较

268

小。但建设费用较高,有色金属耗量较大。放射式配电一般用于重要的负荷。

② 树干式

图 4-112(b)是树干式配电系统。与放射式相比,其优点是建设费用低。但干线出现故障时影响范围大,可靠性差。

③ 混合式

图 4-112(c)是混合式配电系统。它是放射式和树干式的综合运用,具有两者的优点,所以在实际工程中应用最为广泛。

④ 链式

图 4-112(d)是链式配电系统。它与树干式相似,适用于距离配电所较远,而彼此之间相距又较近的不重要的小容量设备,链接的设备一般不超过 3~4 台。

(2)典型的配电系统

在实际应用中,各类建筑的照明配电系统都是上述四种基本方式的综合。下面介绍几种典型的照明配电系统。

① 多层公共建筑的照明配电系统

如图 4-113 所示是多层公共建筑(如办公楼、教学楼等)的配电系统。其进户线直接进入大楼的配电间的总配电箱,由总配电箱采取干线立管式向各层分配电箱馈电,再经分配电箱引出支线向各房间的照明器和用电设备供电。

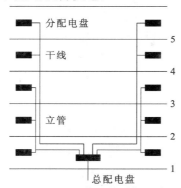

图 4-113　多层公共建筑的照明配电系统

② 住宅的照明配电系统

如图 4-114 所示是典型的住宅照明配电系统。它以每一楼梯间作为一单元,进户线引至楼的总配电箱,再由干线引至每一单元的配电箱,各单元配电箱采用树干式(或放射式)向各层用户的分配电箱馈电。为了便于管理,住宅楼的总配电箱和单元配电箱一般装在楼梯公共过道的墙面上。分配电箱装设电度表,以便用户单独计算电费。

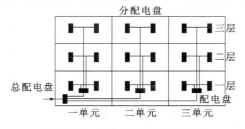

图 4-114　住宅的照明配电系统

③ 高层建筑的照明配电系统

如图 4-115 所示是高层建筑照明配电系统常用的四种方案。其中方案（a）、（b）、（c）为混合式,它们先将整幢楼按层分为若干供电区,每区的层数为 2～6 层,每路干线向一个供电区配电,故又称为分区树干式配电系统。方案（a）与（b）基本相同,但方案（b）增加了一共用的备用回路,备用回路采用大树干配电方式。方案（c）增加了一个分区配电箱,它与方案（a）和（b）比较,其可靠性较高。方案（d）采用大树干配电方式,从而大大减少了低压配电屏的数量,安装、维护方便。适用于楼层楼量多,负荷较大的大型建筑物。

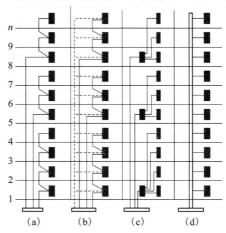

图 4-115　高层建筑的照明配电系统
（a）～（c）混合式;（d）树干式

三、照明负荷计算与线路选择

1. 照明负荷计算

照明用电负荷计算的目的,是为了合理地选择供电导线和开关设备等元件,使电气设备和材料得到充分的利用,同时也是确定电能消耗量的依据。计算结果的准确与否,对选择供电系统的设备、有色金属材料的消耗,以及一次投资费用有着重要的影响。

照明供配电系统的负荷计算,通常采用需要系数法。所谓需要系数 K_d,简单说就是:线路上实际运行时的最大有功负荷 P_{max} 与线路上接入的总设备容量 P_e 之比,即 $K_d = P_{max}/P_e$。需要系数是有关部门通过长期实践和调查研究,统计计算得出的。随着技术和经济的发展,需要系数也不断地修改。

（1）按需要系数法计算

按需要系数法计算照明计算负荷 P_c 就是把照明负荷安装总容量 P_e 乘以需要系数 K_d,其计算公式为

$$P_c = K_d P_e \qquad (4-27)$$

式中　P_c——计算负荷（W）;

　　　　P_e——照明设备安装容量,包括光源和镇流器所消耗的功率（W）;

　　　　K_d——需要系数,它表示不同性质的建筑对照明负荷需要的程度（主要反映各照明设备同时点燃的情况）。照明干线需要系数见表 4-95。民用建筑照明负荷需要系数见表 4-96。照明灯具及照明支线的需要系数为 1。

表 4-95　照明干线需要系数

建筑类别	K_d	建筑类别	K_d
住宅区、住宅	0.6~0.8	由小房间组成的车间或厂房	0.85
医院	0.5~0.8	辅助小型车间、商业场所	1.0
办公楼、实验室	0.7~0.9	仓库、变电所	0.5~0.6
科研楼、教学楼	0.8~0.9	应急照明、室外照明	1.0
大型厂房(由几个大跨度组成)	0.8~1.0	厂区照明	0.8

表 4-96　民用建筑照明负荷需要系数

建筑物名称		需要系数 K_d	备　注
一般住宅楼	20 户以下	0.6	单元式住宅,多数为每户两室,两室户内插座为 6~8 个,装户表
	20~50 户	0.5~0.6	
	50~100 户	0.4~0.5	
	100 户以上	0.4	
高级住宅楼		0.6~0.7	—
集体宿舍楼		0.6~0.7	一开间内 1~2 盏灯,2~3 个插座
一般办公楼		0.7~0.8	一开间内 2 盏灯,2~3 个插座
高级办公楼		0.6~0.7	—
科研楼		0.8~0.9	一开间内 2 盏灯,2~3 个插座
发展与交流中心		0.6~0.7	—
教学楼		0.8~0.9	三开间内 6~11 盏灯,1~2 个插座
图书馆		0.6~0.7	—
托儿所、幼儿园		0.8~0.9	—
小型商业、服务业用房		0.85~0.9	—
综合商业、服务楼		0.75~0.85	—
食堂、餐厅		0.8~0.9	—
高级餐厅		0.7~0.8	—
一般旅馆、招待所		0.7~0.8	一开间一盏灯,2~3 个插座,集中卫生间带卫生间
高级旅馆、招待所		0.6~0.7	
旅游宾馆		0.35~0.45	单间客房 4~5 盏灯,4~6 个插座
电影院、文化馆		0.7~0.8	—
剧场		0.6~0.7	—
礼堂		0.5~0.7	—
体育练习馆		0.7~0.8	—
体育馆		0.65~0.75	—
展览馆		0.5~0.7	—
门诊楼		0.6~0.7	—
一般病房楼		0.65~0.75	—
高级病房楼		0.5~0.6	—
锅炉房		0.9~1	—

各种气体放电光源配用的镇流器,其功率损耗通常用功率损耗系数 α(或光源功率的百分数)来表示。气体放电光源镇流器的功率损耗系数见表 4-97。

表 4-97   气体放电光源镇流器的功率损耗系数

光源种类	损耗系数 α	光源种类	损耗系数 α
荧光灯	0.2	金属卤化物灯	0.14 ~ 0.22
荧光高压汞灯	0.07 ~ 0.3	涂荧光物质的金属卤化物灯	0.14
自镇流荧光高压汞灯	0.12 ~ 0.2	低压钠灯	0.2 ~ 0.8
高压钠灯	0.12 ~ 0.2	—	—

对于有镇流器的气体放电光源,考虑镇流器的功率损耗其设备容量计算应为:

$$P_气 = P_e(1 + \alpha) \tag{4-28}$$

式中 $P_气$——气体放电光源照明设备安装容量(kw);

P_e——气体放电光源的额定功率(kw);

α——镇流器的功率损耗系数。

(2)照明负荷的估算   在初步设计时,为计算用电量和规划用电方案,需估算照明负荷。估算公式为:

$$P_c = P_D \times A \tag{4-29}$$

式中 P_D——单位建筑面积照明负荷(W/m^2),可参考表 4-98 所列的单位建筑面积照明负荷指标;

A——被照建筑面积(m^2)。

表 4-98   单位建筑面积照明负荷 $W \cdot m^{-2}$

建筑物名称	计算负荷		建筑物名称	计算负荷	
	白炽灯	荧光灯		白炽灯	荧光灯
一般住宅楼	6 ~ 12		餐厅	8 ~ 16	
单身宿舍	—	5 ~ 7	高级餐厅	1530	—
一般办公楼	—	8 ~ 10	旅馆、招待所	11 ~ 18	
高级办公楼	15 ~ 23		高级宾馆、招待所	20 ~ 35	
科研楼	20 ~ 25	—	文化馆	15 ~ 18	
技术交流中心	15 ~ 20	20 ~ 25	电影院	12 ~ 20	
图书馆	15 ~ 25	—	剧场	12 ~ 27	
托儿所、幼儿园	6 ~ 10		体育练习馆	12 ~ 24	
大、中型商场	13 ~ 20	—	门诊楼	12 ~ 15	
综合服务楼	10 ~ 15		—	—	
照相馆	8 ~ 10	—	病房楼	12 ~ 25	
服装店	5 ~ 10	—	服装生产车间	20 ~ 25	
书店	6 ~ 12		工艺生产车间	15 ~ 20	
理发店	5 ~ 10	—	库房	5 ~ 7	
浴室	10 ~ 15		车房	5 ~ 7	
粮店、副食店、邮政所、洗染店、综合修理店	—	8 ~ 12	锅炉房	5 ~ 8	

（3）照明线路的电流计算

计算电流是选择导线截面的直接依据,也是计算电压损失的主要参数之一。在进行照明供电设计时,要注意照明设备多数都是单相设备。若采用三相四线 220/380V 供电,按建筑电气设计技术规范规定:单相负载应逐相均匀分配。当回路中单相负荷的总容量小于该网络三相对称负荷总容量的 15% 时,全部按三相对称负荷计算,超过 15% 时应将单相负荷换算为等效三相负荷,再同三相对称负荷相加。等效三相负荷为最大单相负荷的 3 倍。

① 当采用一种光源时,线路计算电流可按以下公式计算:

三相线路电流计算

$$I_c = \frac{P_c}{\sqrt{3}\,U_{线}\cos\phi} \tag{4-30}$$

式中　P_c——三相照明线路计算负荷（W）;

　　　$U_{线}$——照明线路的额定线电压（V）;

　　　$\cos\phi$——光源的功率因数,常用电光源的性能参数见表 4-99。

表 4-99　常用电光源的性能参数

电光源名称	白炽灯	荧光灯	高压钠灯	低压钠灯	金属卤化物灯
额定功率范围（W）	10 ~ 1000	5 ~ 125	35 ~ 1000	18 ~ 180	100 ~ 1000
光效（lm/W）	6.5 ~ 19	30 ~ 67	60 ~ 120	100 ~ 175	60 ~ 80
平均寿命（h）	1000	2500 ~ 5000	16000 ~ 24000	2000 ~ 3000	2000
一般显色指数 Ra	95 ~ 99	75 ~ 80	20 ~ 25	—	65 ~ 85
启动稳定时间（min）	瞬时	0 ~ 3	4 ~ 8	7 ~ 15	4 ~ 8
再启动时间（min）	瞬时	0 ~ 3	10 ~ 20	5 以上	10 ~ 15
功率因数 $\cos\phi$	1.0	0.45 ~ 0.8	0.30 ~ 0.44	0.66	0.40 ~ 0.61
频闪效应	不明显	明显	明显	明显	明显
表面亮度	大	小	较大	不大	大
电压变化对光通的影响	大	较大	大	大	较大
环境温度对光通的影响	小	大	较小	小	较大
耐振性能	较差	好	好	较好	好
所需附件	无	镇流器、启辉器	镇流器	镇流器	触发器、镇流器
色温（K）	2400 ~ 2900	3000 ~ 6500	2000 ~ 4000	2000 ~ 4000	4500 ~ 7000

单相线路电流计算

$$I_c = \frac{P_{单}}{U_{相}\cos\phi} \tag{4-31}$$

式中　$P_{单}$——单相照明线路计算负荷（W）;

　　　$U_{相}$——照明线路的额定相电压（V）;

　　　$\cos\phi$——光源的功率因数。

② 对于白炽灯、卤钨灯与气体放电灯混合的线路,其计算电流可由下式计算:

$$I_c = \sqrt{(I_{c1} + I_{c2}\cos\phi)^2 + (I_{c2}\sin\phi)^2} \tag{4-32}$$

式中　　I_{c1}——混合照明线路中,白炽灯、卤钨灯的计算电流(A);

　　　　I_{c2}——混合照明线路中,气体放电灯的计算电流(A);

　　　　ϕ——气体放电灯的功率因数角。

例4-7: 某厂房的220/380V 三相四线制照明供电线路上接有250W 高压汞灯和白炽灯两种光源,各相负荷的分配情况如下。A 相:250W 高压汞灯4 盏,白炽灯2kW;B 相:250W 高压汞灯8 盏,白炽灯1kW;C 相:250W 高压汞灯2 盏,白炽灯3kW。试求线路的电流和功率因数。

解: 查表4-97 可知高压汞灯镇流器的损耗系数 $\alpha=0.15$(根据工程经验),各相支线的需要系数 $K_d=1$,查表4-95 可知厂房照明干线的需要系数 $K_d=0.85$,高压汞灯的功率因数取为0.6,各相计算电流如下:

A 相白炽灯组的计算负荷和计算电流为

$$P_{c1}=K_d\times P_{e1}=1\times2000=2000(\text{W})$$

$$I_{c1}=\frac{P_{c1}}{U_{相}}=\frac{2000}{220}=9.1\ (\text{A})$$

A 相高压汞灯的计算负荷及计算电流为

$$P_{c2}=K_d\times P_{e2}(1+\phi)=1\times4\times250\times(1+0.15)=1150(\text{W})$$

$$I_{c2}=\frac{P_{c2}}{U_{相}\cos\phi}=\frac{1150}{220\times0.6}=8.71\ (\text{A})$$

则 A 相的计算电流为

$$I_{cA}=\sqrt{(I_{c1}+I_{c2}\cos\phi)^2+(I_{c2}\sin\phi)^2}$$

$$=\sqrt{(9.1+8.71\times0.6)^2+(8.71\times0.8)^2}=15.93\ (\text{A})$$

$$\cos\phi_A=\frac{I_{c1}+I_{c2}\cos\phi}{I_{cA}}=0.9$$

同理,可计算出 B 相和 C 相的计算电流和功率因数如下

$$I_{cB}=20.26\text{A},\cos\phi_B=0.74\qquad I_{cC}=16.61\text{A},\cos\phi_C=0.98$$

因 B 相的计算电流(负荷)最大,故在干线的计算中以它为基准,则干线的计算电流为

$$I_c=\frac{3K_dP_{cB}}{\sqrt{3}U_{线}\cos\phi_B}=\frac{3\times0.85\times[1000+250\times8\times(1+0.15)]}{\sqrt{3}\times380\times0.74}=17.28\ (\text{A})$$

2. 照明线路导线的选择

(1)导线选择的一般原则

① 照明配电干线和分支线,应采用铜芯绝缘电线或电缆,分支线截面不应小于1.5mm^2。

② 照明配电线路应按负荷计算电流和灯端允许电压值选择导体截面积。

③ 主要供给气体放电灯的三相配电线路,其中性线截面应满足不平衡电流及谐波电流的要求,且不应小于相线截面。

照明线路一般具有距离长、负荷相对比较分散的特点,所以配电网络导线和电缆的选择,一般按照下列原则进行:按使用环境和敷设方法选择导线和电缆的类型;按机械强度选择导线的最小允许截面;按允许载流量选择导线和电缆的截面,按电压损失校验导线和电缆的截面。按上述条件选择的导线和电缆具有几种规格的截面时,应取其中较大的一种。

（2）导线类型的选择

① 导体材料选择

导线一般可采用铜芯或铝芯的,下列场合宜采用铜芯导线:重要的操作回路及二次回路;移动设备的配电线路及剧烈震动场合的线路;爆炸危险场所有特殊要求时;重要的高级旅馆、饭店。

② 绝缘及护套的选择

塑料绝缘线:绝缘性能良好,价格较低,无论明设或穿管敷设均可代替橡皮绝缘线。由于不能耐高温,绝缘容易老化,所以塑料绝缘线不宜在室外敷设。

橡皮绝缘线:根据玻璃丝或棉纱原料的货源情况选配编织层材料,型号不再区分而统一用 BX 及 BLX 表示。

氯丁橡皮绝缘线:特点是耐油性能好,不易霉,不延燃,光老化过程缓慢,因此可以在室外敷设。

在各类导线中,氯丁橡皮线耐气候老化性能和不延燃性能良好,并且有一定的耐油、耐腐蚀性能。聚氯乙烯绝缘导线价格较低,但易于老化而变硬。橡皮绝缘线耐老化性能良好,但价格较高。

照明线路常用的导线型号及用途见表 4-100。

表 4-100　照明线路常用的导线型号及用途

导线型号	名　称	主　要　用　途
BX（BLX）	铜（铝）芯橡皮绝缘线	固定明、暗敷
BXF（BLXF）	铜（铝）芯氯丁橡皮绝缘线	固定明、暗敷,尤其适用于户外
BV（NLV）	铜（铝）芯聚氯乙烯绝缘线	固定明、暗敷
BX-105（BLV-105）	耐热105℃铜（铝）芯聚氯乙烯绝缘线	用于温度较高的场所
BVV（BLVV）	铜（铝）芯聚氯乙烯绝缘、聚氯乙烯护套线	用于直贴墙壁敷设
BXR	铜芯橡皮绝缘软线	用于250V以下的移动电器
RV	铜芯聚氯乙烯软线	用于250V以下的移动电器
RVB	铜芯聚氯乙烯绝缘扁平线	用于250V以下的移动电器
RVS	铜芯聚乙烯绝缘软绞线	用于250V以下的移动电器
RVV	铜芯聚氯乙烯绝缘、聚氯乙烯护套软线	用于250V以下的移动电器
RVX-105	铜芯耐热聚氯乙烯绝缘软线	同上,耐热105℃

（3）按机械强度要求选择导线截面

导线截面必须满足机械强度的要求,见表 4-101。

表 4-101　按机械强度要求的导线允许最小截面　　mm²

导线敷设方式	最小截面		
	铜芯软线	铜线	铝线
照明用灯头线 （1）室内 （2）室外	0.5 1	0.8 1	2.5 2.5
穿管敷设的绝缘导线	1	1	2.5

续表

导线敷设方式	最小截面		
	铜芯软线	铜线	铝线
塑料扩套线沿墙明敷 线	—	1	2.5
敷设在支持件上的绝缘导线 (1)室内,支持点间距为2m及以下 (2)室外,支持点间距为2m及以下 (3)室外,支持点间距为6m及以下 (4)室外,支持点间距为12m及以下		1 1.5 2.5 2.5	2.5 2.5 4 6
电杆架空线路380V 低压	—	16	25
架空引入线 380V低压(绝缘导线长度不大于25m)	—	6	10(绞线)
电缆在沟内敷设、埋地敷设、明敷设380V 低压		2.5	4

(4)按允许载流量选择导线截面

电流在导线中通过时会产生热而使导线温度升高,温度过高会使绝缘老化或损坏。为了使导线具有一定的使用寿命,各种电线根据其绝缘材料特性规定最高允许工作温度。导线在持续电流的作用下,其温升不得超过允许值。

在已知条件下,导线的温升可以通过计算确定,但是这种计算是复杂的,所以在照明配电设计中一般使用已经标准化了的计算和试验结果,即所谓载流量数据。导线的载流量是在使用条件下、温度不超过允许值时允许的长期持续电流,表4-102 ~ 表4-105 列出部分常用导线的载流量。

表 4-102　BV、BLV、BVR 型单芯电线单根敷设载流量(在空气中敷设)

导线截面 (mm²)	长期连续负荷允许载流量(A)		相应电缆表面 温度(℃)	导线截面 (mm²)	长期连续负荷允许载流量(A)		相应电缆表面 温度(℃)
	铜芯	铝芯			铜芯	铝芯	
0.75	16	—	60	25	138	105	60
1.0	19	—	60	35	170	130	60
1.5	24	18	60	50	215	165	60
2.5	32	25	60	70	265	205	60
4	42	32	60	95	325	250	60
6	55	52	60	120	375	285	60
10	75	59	60	150	430	325	60
16	105	80	60	185	490	380	60

表 4-103　RV、RVV、RVB、RVS、RFB、RFS、BVV、BLVV 型塑料软线和护套线单根敷设载流量

导线截面(mm²)	长期连续负荷允许载流量(A)					
	一芯		二芯		三芯	
	铜芯	铝芯	铜芯	铝芯	铜芯	铝芯
0.12	5	—	4	—	3	—
0.2	7	—	5.5	—	4	—

续表

导线截面（mm²）	长期连续负荷允许载流量（A）					
	一芯		二芯		三芯	
	铜芯	铝芯	铜芯	铝芯	铜芯	铝芯
0.3	9	—	7	—	5	—
0.4	11	—	8.5	—	6	—
0.5	12.5	—	9.5	—	7	—
0.75	16	—	12.5	—	9	—
1.0	19	—	15	—	11	—
1.5	24	—	19	—	12	—
2	28	—	22	—	17	—
2.5	32	25	26	20	20	16
4	42	34	36	26	26	22
6	55	42	47	33	32	25
10	75	50	65	51	52	40

表 4-104　BV、BLV 型单芯电线穿钢管敷设载流量

导线截面（mm²）	长期连续负荷允许载流量（A）					
	穿二根		穿三根		穿四根	
	铜芯	铝芯	铜芯	铝芯	铜芯	铝芯
1.0	14		13		11	
1.5	19	15	17	12	16	12
2.5	26	20	24	18	22	15
4	35	27	31	24	28	22
6	47	35	41	32	37	28
10	65	49	57	44	50	38
16	82	63	73	56	65	50
25	107	80	95	70	85	65
35	133	100	115	90	105	80
50	165	125	140	110	130	100
70	205	155	183	143	165	127
95	250	190	225	170	200	152
120	300	220	260	195	230	172
150	350	250	300	225	265	200
185	380	285	340	255	300	230

表 4-105　BV、BLV 型单芯电线穿塑料管敷设载流量

导线截面（mm²）	长期连续负荷允许载流量（A）					
	穿二根		穿三根		穿四根	
	铜芯	铝芯	铜芯	铝芯	铜芯	铝芯
1.0	12		11		10	
1.5	16	13	15	11.5	13	10
2.5	24	18	21	16	19	14
4	31	24	28	22	25	19
6	41	31	36	27	32	25
10	56	42	49	38	44	33
16	72	55	65	49	57	44
25	95	73	85	65	75	57
35	120	90	105	80	93	70
50	150	114	132	102	117	90
70	185	145	167	130	148	115
95	230	175	208	158	185	140
120	270	200	240	180	215	160
150	305	230	275	207	250	185
185	355	265	310	235	280	212

以上三个表中导线最高允许工作温度 65℃，环境温度 25℃。

有了这些载流量数据表，便可按下列关系式根据导线允许温升选择导线截面：

$$I \geqslant I_{js} \tag{4-33}$$

式中　I_{js}——照明配电线路计算电流（A）；

　　　I——导线允许载流量（A）。

表 4-106 ~ 表 4-108 给出了不同环境温度和敷设条件下导体载流量的校正系数，当环境温度和敷设条件不同时，所列载流量均应乘以相应的校正系数。

表 4-106　不同环境温度时载流量的校正系数　　　　　　　　　　℃

线芯最高允许工作温度	环境温度								
	5	10	15	20	25	30	35	40	45
90	1.14	1.11	1.08	1.03	1.0	0.960	0.920	0.875	0.830
80	1.17	1.13	1.09	1.04	1.0	0.954	0.905	0.853	0.798
70	1.20	1.15	1.10	1.05	1.0	0.940	0.880	0.815	0.745
65	1.22	1.17	1.12	1.06	1.0	0.935	0.865	0.791	0.707
60	1.25	1.20	1.13	1.07	1.0	0.926	0.845	0.756	0.655
50	1.34	1.26	1.18	1.08	1.0	0.895	0.775	0.633	0.447

表 4-107　电缆在空气中并列敷设时载流量校正系数

电缆中心距离 s(mm)	根数及排列方式						
	1	2	3	4	5	4	6
	○	○○	○○○	○○○○	○○○○○	○○ ○○	○○○ ○○○
d	1.0	0.9	0.85	0.82	0.80	0.8	0.75
2d	1.0	1.0	0.98	0.95	0.90	0.9	0.90
3d	1.0	1.0	1.0	0.98	0.96	1.0	0.96

表 4-108　土壤热阻系数不同时的载流量校正系数

电缆线芯截面(mm²)	土壤热阻系数(℃·cm/W)				
	60	80	120	160	200
2.5~16	1.06	1.0	0.90	0.83	0.77
25~95	1.08	1.0	0.88	0.80	0.73
120~240	1.09	1.0	0.86	0.78	0.71
土壤情况	潮湿地区:沿海、湖、河畔地带,雨量多的地区,如华东地区等		普通土壤:如东北大平原夹杂的黑土或黄土,华北大平原黄土、黄黏土砂土等	干燥土壤:如高原地区,雨量少的地区、丘陵、干燥地带	

① 环境温度校正

表中所列导线和电缆载流量是按环境温度为 25℃ 和规定的最高允许温度给出的,当环境温度不是 25℃ 时,载流量应按表 4-106 给出的校正系数进行校正。

② 并列敷设校正系数。当电缆在空气中多根并列敷设时,由于散热条件不同,允许载流量也将不同。因此当多根电缆并列敷设时,表列载流量应乘以表 4-107 所列的校正系数。

③ 土壤热阻系数不同的校正系数。"直接埋地"是指电缆在土壤中直埋,埋深 >0.7m,并非地下穿管敷设。土壤温度采用一年中最热月份地下 0.8m 的土壤平均温度;土壤热阻系数取 80℃·cm/W。当土壤热阻系数不同时,应乘以表 4-108 所列的土壤热阻系数不同时载流量校正系数。

例 4-8: 有一个混凝土加工场,环境温度为 25℃,负载总功率为 176kW,平均功率因数 $\cos\phi = 0.8$,需要系数 $K_d = 0.5$,电源线电压为 380V,用 BV 线,请用安全载流量求导线的截面。

解: 根据照明负荷的需要系数法,三相线路中每相负载的计算电流

$$I_c = \frac{P_c}{\sqrt{3}\,U_{线}\cos\phi} = \frac{K_d P_e}{\sqrt{3}\,U_{线}\cos\phi} = \frac{0.5 \times 176 \times 1000}{\sqrt{3} \times 380 \times 0.8} = 166\,(A)$$

查表 4-102 可知,25℃ 时导线明敷设可得截面为 35mm²,它的安全截流量为 170A,大于实际电流 166A。

(5)按线路电压损失选择

任何导线都存在着阻抗,当导线中有电流通过时,就会在线路上产生电压降,当线路压降较大时,就会使照明设备电压偏离额定电压。为了保证用电设备运行,用电设备的端电压

必须在要求的范围内,所以对线路的电压损失也必须限定在允许值内。

① 照明线路允许电压损失

电压损失是指线路的始端电压与终端电压有效值的差。即:

$$\Delta U = U_1 - U_2 \tag{4-34}$$

式中　U_1——线路始端电压(V);

U_2——线路终端电压(V)。

ΔU 是电压损失的绝对值表示法,在实际应用中,常用相对值来表示电压损失,工程上通常用与线路额定电压的百分比来表示电压损失。即:

$$\Delta u\% = \frac{\Delta U}{U_{线}} \times 100\% \tag{4-35}$$

式中　$U_{线}$——线路(电网)额定电压(V)。

控制电压损失就是为了使线路末端灯具的电压偏移符合要求。照明线路电压的允许损耗值见表4-109。

表 4-109　照明线路电压的允许损耗值

照明线路	允许电压损耗(%)
对视觉作业要求高的场所,白炽灯、卤钨灯及钠灯的线路	2.5
一般作业场所的室内照明,气体放电灯的线路	5
露天照明、道路照明、应急照明、36V 及以下照明线路	10

② 照明线路电压损失的计算

a. 三相平衡的照明负荷线路:对于三相负荷平衡的三相四线制照明线路,中性线没有电流通过,所以其电压损失计算与无中性线的三相线路相同。考虑线路电抗时其线路电压损失计算公式如下:

$$\Delta u\% = \frac{\sqrt{3}}{10 U_{线}} (R\cos\phi + X\sin\phi) IL = \Delta u_{线}\% IL \tag{4-36}$$

不考虑线路电抗,即 $\cos\phi = 1$ 时线路电压损失计算公式如下:

$$\Delta u\% = \frac{\sqrt{3}}{100 U_{线}} R \sum IL \tag{4-37}$$

当 $\cos\phi = 1$,且负荷分布均匀时,上述公式可简化为:

$$\Delta u\% = \frac{1}{10 U_{线}^2 \gamma S} \sum PL = \frac{\sum M}{CS} \tag{4-38}$$

式中　$\Delta u_{线}\%$——三相线路每 A·km 的电压损失百分数[%/(A·km)];

I——照明负荷计算电流(A);

R——三相线路单位长度的电阻(Ω/km);

X——三相线路单位长度的电抗(Ω/km);

L——各段线路的长度(km);

$U_{线}$——标称额定线电压(kV);

$\cos\phi$——照明负荷功率因数;

M——总负荷矩(kW·m),$M = PL$,为负荷 P 与线路长度 L 的乘积。

S——导线截面(mm^2);

γ——导线的导电率;

C——功率因数为1时的计算系数,见表4-110。$C = 10U_{\text{线}}^2\gamma$。

表4-110　计算系数 C 值

线路额定电压(V)	供电系统	C 值计算公式	C 值	
			铜	铝
380/220	三相四线	$10\gamma U_{\text{n}}^2$	77	46.2
380/220	二相三线	$\dfrac{10\gamma U_{\text{n}}^2}{2.25}$	34.0	20.5
220			12.8	7.75
110			3.2	1.9
36	单相或直流	$5\gamma U_{\text{n}\phi}^2$	0.34	0.21
24			0.153	0.092
12			0.038	0.023

b. 单相负荷线路:在单相线路中,负荷电流流过相线和中性线,中性线上的电阻和电抗也引起电压损失。线路的电压损失等于相线电压损失和中性线电压损失之和。在单相线路中,中性线的材料和截面与相线相同。考虑线路电抗时,单相线路电压损失计算公式如下:

$$\Delta u\% = \frac{2}{10U_{\text{线}\phi}}(R\cos\phi + X\sin\phi)IL \approx \Delta u_{\text{线}}\% IL \tag{4-39}$$

不考虑线路电抗,即 $\cos\phi = 1$ 时线路电压损失简化计算公式如下:

$$\Delta u\% = \frac{2}{10U_{\text{线}\phi}^2\gamma S}\sum PL = \frac{\sum M}{CS} \tag{4-40}$$

式中　$U_{\text{线}\phi}$——标称额定相电压(kV),其他各个符号意义同上。

例4-9:试计算图4-116所示照明网络的电压损失。图中 AB 段(三相)长20m,导线截面为 6mm^2,分支线均为单相,导线截面为 4mm^2,分支线所接的各个照明灯具负荷为750W(白炽灯),由各个负荷分成的线段长度如图所示。网络电压为220/380V,所有导线均为铜芯导线。

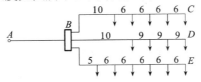

图4-116　例题电压损失计算图

解:AB 段的电压损失。查表4-110,$C = 77$,由公式(4-38)

$$\Delta u\% = \frac{\sum M}{CS} = \frac{15 \times 0.75 \times 20}{77 \times 6}\% = 0.49\%$$

线段 BC、BD、BE 的电压损失,查表4-110,$C = 12.8$,由公式(4-40)

$$\Delta u\% = \frac{\sum M}{CS} = \frac{5 \times 0.75 \times (10 + 12)}{12.8 \times 4}\% = 1.61\%$$

$$\Delta u\% = \frac{\sum M}{CS} = \frac{4 \times 0.75 \times (10 + 13.5)}{12.8 \times 4}\% = 1.38\%$$

$$\Delta u\% = \frac{\sum M}{CS} = \frac{6 \times 0.75 \times (5 + 15)}{12.8 \times 4}\% = 1.76\%$$

至线路末段的电压损失等于干线 AB 段上的电压损失与分支线上的电压损失之和。例如支线 BE(电压损失最大)末端的总电压损失为

$$\Delta u_{AE}\% = \Delta u_{AB}\% + \Delta u_{BE}\% = 0.49\% + 1.76\% = 2.25\%$$

四、照明装置的接地与保护线截面选择

1. 照明装置的接地

我国低压供电网络多采用 TN 或 TT 接地方式。TN 接地系统是中性点直接接地的供电系统,电气设备的外露可导电部分用保护线与该点联结。根据中性线(N)与保护线(PE)的组合情况,该系统分为 TN-C、TN-S、TN-C-S 三种类型。如图 4-117 ~ 图 4-119 所示。

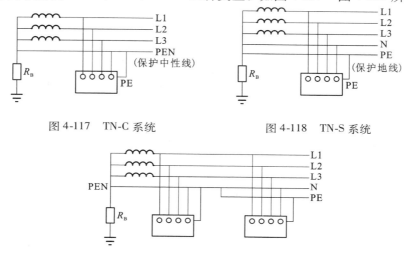

图 4-117　TN-C 系统　　　　　　图 4-118　TN-S 系统

图 4-119　TN-C-S 系统

TT 电力系统有一个直接接地点,电气设备的外露可导电部分(外壳)采取单独的接地(与电力系统接地点无关)。

为保证在事故情况下的安全,照明装置及线路应采取以下措施:照明装置及线路,外露可导电部分,必须与保护地线(或保护中性线)实行电气连接;照明器的金属外壳应以单独的保护线(PE)与保护中性线(PEN)相连,不允许将照明器的外壳与支持的工作中性线相连,如图 4-120 所示。几个照明装置的保护线不允许串联连接;采用硬质塑料管或难燃塑料管的照明线路,要敷专用保护线;爆炸危险场所的照明装置,须敷设专用保护接地线(PE)。

2. 中性线(N)和保护线(PE)截面的选择

(1)中性线截面选择

中性线截面选择,可按下列条件选定:在单相或二相的线路中,中性线截面应与相线相等;在三相四线制的平衡线路中(如负荷均为白炽灯、卤钨灯),其中性线截面应不小于相线载流量的 50%,但当相线截面为 10mm^2 及以下时,中性线截面宜与相线相同;在荧光灯、荧

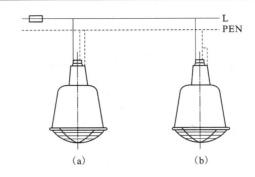

图 4-120　照明器外壳保护接地示意图（TN-C 系统）

(a)正确；(b)不正确

光高压汞灯、高压钠灯等气体放电灯三相四线供电线路中，即使三相平衡，由于各相电流中存在着三次谐波电流，使正弦波的电压波形发生畸变，中性线中会流过 3 的倍数的奇次谐波电流，因此截面应按最大一相的电流选择。

（2）保护线截面的选择

保护线（PE）截面选择，按规定其电导不得小于相线电导的 50%，且要满足单相接地故障保护的要求。

（3）保护中性线（PEN 线）截面的选择

对于兼有保护线（PE）和中性线（N）双重功能的 PEN 线，其截面选择应同时满足上述保护线和中性线的截面要求，即按它们的最大者选取。采用单芯导线作 PEN 线干线时，铜芯导线不应小于 $10mm^2$，铝芯导线不应小于 $16mm^2$。采用多芯导线或电缆作 PEN 线干线时，其截面不应小于 $4mm^2$。

五、照明线路的保护与电气安全

1. 照明线路的保护

引起照明线路过电流的原因主要是短路或过负荷。短路大多由线路的绝缘破坏引起，短路电流通常比负荷电流大许多倍，最容易引起火灾或事故。过负荷则主要是由于照明负荷过大而引起。照明线路的保护主要有短路保护和过负荷保护两种。照明线路的过电流保护装置一般采用熔断器或低压断路器。这种保护装置在照明线路的电流超过整定值时，能自动将被保护的线路切断。

（1）照明线路保护设备的设置

照明线路均应装设短路保护设备。在如下场所的线路还应装设过负荷保护：住宅、重要的仓库、公共建筑、商店、工业企业办公及生活用房、有火灾危险的房间及有爆炸危险的场所；有延燃性外层的绝缘导线明敷在易燃体或难燃物的建筑结构上时。

下列位置均应安装保护装置：分配电箱和其他配电装置的出线处；无人值班配变电所供电的建筑物进线处；220V 变压器的高低压侧；线路截面减小的始端。

（2）照明线路保护措施

对于照明低压配电线路，其主要保护措施有短路保护、过负荷保护和接地故障保护。

① 低压配电线路的短路保护

所有低压配电线路都应装设短路保护,一般可采用熔断器或低压断路器。由于线路的导线截面是根据计算负荷选取的,因此在正常运行的情况下,负荷电流是不会超过导线的长期允许载流量的。但是为了避开线路中短时间过负荷的影响(如大容量异步电动机的起动等),同时又能可靠地保护线路,当采用熔断器作短路保护时,熔体的额定电流应小于或等于电缆或穿管绝缘导线允许载流量的2.5倍。对于明敷导线,由于绝缘等级偏低,绝缘容易老化等原因,熔体的额定电流应小于或等于导线允许载流量的1.5倍。当采用低压断路器作短路保护时,由于其过电流脱扣器具有延时性并且可调,可以避开线路中的短时过负荷电流,所以,过电流脱扣器的整定电流一般应小于或等于绝缘导线允许载流量的1.1倍。

短路保护还应考虑线路末端发生短路时保护装置动作的可靠性。当上述保护装置作为配电线路的短路保护时,要求在被保护线路的末端发生单相接地短路以及两相短路时,其短路电流值应大于或等于熔断器熔体额定电流的4倍;如用低压断路器保护,则应大于或等于低压断路器过电流脱扣器整定电流的1.5倍。

② 低压配电线路的过负荷保护

低压配电线路在下列场合应装设过负荷保护:不论在何种房间内,由易燃外层无保护型电线(如 BX、BLX、BXS 型电线等)构成的明配线路;所有照明配电线路。对于无火灾危险及无爆炸危险的仓库中的照明线路,可不装设过负荷保护。过负荷保护一般可由熔断器或自动开关构成,熔断器熔体的额定电流或自动开关过电流脱扣器的整定电流应小于或等于导线允许载流量的0.8倍。

③ 低压配电线路的过压保护

对于民用建筑低压配电线路,一般只要求有短路和过载保护两种,但从发展情况来看,还应考虑过电压保护。这是因为某些低压供电线路有时会意外地出现过电压,如高压架空线断落在低压线路上,三相四线制供电系统的零线断落引起中性点偏移,以及雷击低压线路等,都可能使低压供电线路上出现超过正常值的电压,使接在该低压线路上的用电设备因电压过高而损坏。为了避免这种意外情况,应在低压配电线路上采取适当分级装设过压保护的措施,如在用户配电盘上装设带过压保护功能的漏电保护开关等。

(3)常用的保护装置

常用的照明线路的保护装置主要是熔断器、自动空气短路器(自动开关)和成套保护装置,如照明配电箱等。

① 熔断器

熔断器是一种保护电器,它主要由熔体和安装熔体用的绝缘器组成。它在低压电网中主要用作短路保护,有时也用于过载保护。熔断器的保护作用是靠熔体来完成的,一定截面的熔体只能承受一定值的电流,当通过的电流超过规定值时,熔体将熔断,从而起到保护的作用。熔体熔断所需时间与电流的大小有关,当通过熔体的电流越大时,熔断的时间越短。

低压熔断器的系列产品设备最常用的有:RC 系列瓷插式熔断器,用于负载较小的照明电路;RL 系列螺旋式熔断器,适用于配电线路中作过载和短路保护,也常用作电动机的短路保护电器;RM 无填料密封管式熔断器;RT 系列有填料密封闭管式熔断器,具有灭弧能力强,分断能力高,并有限流作用。

② 低压断路器

低压断路器又称自动空气开关,属于一种能自动切断电路故障的控制兼保护的电器,按其用途可分为配电用断路器、电动机保护用断路器、照明用断路器等,按其结构可分为塑料外壳式、框架式、快速式、限流式等,但基本型式主要有万能式和装置式两种系列,分别用 W 和 Z 表示。

为了满足保护动作的选择性,过电流脱扣器的保护方式有:过载和短路均瞬时动作;过载具有延时,而短路瞬时动作;过载和短路均为长延时动作;过载和短路均为短延时动作等方式。

目前常用低压断路器的型号主要有 DW16、DW15、DZ5、DZ20、DZ12、DZ6 等系列,近年来一些厂家生产出了一些具有国际先进水平的新产品,如天津梅兰日兰有限公司生产的 C45N 系列和北京低压电器厂引进德国技术生产的 SO60 系列塑壳式新型自动开关,其外形与 DZ 型基本相同,但体积小、重量轻,工作可靠。C45N 系列和 SO60 系列断路器的主要技术参数见表 4-111。

表 4-111　C45N 系列和 SO60 系列断路器的主要技术参数

型号	极数	额定电压(V)	脱扣器额定电流(A)	分断能力
C45N-1	单极	240/415	1、2、3、5、10、15、20、25、32、40、50、60	1~40A 为 6000A;50A、60A 为 4000A
C45N-2	双极			
C45N-3	三极			
C45N-4	四极			
SO61-L(G)	单极	240/415	L 型:6、10、16、20、25、32　G 型:6、10、16、20、25、32、40、50	3000A
SO60-L(G)	双极			
SO62-L(G)	双极			
SO63-L(G)	三极			
SO64-L(G)	四极			

③ 漏电保护装置

对于照明线路,无论是采用 TN 还是采用 TT 系统保护,都有不足之处。如在 TN 的三种系统中,对线路绝缘损坏所引起的漏电,其保护装置就不一定工作了。在家用电器种类日益增多,使用越来越普遍的情况下,在各种保护系统中再加以漏电保护装置,其优点是十分明显的。漏电保护器又称配电保护器,主要用来对有致命危险的人身触电进行保护,以及防止因电气设备或线路漏电而引起的火灾。

漏电保护器分类很多,比如按其动作原理可分为电压型、电流型和脉冲型。按其脱扣的形式可分为电磁式和电子式;按其保护功能及结构又可分为漏电继电器、漏电断路器、漏电开关及漏电保护插座。

④ 照明配电箱

标准照明配电箱是按国家标准统一设计的全国通用的定型产品。照明配电箱内主要装有控制各支路的刀闸开关或低压断路器、熔断器,有的还装有电度表、漏电保护开关等。近年来推出的照明配电箱种类繁多,这里仅介绍 XM-4 型、XM(R)-7 型、XM(R)-8 型和 GXM(R)型照明配电箱。

XM-4 系列配电箱:具有过载和短路保护功能。适用于 380V 及以下的三相四线制系统,用作非频繁操作的照明配电。照明配电箱按一次线路方案分类,XM-4 系列的一次线路方案共 5 类 87 种。

XM-7、XM-8 系列配电箱:适用于一般工厂、机关、学校和医院,用来对 220/380V 及以下电压等级,且具有接地中性线的交流照明回路进行控制,其型号含义同上。

GXM(R)系列高分断限流型照明配电箱:内装引进技术生产的 C45N 型或 SO60 型高分断能力的限流型低压断路器,其外形美观,体积小,性能好,是一种新型产品,越来越广泛地用于现代工业与民用建筑的照明供电系统中。

2. 照明装置的电气安全

(1)电气安全的基本概念

电气安全通常是指电气设备在正常运行以及在预期的非正常状态下不会危害人体健康和周围的设备。当电气设备发生预期的故障时,应能切断电源,将事故限制在允许的范围内,并采取各种有效措施,尽可能减少对人体和设备的危害,防止对周围环境造成严重危害。

电气安全性一般包括以下方面:

① 功能安全性

功能安全性通常是指产品可靠性。如果某种设备的启动、制动和控制功能不可靠,就会造成严重的不安全后果。例如,电梯不能可靠地制动,不仅无法准确停车,还可能造成人员伤亡事故。

② 结构安全性

指电气设备的结构应十分可靠。例如,电机转速增高,构件损坏,说明构件的应力大于本身的强度,就会发生结构上的事故。

③ 材料安全性

有些材料有毒,有些材料易燃易爆,有些材料对温度很敏感等,从而导致设备绝缘下降,发生火灾、爆炸事故,对安全带来不利影响。

④ 使用安全性

设备使用不当也会带来危害。例如,某些电气设备应该接地,有的也可以不接地,若使用错误,则会造成触电事故。

⑤ 防护安全性

对于一些不可避免的不安全因素,应根据其危险性质及周围环境状况,采取适当的防护措施,防止触电。例如,高压工作区的周围应设置防护遮栏,带电的元器件要有防护外壳等。

⑥ 标志安全性

一切可能引起不安全的场所和有触电危险的操作部位,均应设置明显的安全标志。例如,疏散指示灯、带电部位的带电标志等。

(2)影响电气安全的主要因素

① 绝缘

绝缘性能主要用绝缘电阻、绝缘介电强度(耐压强度)、泄漏电流和介质损耗等指标来衡量。

绝缘电阻——绝缘电阻是衡量绝缘性能的基本指标。测量绝缘电阻时,通常应先断开设备或线路的电源。在对装有大容量电容的设备或线路以及绝缘介电强度大的设备(如变压器等)进行测量时,除了断开电源外,还要用专门工具(接地的绝缘放电杆)进行放电。

绝缘介电强度——为了检查电气设备及绝缘材料承受过电压的能力,应进行绝缘介电强度试验,即耐压试验。进行绝缘介电强度试验时,通常先以任意速度将试验电压升至规定值的 40%,然后以每秒增加 3% 的速度,逐渐将试验电压升至规定值,并按规定保持一段时间。试验结束时,应先在 5s 内把试验电压降低到规定值的 25% 以下,再切断电源。

泄漏电流——泄漏电流是指由于绝缘不良而在不应通电的途径中所通过的电流。泄漏电流试验一般只对某些安全要求较高的设备或器件(工具),例如,手持式电动工具、阀型避雷器、电气安全用具等进行。

② 间距

绝缘是保证电气设备和电力线路正常工作的最基本的内部条件,而间距则是最基本的外部条件。为了防止人体触及或接近带电体,防止车辆等物体碰撞或过分接近带电体,防止电气短路事故和因此而引发火灾,在带电体与地面之间、带电体与其他设备或设施之间、带电体与带电体之间,均须保持一定的间隔与距离,这种间隔与距离,通常称之为安全距离。

(3)预防触电的措施

① 在所有通电的电气设备上,外壳又无绝缘隔离措施时,或者当绝缘已经损坏的情况下,人体不要直接与通电设备接触,但可以用装有绝缘柄的工具去带电操作。

② 各种运行的电气设备,如电动机、启动器和变压器等的金属外壳,都必须采取接地或接零保护措施。必要时应装设漏电保护装置。

③ 要经常对电气设备进行检查,发现温升过高、或绝缘下降时,应及时查明原因,消除故障。

④ 遇到狂风暴雨、雷电交加和大雪严寒时,发现架空电力线断落在地面上时,人员要远离电线落地点 8~10m,要有专人看守,并迅速组织抢修。对于低压线断落地面上,只要人体不直接触及导线,及时进行检修即可。

⑤ 在配电屏或启动器周围的地面上,应加铺一层干燥的木板或橡胶绝缘垫板。

⑥ 熔断器的熔丝不能选配过大,不能随意用其他金属导线代替。

⑦ 不可用木棒或竹竿等物操作高压隔离开关或跌落式熔断器。

⑧ 导线的截面应与负载电流相配合,否则电线会因过热而烧坏绝缘,发生火灾和其他事故。

⑨ 屋内线路不可使用裸线或绝缘护套破损的电线来敷设线路。

⑩ 万一发生电气故障而造成漏电、短路,引起燃烧时,应立即断开电源。并用黄砂、四氯化碳或二氧化碳灭火器扑灭,切不可用水或酸碱泡沫灭火机灭火。

本章小结

本章主要从照明的基本理论、基本知识入手,依据国家标准和绿色照明的要求,详细的介绍了照明系统工程中所涉及的基本概念,常用光量量及其单位,讨论了光与颜色,照明方式与种类,照明标准,照明质量,从工程设计的角度出发,考虑如何确定电光源的种类,如何根据各种不同灯具的特点确定灯具的种类,灯具的布置与照度的计算,建筑物内外照明设计,以及智能照明系统的基本概念。通过本章的学习,可以较为系统、广泛地了解建筑照明系统的实际应用,并可根据章节中给出的标准数据,进行简单的照明系统的工程设计。

建筑供配电与照明

练 习 题

4-1 人眼可见光的范围是多少？

4-2 光学仪器所能观察的光范围是在什么波长范围？

4-3 发光物体的颜色由什么因素确定？

4-4 非发光物体的颜色由什么因素确定？

4-5 太阳辐射的电磁波是指日光吗？

4-6 按照国家标准照明方式分为哪几种？

4-7 按光照的形式可有哪些照明种类？

4-8 按照明的用途可有哪些种类？

4-9 照度标准值的选取原则有哪些？

4-10 优良的照明质量由哪些因素构成？

4-11 常用电光源有哪些光电参数？他们如何反映光源的特性？

4-12 荧光灯的可见光是如何产生的？

4-13 高压钠灯的最大优点是什么？常用于哪些场合？

4-14 霓虹灯的工作电压是多少？他所产生的颜色与什么有关？

4-15 选用电光源时应该遵循哪些原则？

4-16 灯具具有哪些作用？

4-17 什么叫做配光？什么叫做配光曲线？

4-18 灯具的光学特性有哪些？

4-19 什么叫眩光？眩光有哪几种？

4-20 什么是灯具的保护角？灯具保护角的作用是什么？保护角的范围一般来说是多少？

4-21 灯具是如何进行分类的？

4-22 选择灯具时应考虑哪几个方面？

4-23 什么是灯具的效率？与发光效率有什么区别？

4-24 光源距被照面之间的距离,通常远大于光远的大小,因此通常可将光源视为点光源。在这种情况下根据书中发光强度、照度的公式推出 $E=I/r^2$,其中 r 表示光源与被照面的距离,I 表示光强。并说明为了提高局部照度,或改善照度的均匀性可通过改变哪个参数来改变。

4-25 某教室长 11.3m. 宽 6.4m. 高 3.6m,在离顶棚 0.5m 的高度内安装 YG1-l 型 40W 荧光灯,光源的光通量为 2200lm,课桌高度为 0.8m,室内空间及各表面的反射比如图所示。若要求课桌面上的照度为 150lm,试确定所需灯具数。

4-26 有一教室长 6m,宽为 6.6m,灯至工作面高为 2.3m,若采用带反射罩荧光灯照明,每盏灯 40W,若规定照度为 150lx,需要安装多少盏荧光灯？若采用 YG1-l 型 40W 荧光灯,光源的光通量为 2200lm,室内空间及各表面的反射比如上图所示,需要安装多少盏荧光灯？

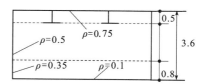

主要参考文献

[1]谢秀颖,等.实用照明技术[M].北京:机械工业出版社,2011.

[2]戴德慈,等.现代照明技术[M].北京:中国电力出版社,2009.

[3]马誌溪.建筑电气工程[M].北京:化学工业出版社,2011.

[4]范同顺.建筑物内外照明[M].北京:中国电力工业出版社,2006.

[5]全国电线电缆标准化技术委员会,等.电线电缆国家标准汇编[G].北京:中国标准出版社,2008.

[6]中华人民共和国国家标准 供配电系统设计规范(GB 50052—2009)[S].北京:中国计划出版社,2009.

[7]中华人民共和国国家标准 建筑照明设计标准(GB 50034—2004)[S].北京:中国计划出版社,2004.

[8]中华人民共和国国家标准 建筑物防雷设计规范(GB 50057—2010)[S].北京:中国计划出版社,2011.

[9]中华人民共和国行业标准 民用建筑电气设计规范(JGJ 16—2008)[S].北京:中国建筑工业出版社,2008.